打通Linux操作系统
——和芯片开发——

刘盼盼 著

電子工業出版社
Publishing House of Electronics Industry
北京•BEIJING

内容简介

本书共13章，操作系统部分涉及内存管理、进程管理、文件系统、同步管理，以及系统调用。SoC部分涉及SoC启动的过程、设备模型、设备树原理、电源模块、时钟模块、引脚模块、时间模块和中断模块，这些模块都是芯片运行的基本要求。作者站在一线开发者的角度先剖析了Kernel 6.6的实现原理，然后结合恩智浦i.MX9芯片的SoC硬件原理，由浅入深地讲解了操作系统和SoC的深层原理。

图书在版编目（CIP）数据

打通Linux操作系统和芯片开发 / 刘盼盼著.
北京 : 电子工业出版社, 2025. 3. -- ISBN 978-7-121
-49847-3

Ⅰ. TP316.85; TN430.5

中国国家版本馆CIP数据核字第2025HP2907号

责任编辑：张月萍
印　　刷：天津嘉恒印务有限公司
装　　订：天津嘉恒印务有限公司
出版发行：电子工业出版社
　　　　　北京市海淀区万寿路173信箱　　邮编：100036
开　　本：720×1000　1/16　　印张：22.25　　字数：502千字
版　　次：2025年3月第1版
印　　次：2025年5月第2次印刷
定　　价：139.00元

凡所购买电子工业出版社图书有缺损问题，请向购买书店调换。若书店售缺，请与本社发行部联系，联系及邮购电话：(010) 88254888，88258888。

质量投诉请发邮件至zlts@phei.com.cn，盗版侵权举报请发邮件至dbqq@phei.com.cn。

本书咨询联系方式：faq@phei.com.cn。

前　言

Preface

操作系统与SoC（System on a Chip，系统级芯片）之间存在着紧密的联系。SoC是一种高度集成的芯片，它将多个功能模块（如CPU、GPU、NPU、存储器等）集成在一个芯片上，以实现更高效的性能和更低的功耗。操作系统则负责管理这些硬件资源，确保它们得到合理的分配和使用。如果把芯片比作一个人的心脏的话，操作系统无疑是一个人的灵魂。

势是未来发展的大势。人工智能、机器人、芯片自主、智能驾驶等新一代信息技术是当代智能科技的主要体现。在这个百年未有之大变局的历史机遇中，计算机底层教育的作用不言而喻，它是现代智能科技发展的核心支柱。计算机底层的技术包含芯片设计、操作系统、编译器、数学库等内容。目前，中美竞争的加剧使高端芯片和操作系统设计成为众所周知的“卡脖子”技术，国家开始重视底层技术，越来越多的企业投入芯片和操作系统的研发，比如华为的海思芯片和面向万物互联的鸿蒙操作系统。但对开发者而言，一直以来，芯片和操作系统是两个不同的领域。芯片从业者更多的是硬件工程师，操作系统从业者更多的是软件工程师，在这之间还有嵌入式工程师，他们彼此合作，又各自安好。可是操作系统和芯片开发彼此是紧密相连、相互依存的，芯片提供数据处理等核心能力，操作系统适配芯片架构来驱动硬件工作。芯片的性能影响操作系统运行的流畅度，操作系统合理地调配资源也能挖掘芯片的潜在性能。

道是事物背后的规律。回顾历史，每一次智能终端的发展，都会带来翻天覆地的变化。从PC时代的个人计算机，开启了数字化办公与学习的先河；到互联网时代的万维网，将全球信息紧密相连，彻底改变了信息传播的方式；再到移动互联网时代的智能手机，让信息获取与服务享受变得无处不在，极大提升了生活与工作的便捷性；直至现在的人工智能时代，以智能语音助手、自动驾驶汽车等为代表的产品，正逐步重塑生产方式、服务模式乃至社会结构，引领世界迈向一个更加智能化、自动化的未来。我们正在进入万物智能互联的新世界，万物智能互联的世界对传统的芯片和操作系统提出了新的需求。顺应时代发展，芯片和操作系统都出现了相应的革命，比如OpenAI的ChatGPT、恩智浦新研究的跨界处理器、谷歌新研究的TPU和Fuchsia、华为新研究的鸿蒙等，它们都是为万物智能互联新时代而生的新架构。

术是操作层面的方法。那么，如何学习底层技术？操作系统涉及的模块很多，包含内存管理、进程管理、文件系统、同步机制等内容，芯片开发最基本的内容包括电源模块、时钟模块、时间模块、中断模块、引脚模块等，不同模块之间又是彼此关联的。想要精通这些模块，没有好的学习方法，基本无从下手。虽然“Talk is cheap. Show me the code.”，但除非你本身就是做操作系统或者芯片开发相关工作的，否则我不推荐你把相关源码通读一遍，因为首先你在工作时间已经够辛苦，工作之余并没有大量的时间去通读，其次即使你啃完了代码，手头的工作和底层关系也不大，没有工作的实践，过段时间还是会忘掉。

打通操作系统和芯片开发的过程，实际上是一个跨学科、跨领域的合作过程，需要操作系统开发人员和芯片设计工程师的紧密合作。尽管他们的工作背景和专长不同，但他们的目标是一致的，那就是提供高效、稳定、功能丰富的硬件和软件解决方案。市场上有很多芯片开发和操作系统的书籍，但似乎都是针对纯硬件或者纯软件的内容，鲜有将二者兼容的，以至于操作系统和芯片开发从业者很难再次提升自己的内功。本书重点在于打通操作系统和芯片开发，让硬件工作者有机会走进软件的大门，让软件工作者有机会理解底层的本质。总之，如果你有志于修炼底层内功，那么本书将是你最好的选择。

为什么写本书

毕业后我一直从事底层技术开发，从最初的驱动开发、内核开发、安卓Framework开发，再到芯片级的系统开发，一直对底层的本质原理有着浓厚的兴趣，十多年的工作沉淀让我对操作系统和芯片级的软件开发有着一定的理解。我希望通过某种方式把自己的一些总结记录下来，另外，我一直觉得如果把人比作计算机，人的大脑更像是CPU，并不适合用来存储记忆，特别是随着时间的推移，经验也会化作遗忘，所以需要有像硬盘一样的东西把内容记录下来，这也是我选择写书的原因之一。

那为什么选择写打通操作系统和芯片开发的内容呢？我们知道，计算机行业是个变化极快的行业，特别是从事互联网行业的朋友，经常面对技术的更新、开发语言的迭代，每天过得都很焦虑，随着新人的入职、技术的变化，老人的技术经验似乎无法得到发挥，这也是为什么都说程序员有35岁失业风险的根本原因。那么技术更新不那么快的行业是不是就好点了呢？答案的确如此，比如更加接近底层的嵌入式行业、操作系统行业、芯片行业等都会比互联网行业好很多，特别是同时懂软件和硬件的工程师，甚至随着时间的推移，越老越吃香，而且国家越来越重视底层技术的开发。即便是在互联网行业，如果你对底层技术有着深厚的积累，依然可以很有竞争力，相当于有了武侠小说中所说的内功。一旦有了雄厚的内功，其他武功你一看就明白，一学就会，任何招式你和别人打出去的威力就不是一个级别。这种帮助无论对嵌入式开发者，还是对互联网程序员都是非常明显的。

学习最重要的是什么？其实很简单，好的资料，好的老师，然后花时间投入进去。现在人工智能发展得很快，特别是大模型的出现，几乎每个人都可以拥有自己的智能助手，完全可以利用人工智能充当好的老师。好的老师有了，那学习资料呢？我刚毕业那会儿，学习资料很少，偏向底层的计算机书籍更是少之又少，只能通过阅读代码的方式一边理解，一边猜测背后的逻辑，很痛苦。很羡慕现在的学生，无论是视频、图文，还是自媒体、纸质书，市面上的学习资料很多，大大降低了学习的门槛。但这也是最大的问题，资料太多带来的筛选成本和学习成本也很高，而且我发现，市场上虽然有很多操作系统、Linux内核、芯片开发的书籍，但彼此内容都是隔离的。芯片、硬件开发者中想了解软件开发的人很多，但无法找到合适的书籍。软件开发者想了解底层硬件技术原理，也无法找到合适的内容，这一度让有志于挖掘底层技术原理的从业者无从下手。这也是我选择写本书的原因之一，希望本书能帮助一些人找到提升内功的抓手，借此机会在技术的道路上更上一层楼。

学习本书的好处

1. **有助于顺利通过大厂面试**。大厂面试通常非常注重技术深度。对于底层技术的考查，能够有效筛选出真正有实力的候选人。在面试中，很多应聘者可能对应用层技术有一定的了解，但深入到操作系统原理、芯片架构等底层知识时，掌握这些知识的人相对较少。例如，在操作系统方面，能够深入讲解进程调度算法（如CFS，完全公平调度算法）、内存管理机制（如分页和分段机制）的应聘者会给面试官留下深刻印象。在芯片开发领域，如果了解芯片常用驱动等底层知识，那么能够在面试相关岗位时展现出自己的专业度。这是因为大厂往往有自己的底层技术研发需求，大厂在实际项目中会遇到很多与底层技术相关的问题。例如，软件在运行时出现性能瓶颈，可能与操作系统的内存分配不合理或者CPU调度策略优化不够有关。掌握底层技术的人能够从根源上分析和解决这些问题，这在面试中通过案例分析等环节可以很好地体现出来。

2. **拓宽技术职业方向**。操作系统和芯片开发等底层技术的变化相对缓慢。与应用层技术频繁更新换代不同，底层技术的核心原理和架构在较长时间内保持稳定。例如，Linux操作系统的内核架构虽然在不断发展，但基本的进程管理、内存管理等核心机制变化不大。学习这些底层技术可以让从业者在较长的职业生涯中保持技术的有效性和竞争力。而且掌握底层技术能够使从业者更容易实现技术迁移。无论是从不同行业领域之间择业，还是从一种操作系统平台转向另一种，底层技术知识都能提供坚实的基础。例如，一个熟悉操作系统底层的开发者，在从传统PC操作系统开发转向移动操作系统开发时，能够更快地理解和适应新的开发环境，因为移动操作系统的很多底层原理（如进程管理、资源调度）与传统操作系统是相通的。在人工智能时代亦是如此。

3. **缓解“35岁失业”焦虑**。在技术行业，35岁左右往往面临年轻从业者的竞争压力。学习操作系统和芯片开发等底层技术可以建立起较高的技术壁垒。这些底层技术需要长时间的学习和实践才能掌握，相比于年轻从业者普遍掌握的应用层技术，底层技术更能体现资深从业者的价值。例如，在企业裁员时，能够对操作系统内核进行优化或者对芯片设计进行改进的技术人员，因其不可替代的技术能力，被裁掉的风险相对较低。

重磅推荐

业内专家

芯片与操作系统成为业界当下的热点。然而，业界少有从打通操作系统和芯片开发角度讲解的技术书籍。本书的特色在于挖掘Linux核心技术，剖析难点痛点，打通Linux操作系统与芯片开发链路，为嵌入式系统工程师、芯片设计工程师等从业者拓宽技术视野，助力我国在芯片与操作系统关键领域技术人才的培养。

——上海交通大学特聘教授、OpenHarmony技术指导委员会主席、华为中央软件院副总裁、华为基础软件首席科学家，陈海波

这是一本少见的将内核（软件）和芯片（硬件）贯穿在一起阐述相关原理及其实现的书籍，是作者的心血之作，对内核开发者和芯片设计者均有裨益。相信它可极大助力信创产业的发展。

——飞漫科技创始人，魏永明

作者是我多年未曾谋面的网友，一直致力于Linux系统下的一线研发工作。令人欣喜的是，盼盼凭借他多年的实战经验，深入剖析了从Linux操作系统到SoC芯片驱动的每一个环节，不仅详细阐述了它们的运作原理，更是洞察了背后的深层逻辑。对于那些渴望提升技术实力的技术爱好者来说，这无疑是一个极佳的起点，可成为升职加薪、进军大厂的得力助手！

——RT-Thread创始人，熊谱翔

Linux系统庞大而复杂，一个原因在于缺乏文档。阅读源码当然是最本质的方法，但是你从哪个文件开始？函数调用过程如何？你能理清楚这些，其实已经消耗了极多的时间。本书讲解各个模块时，把它的主体调用过程罗列了出来，跟着本书可以快速掌握这些模块的主体框架、使用流程，然后再去阅读源码会事半功倍。

——深圳百问网科技有限公司创办人，韦东山

提前拜读了盼盼的这本书，受益匪浅，该书的突出特点是文字简练、结构清晰、内容翔实，很适合Linux开发者学习使用。

——CLK导师团成员、Linux内核多个项目的作者，宋宝华

操作系统方面的知识是计算机科学中迫切需要掌握的，而Linux内核是人类历史上开放的，也是重要的和应用非常多的，因为它已经属于全人类而不是某人某公司某国家。操作系统是应用与硬件的桥梁。

盼盼是我认识很久的一位非常热衷对操作系统和芯片进行研究的工程师，这本书体现了他积累的丰富的、宝贵的行业实践经验。本书对新一代的系统工程师来说是非常好的入门指南，因为它既有操作系统有关方面的知识，也有硬件芯片实操方面的内容介绍。祝读者朋友们在阅读这本书的过程中收获快乐及能力提升。

——深度数智 / 鉴释科技创始人，梁宇宁

如果大家想要了解Linux内核如何管理和驱动硬件的工作原理，相信这本书会给您带来很多帮助。作者一直工作在开发一线，书中很多内容都是作者的经验总结，结合软件代码和硬件原理讲解，实践性很强。这本书对不了解硬件的软件工程师来说也是一个很好的知识补充。

——荣耀软件工程技术负责人，赵俊民

作者是我多年的朋友，凭借在国际顶尖科技公司多年的芯片开发和Linux内核经验，他将复杂的芯片架构与操作系统机制以清晰、系统的方式呈现给读者。这本书既适合芯片开发者理解操作系统，也适合Linux内核开发者深入硬件底层。

——八英里电子科技有限公司创始人，王晓辉

我长期阅读作者的“人人极客社区”微信公众号，文章软硬结合、图文并茂、深入浅出、条分缕析，受益匪浅，推荐阅读此书的读者也去关注他的微信公众号，定会收获满满！

——泰晓科技Linux技术社区创始人，吴章金

本书的出版令人兴奋，作者高屋建瓴，同时从芯片和操作系统角度讲解技术，深入浅出地打通二者之间的关系，别具一格，对有志提升底层内功的朋友很有帮助，强烈推荐！

——银河雷神特大型自研操作系统作者，谢宝友

行业媒体

Linux几乎是近些年中所有重要技术的基石。现代的技术里上到各种流行的互联网应用后台架构，下到各种芯片的开发都依赖Linux内核。本书几乎涵盖了Linux内核中的所有重要模块，既包括内存、进程、文件系统等核心模块，也涵盖了电源、时钟、设备、中断等。对于想系统学习Linux内核工作内部机制的同学来说，本书非常合适。

——微信公众号“开发内功修炼”作者，张彦飞

这本书带来一个全新的视角和思路，犹如一座桥梁，连接起了操作系统与芯片开发。操作系统偏“软”，芯片开发偏“硬”，有了前面的操作系统的基础，芯片开发自然水到渠成，不论是启动过程，还是芯片的设备管理。而芯片中和操作系统息息相关的硬件资源，如电源、时钟、引脚、时间模块等，书中也有详细的基础讲解和对应的操作过程。如此一来，便可以打通从芯片系统到硬件开发的所有步骤。

——达尔闻创始人，妮mo

从书名可知，这本书是市面上少有的能够同时讲清Linux操作系统和底层SoC关键原理的图书，硬件芯片是载体，软件系统是灵魂，软硬结合才是真正的嵌入式。作者在国际领先芯片原厂辛勤工作十余年，对芯片内部的各个模块了如指掌，在此基础上，作者充分挖掘了Linux内核实现之于硬件资源的关键应用，并且在实际开发过程中能够做到上下一体，融会贯通，实属难得。特别推荐！

——微信公众号“痞子衡嵌入式”作者，痞子衡

很开心读到这本书，市面上写软件的书不少，写硬件的书也很多，但软硬件结合来写的作品较少。本书从Linux内核的内存管理、进程调度、文件系统、系统调用等模块出发，逐层剖析操作系统的复杂机制；同时深入SoC芯片开发的关键环节，包括启动流程、设备模型、电源管理、时钟控制和中断处理等，将软硬件开发的知识体系有机融合在一起。本书内容系统、细节丰富，既适合操作系统开发者深入学习，也为芯片开发工程师提供了一条从硬件原理到驱动实现的清晰路径。无论是工程实践还是学术研究，这本书都能帮助读者理解从代码到芯片背后深藏的技术逻辑，打破软硬件开发的壁垒。

——微信公众号“闪客”作者，闪客

嵌入式Linux的知识点很多，且非常繁杂，软硬件知识都要掌握，使很多初学者无从下手。许多同学有心学习，但东学一点、西看一下，忙碌了大半年，连嵌入式的基础都没掌握，究其原因，还是因为没有系统性地学习嵌入式Linux的重点知识。这本书的特点就是整理了嵌入式Linux的精华，让初学者不再走弯路，跟着这本书中的知识点学习，再通过代码实践起来，掌握嵌入式Linux开发将不再那么困难。

——微信公众号“strongerHuang”作者，黄工

我有过无数次想写一本Linux图书的冲动，又在无数次冲动之后停止了继续行动。写作是一件烦琐且需要毅力的事，而技术书籍更是需要反复推敲和打磨的，作者花费了大量时间和精力，终于完成了本书的架构以及编写，不仅为Linux底层开发者提供了最直接的技术资料，更提供了和资深技术开发者直接对话的窗口，非常值得推荐。

——微信公众号“嵌入式Linux”作者，韦启发

本书是一本不可多得的技术佳作，深入剖析了Linux内核与SoC模块的开发。无论你是初学者还是资深工程师，这本书都将为你提供实用的知识和技巧，帮助你在嵌入式系统开发中游刃有余。让我们一起探索Linux的无限可能。

——微信公众号“良许Linux”作者，良许

操作系统作为用户与计算机硬件之间的桥梁，负责管理计算机的硬件组件，如CPU、内存、硬盘等，确保这些资源被高效合理地使用，本书对操作系统最重要的子系统内存管理、进程管理、文件系统、驱动等都做了详细阐述，除此之外，本书还详细讲

解了Uboot如何引导操作系统启动。通过本书，大家可以掌握操作系统常用的管理机制，尤其是操作系统与芯片交互的细节，这是一本不可多得的好书。

——微信公众号“一口Linux”作者，彭丹

作为高校教师，我认为本书极具价值。作者从操作系统核心模块及SoC开发流程关键领域深入讲解，基于实践经验，逻辑严谨、层层递进，案例丰富实用，是理论与实践结合的佳作，值得相关读者研读。

——微信公众号“大鱼机器人”作者，张巧龙

这本书从操作系统和SoC，也就是软件和硬件两个角度对现代MPU和Kernel机制做了深度讲解，我个人尤其感兴趣的是SMP负载均衡和驱动模型、设备树部分。本书可谓紧跟技术发展新趋势，娓娓道来、深入浅出，可见作者对MPU+Linux技术栈的研发经验丰富，见解颇深，推荐大家一读。

——抖音号“朱老师硬科技学习”作者，朱有鹏

主要内容

全书共13章，操作系统部分涉及内存管理、进程管理、文件系统、同步管理，以及系统调用。SoC部分涉及SoC启动的过程、设备模型、设备树原理、电源模块、时钟模块、引脚模块、时间模块和中断模块，这些模块都是芯片运行的基本要求。作者站在一线开发者的角度先剖析了Kernel 6.6的实现原理，然后结合恩智浦i.MX9芯片的SoC硬件原理，由浅入深地讲解了操作系统和SoC的深层原理。

本书涵盖以下主要内容。

第1章介绍内存管理，包括内存管理的机制、CPU访问内存的过程、内存架构和内存模型、memblock物理内存初始化和映射、物理内存的软件划分、页帧分配器的实现、快速分配之水位控制、快速分配之伙伴系统、慢速分配之内存碎片规整等。

第2章介绍进程管理，包括内核对进程的描述，用户态进程、线程的创建，do_fork函数的实现，进程的调度，SMP的负载均衡等内容。

第3章介绍同步管理，包括原子操作、自旋锁、信号量、互斥锁、RCU等内容。

第4章介绍文件系统，包括磁盘的物理结构、查看文件系统、ext4文件系统、虚拟文件系统的原理等。

第5章介绍系统调用，包括系统调用的定义，从内核态和用户态讲解系统调用的处理流程。

第6章介绍SoC启动，从Uboot启动前，到Uboot的初始化，再到Kernel的初始化。内容包括SPL的工作流程、ATF的工作流程、Uboot的过程，以及Kernel各个子系统的初始化流程。

第7章介绍设备模型，这是进入研究设备驱动的基础，内容包括设备模型的基石、设备模型的探究，最后手把手和大家一起定制一块开发板。

第8章介绍设备树原理，涉及设备树的基本用法、设备树的深度解析。

第9章介绍电源模块，这是操作系统在SoC上运行的动力来源，内容涉及电源power domain的软硬件实现、电源runtime pm的软硬件实现等。

第10章介绍时钟模块，这是操作系统在SoC上运行的“心跳”，内容涉及时钟控制器的硬件实现、时钟子系统的实现、时钟控制器的驱动实现。

第11章介绍引脚模块，这是操作系统在SoC上运行的“四肢”，用来连接其他外设，内容涉及IOMUX控制器的硬件实现、IOMUX控制器的驱动实现，以及引脚设备的驱动实现。

第12章介绍时间模块，这是操作系统在SoC上运行时对外界的计时，内容涉及时间子系统的架构、定时器和时钟源的初始化、高分辨率定时器hrtimer、低分辨率定时器sched_timer。

第13章介绍中断模块，这是操作系统在SoC上运行时对外界的反馈，内容涉及中断控制器的硬件实现、中断控制器的驱动实现、中断下半部的实现过程。

目标读者

本书涉及芯片、自动驾驶、机器人、人工智能、物联网等核心生产力行业，适合Linux爱好者、Linux内核开发者、操作系统工程师、硬件工程师、芯片工程师、BSP工程师、嵌入式开发者、多媒体开发者、架构师，以及致力于向底层技术转型的开发人员阅读。

配套资源

请添加微信rrjike或关注微信公众号“人人极客社区”，本书提供免费的技术社区服务。

致谢

我用了四年时间打磨这本书，要感谢的人很多。

首先，要感谢自己和家人。工作之余我几乎把下班后和周末的时间全都花在这本书的写作上，感谢自己的坚持和家人的理解，让我有足够的时间专心创作。

其次，要感谢我的粉丝，是你们一直以来的支持，让我在微信公众号有着继续写下去的动力，这个小小的圈子是我和你们一起成长的沃土，希望未来能够继续手挽手，一起创造更好的职业发展。

最后，还要感谢我所在的公司恩智浦半导体，以及一起共事的同事们。公司开放、求真务实、追求创新的特点，让每个人能够更好地平衡工作和生活。

推荐序

有幸收到《打通Linux操作系统和芯片开发》这本书稿，浏览书中的章节，看着一行一行的代码以及对应的文字解读，不禁感慨计算机系统的复杂与精密。今天的计算机系统包含了几十亿行软件代码，运行在包含着几百亿晶体管的芯片上。令人惊叹的是，如此复杂的系统却能在纳秒时间尺度上精确地运转，这真是人类智慧的结晶。

今天新一轮人工智能（AI）浪潮已经到来，深度神经网络、大模型等AI技术正在快速渗透到各行各业。如今的AI技术不仅能吟诗作画，还能算题列表，甚至已能自动编写代码，大有替代人类的趋势。那么，AI时代的来临，对于计算机系统行业的从业者会有什么影响?

我一边翻阅着这本书稿，一边思考着这个问题。书中一行行的代码与文字映入眼帘，不断激发我的思绪，让我在脑海中逐渐形成几个不成熟的想法。

第一，即使AI时代到来，我相信计算机系统能力依然是一种不可或缺的核心能力，精通计算机系统依然将会是一种核心竞争力。我很认同李国杰院士的一个观点：“AI是计算机技术的非平凡应用，而智能化的前提是计算机化，目前还不存在脱离计算机的AI”。因此，今天琳琅满目的AI应用依然离不开芯片、操作系统、编译器、数学库等计算机底层技术。正如书中所言，如果你对底层技术有着深厚的积累，就相当于拥有了武侠片中的内功，一旦有了雄厚的内功，其他武功你一看就明白，一学就会，任何招式你和别人打出去的威力就不是一个级别。

谷歌首席科学家杰夫•迪恩（Jeff Dean）博士便是一个拥有雄厚内功的典型案例：他博士期间从事编程语言研究，毕业后开展处理器微体系结构设计，加入谷歌后致力于数据中心分布式系统工作，之后转向AI方向，领导谷歌大脑（Google Brain）。正是因为迪恩博士拥有坚实的计算机系统基础，才能让他不断向上层跨越，成为一名全栈式的国际领军人才。

第二，AI技术的快速发展，有望在未来影响越来越广的行业，这将会催生更大规模的算力需求。近年来一些咨询机构预测，未来用于推理的算力需求将远高于训练算力，甚至可能高出1~2个数量级。然而，推理算力需求面临一个挑战，即需求碎片化——未来各类物品，小到写字笔、手表、台灯，大到汽车、飞机、卫星等等，都将嵌入具备不同AI推理能力的芯片与系统。

如何应对如此多样化的需求，一方面需要通过AI技术、开源模式不断降低定制芯片与系统的设计门槛，另一方面则需要赋能更多中小微团队具备芯片与系统定制化能力。因此，掌握操作系统与SoC开发能力，将会在AI时代更具竞争力。

第三，如果未来AI可以自动设计芯片、自动设计操作系统、自动设计整个计算机系统，那是否意味着未来不再需要计算机系统人才？对于这个问题，西蒙·温彻斯特所著的《追求精确》一书也许可以给我们一些启示。温彻斯特认为，我们生活的世界可划分为一个精确的世界和一个非精确的世界。精确世界，包括机械、控制、精密仪器等领域；非精确世界，则包括人文、艺术、媒体、娱乐等领域。从目前AI技术能力来看，还是更适用于非精确世界。

当前似乎已是无所不能的AI技术能用来实现多高的精确度呢？如果要实现一套极致精确度的机器或系统（如纳秒级精准控制、10～15级别容错度），设计者又是否敢完全交付给AI技术来做决策与控制？我想大概率现在还不敢。如今的计算机系统，可归类到精确世界中，因为这是一个几十亿行代码以纳秒时间尺度精确运行在包含几百亿晶体管的芯片上的系统，在每秒钟运行几十亿条指令的高速运转条件下要保证几个月甚至几年不能出错。当AI技术无法百分之百保证如此高的精确度，那就必定需要人类参与，必定需要人类对设计结果签字负责。因此，我相信在未来一段时间内，AI技术仍然会是人类工程师的助手，而非替代者。

如何将AI助手的能力充分发挥好，这需要我们人类对计算机系统本身有更深刻的认识与理解。期待这本书的读者能成为未来AI时代计算机系统的驾驭者。

包云岗
中国科学院计算技术研究所副所长/研究员
2025年1月22日

目 录

contents

第1章 内存管理

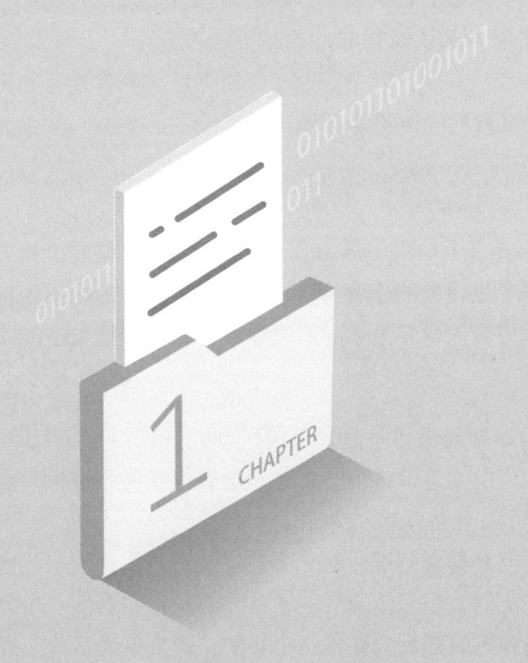

在操作系统的发展历史中，程序的存储和执行方式经历了显著的演变。在操作系统尚未诞生之时，程序被编码在纸带上，这种物理介质上的程序需要计算机逐条读取并执行，这种方式被称为“纸带编程”。显然这种直接从外部存储介质（纸带）上读取并执行指令的方式效率极低，且受限于纸带的物理容量和读取速度。

随着技术的进步、内存的发明和应用，程序执行的方式发生了根本性的变化。程序在运行前需要被加载到内存，然后CPU从内存中读取指令并执行，这就是所谓的“存储的程序”概念。这一转变极大地提高了程序执行的效率，并为后来操作系统的快速发展奠定了基础。

在内存管理技术的演进过程中，为了提高内存利用率和系统性能，出现了多种内存管理机制。其中，分页机制（Paging）是一项重要技术，它将内存划分为固定大小的页面（Page），并通过页表（Page Table）来管理这些页面与物理内存地址之间的映射关系。分页机制使得操作系统能够更加灵活地管理内存，支持虚拟内存（Virtual Memory）技术，从而允许程序使用的内存空间超过实际物理内存的大小。

1.1 内存管理的机制

为了提高内存利用率、优化内存访问，以及满足不同的内存管理需求，内存管理采用了分段机制和分页机制。分段机制和分页机制在内存管理中各有其独特的作用和优点。分段机制侧重于逻辑信息的划分和重定位，而分页机制则更侧重于内存的灵活分配、虚拟内存的实现，以及内存安全的保护。两者相互补充，共同构成了现代计算机系统中复杂而高效的内存管理体系。

1.1.1 分段机制

在Linux操作系统中，分段（Segmentation）机制的核心思想是为每个进程或程序创建一个或多个逻辑上的连续内存段，并将这些段的虚拟地址映射到物理内存地址空间。这种机制允许操作系统为不同的进程提供独立的地址空间，从而解决了进程地址空间保护问题。

进程地址空间保护：通过分段机制，进程A和进程B会被映射到不同的物理地址空间，确保它们的物理地址不会重叠。这确保了每个进程只能访问自己的内存段，从而防止进程之间的非法访问和冲突。

越界访问和异常处理：当一个进程试图访问未映射的虚拟地址空间或不属于自己的虚拟地址空间时，CPU会捕获这种越界访问，并触发一个异常。CPU将通知操作系统这个异常，操作系统随后会处理这个异常，通常是通过终止进程或采取其他恢复措施来处理的。这个异常就是我们通常所说的“缺页异常”，尽管在分段机制的上下文中，更准确的术语可能是“段错误”或“段违例”。

虚拟地址和迁移性：分段机制使得进程可以通过虚拟地址来访问其内存段，而无须关心物理地址空间的布局。这极大地简化了程序的编写和内存访问，同时也使得程序能够无缝地迁移到不同的操作系统中，前提是目标操作系统支持相同的分段机制和虚拟地址空间管理。

内存段和内存管理：分段机制将进程的虚拟地址空间划分为多个段，如代码段、数据段、堆段和栈段等。这些段的物理地址可以不连续，这有助于解决内存碎片问题，但也可能导致外部碎片的产生。系统需要为每个进程的各个段合理分配物理地址空间，以确保足够的内存资源用于执行进程，并避免潜在的内存访问冲突。

内存使用效率：虽然分段机制为进程提供了独立的地址空间和更好的内存管理，但它的内存使用效率仍然较低。这是因为分段机制对虚拟内存到物理内存的映射仍然以整个进程为单位。当系统内存不足时，操作系统通常需要将整个进程的所有段都换出到磁盘上，以释放内存空间。这种做法会导致大量的磁盘I/O操作，从而影响系统的整体性能。为了提高内存使用效率和系统性能，现代操作系统通常结合使用分段机制和分页机制来更有效地管理内存资源。

1.1.2　分页机制

分段机制虽然为进程提供了独立的地址空间，但在进行以进程为单位的换入（Swapping In）和换出（Swapping Out）操作时，会显著影响系统性能。根据局部性原理（Principle of Locality），即进程在执行过程中，在一段时间内会集中访问某个局部地址空间，人们发现并不是所有的数据都需要常驻内存。因此，为了提高内存使用效率和系统性能，分页（Paging）机制应运而生。

分页机制的核心思想：分页机制将分段机制中的“段”进一步细化为“页面”（Page）。进程的虚拟地址空间被划分为固定大小的页面，通常为4KB（尽管现代CPU支持多种页面大小，如4KB、16KB、64KB等）。常用的数据和代码以页面为单位驻留在内存中，而不常用的页面则被交换到磁盘上，从而节省物理内存空间。这种以页面为单位的内存管理方式比分段机制更为高效。

物理内存与页帧：物理内存也被划分为同样大小的页面，这些页面被称为物理页面（Physical Page）或页帧（Page Frame）。为了管理这些页帧，操作系统为每个页帧分配一个唯一的编号，即页帧号（Page Frame Number，PFN）。

虚拟地址与虚拟页面：进程中的虚拟地址空间被划分为虚拟页面（Virtual Page）。当进程需要访问某个虚拟地址时，CPU首先根据页表（Page Table）将该虚拟地址映射到对应的物理页帧号，然后通过物理页帧号找到实际的物理内存地址，并进行访问。

大页面（Huge Page）机制：随着计算机系统内存容量的不断增加，特别是服务器上使用的以TB为单位的内存，使用传统的4KB页面大小可能会产生性能上的缺陷。为了解决这个问题，现代处理器支持大页面机制。大页面允许操作系统以更大的单位（如2MB或1GB）来管理内存，从而减少了页表的大小和访问页表的次数，提高了内存访问的效率。例如，Intel的至强处理器就支持以2MB和1GB为单位的大页面。这种机制对于需要大量内存访问的应用程序特别有效，可以显著提高应用程序的执行效率。

分页机制是现代操作系统中用于管理内存的一种关键技术，其实现依赖于硬件的支持。在CPU内部，存在一个关键的硬件单元负责处理虚拟地址到物理地址的转换，这个单元通常被称为内存管理单元（Memory Management Unit，MMU）。

1.2 CPU访问内存的过程

MMU（内存管理单元）是现代CPU设计中的关键组件，通常作为CPU的标准配置而非可选项。MMU的核心职责是实现虚拟地址（Virtual Address）与物理地址（Physical Address）之间的映射转换，并管理内存访问权限，确保系统安全和稳定。

当处理器尝试访问一个虚拟地址时，这个地址会被发送到MMU。MMU会检查其内部的页表（Page Table）或TLB（Translation Lookaside Buffer，转译后备缓冲器），以查找该虚拟地址对应的物理地址。如果找到了匹配项，MMU会将物理地址发送给内存控制器，完成数据访问。如果未找到匹配项（即发生了缺页异常），MMU会通知操作系统，操作系统随后会处理这个异常，例如通过将相应的物理页面加载到内存中，并更新页表。

在分页机制中，程序可以在虚拟地址空间自由分配虚拟内存。但是，只有当程序实际尝试访问或修改这些虚拟内存时（即触发了一个页面引用），操作系统才会为其分配物理内存。这个过程被称为请求调页或按需调页（Demand Paging）。如果请求的页面尚未被加载到物理内存中，则会引发一个缺页异常。操作系统会捕获这个异常，并执行必要的页面加载操作，然后重新执行导致异常的指令。通过这种方式，操作系统可以高效地管理物理内存资源，确保只有真正需要的页面才会被加载到内存中。

1.2.1 PN/PFN/PT/PTE

虚拟地址VA[31:0]的构成可精细地划分为两部分：其一，VA[11:0]代表虚拟页面内的偏移量，以常见的4KB页面大小为例，这部分地址直接指向页面内的具体字节位置；其二，剩余的高位部分则用于标识该地址所属的虚拟页面，被称为虚拟页帧号（Virtual Page Frame Number，VPN）。

同样地，物理地址PA[31:0]的构成也遵循类似的原则：PA[11:0]表示物理页面内的偏移量，直接映射到物理内存中的具体位置；而高位部分则标识物理页面的唯一编号，即物理页帧号（Physical Page Frame Number，PFN）。

MMU（内存管理单元）的核心职责就是将VPN转换为PFN，以实现虚拟地址到物理地址的转换。为完成这一任务，处理器使用了一种称为页表（Page Table，PT）的数据结构来存储VPN到PFN的映射关系。页表中的每一项记录，即页表项（Page Table Entry，PTE），均详细描述了某个虚拟页面与物理页面之间的映射详情。

由于页表可能相当庞大，若将其整体存放于寄存器中，将极大地占用硬件资源，因此，实践中通常采用将页表置于主内存中的做法，并通过页表基地址寄存器（Translation Table Base Register，TTBR）来指向页表的起始地址。这样，当处理器需要访问某个虚拟地址时，只需通过TTBR定位到相应的页表项，再从中获取对应的PFN，即可完成虚拟地址到物理地址的转换。

1.2.2　MMU中的TLB和TTW

先通过图1-1来看看CPU是如何进行内存寻址的。

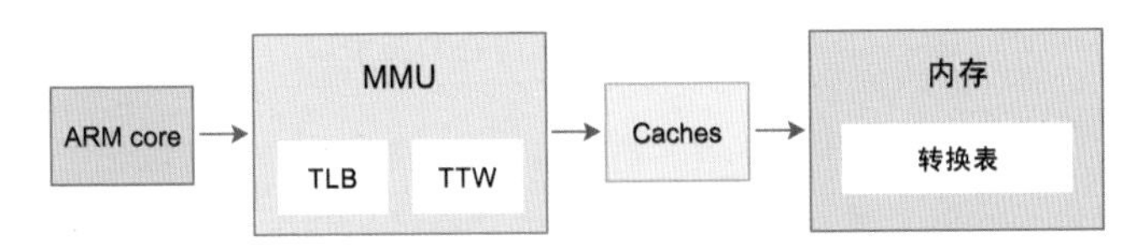

图1-1　CPU内存寻址的过程

在现代处理器中，软件使用虚拟地址访问内存，而处理器的MMU负责把虚拟地址转换为物理地址。程序可以对底层的物理地址一无所知，物理地址也可以不连续，不妨碍映射连续的虚拟地址空间。为了完成这个映射过程，软件和硬件要共同维护一个多级映射页表。

TLB专门用于缓存已经翻译好的页表项，一般在MMU内部。TLB是一个很小的高速缓存，TLB表项（TLB Entry）数量比较少，每个TLB表项包含一个页面的相关信息，如有效位、VPN、修改位、PFN等。有的教科书把TLB称为快表，当处理器访问内存时先从TLB中查询是否有对应的表项。当TLB命中时，处理器就不需要到MMU中查询页表了。

如果没有TLB，虚拟地址的映射关系只能从映射的页表中查询，这样会频繁访问内存，降低系统映射性能。

当TLB没有命中时，那么MMU内的专用硬件使其能够读取内存中的映射表，并将新的映射信息缓存到TLB中，这就是TTW。

当处理器要访问一个虚拟地址时，首先会在TLB中查询。如果TLB中没有相应的表项（即TLB未命中），那么需要访问页表来计算出相应的物理地址（由TTW来完成）；如果TLB中有相应的表项（即TLB命中），那么直接从TLB表项中获取物理地址。

TLB的基本单位是TLB表项，TLB容量越大，所能存放TLB的表项越多，TLB的命中率就越高。图1-2示意了CPU寻址内存的流程。

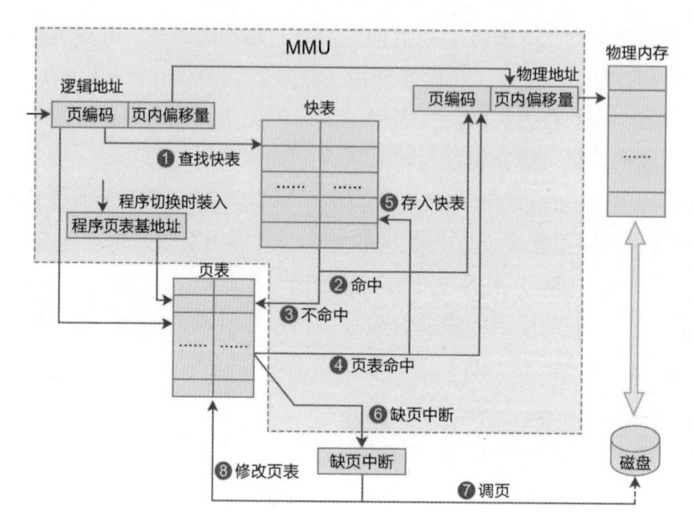

图1-2 CPU寻址内存的流程

图1-2总结了CPU寻址内存的流程：首先使用MMU（内存管理单元）通过TLB（转译后备缓冲器，也称为快表）查找虚拟地址对应的物理地址映射关系。若TLB命中，则直接获取物理地址并访问；若未命中，则查询页表，页表命中则获取物理地址并更新TLB以加速后续访问；页表未命中则触发缺页中断，系统随后进行调页处理，包括申请物理内存并在成功时更新页表。

1.2.3 一级页表映射过程

对于内存页面的管理，不论是虚拟页面还是物理页面，每一个页面内部的地址空间均保持连续性，这是页式内存管理的基本特性。这种连续性确保了虚拟页面和物理页面之间可以建立一一对应的关系。

在这种映射关系中，虚拟内存地址和物理内存地址的低位部分（即地址的最后几位）是相等的，因为这部分地址代表了页内各字节的相对位置，对于4KB（即2的12次方字节），地址的最后12位自然表示了页内的偏移量（Offset）。偏移量具体指示了数据在所属页内的位置。而地址的高位部分，则被称为页号（或页编号），如图1-3所示。在Linux系统中，操作系统通过页表（Page Table）来记录和维护虚拟页号与物理页号之间的映射关系，而非直接记录页编号的对应关系。页表是内存管理单元（MMU）用于实现虚拟地址到物理地址转换的关键数据结构。通过页表，操作系统可以有效地管理和利用虚拟内存空间，实现程序的隔离和内存的动态分配。

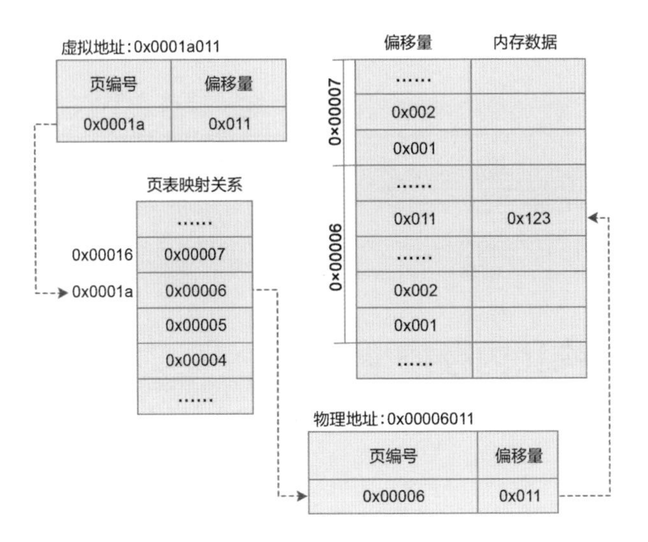

图1-3 一级页表映射过程

1.2.4 为什么使用多级页表

内存分页机制的核心在于精确地管理进程虚拟页面与物理页面之间的映射关系。Linux操作系统通过页表（Page Table）来记录并维护这种映射关系。页表的设计实现了上层抽象内存空间与底层物理内存空间的解耦，为Linux提供了高度灵活的内存管理手段。

在Linux中，由于每个进程都拥有一套独立的虚拟内存地址空间，因此每个进程都对应一个页表。为了保证地址转换的效率和速度，页表同样被存储在内存中。页表的实现方式多种多样，其中最简单直观的方式是将所有映射关系记录在一个连续的线性列表中。

然而，这种单一的连续页表需要为每一个潜在的虚拟页面预留记录空间，而在实际运行中，一个进程所使用的虚拟地址空间往往远小于其分配到的最大空间。例如，进程空间中的栈和堆虽然预留了增长的空间，但通常不会完全占用整个进程空间。因此，使用连续页表会导致大量未使用的记录条目，造成内存资源的浪费。

32位处理器，其虚拟地址空间达到4GB，若采用单一页表，则表项数量将达到2^{20}（约100万个）。若每个表项占用4B，则整个页表将占用约4MB的内存空间，这对于每个进程来说是一笔不小的开销。而在64位处理器上，情况更为严重，仅用户空间就拥有2^{36}个潜在的页面，若采用单一页表，则每个进程将需要高达256TB的内存空间来存储页表，这显然是不现实的。

因此，Linux采用了多级页表（也称为多层页表）的设计。多级页表通过树状结构来组织映射关系，有效减少了页表所需的存储空间，各级页表的名称如表1-1所示。从Linux 2.6.11版本开始，Linux普遍采用了四级分页模型，这种设计不仅减少了内存占用，还提高了地址转换的效率和灵活性。

表1-1　各级页表名称

名称	描述
页全局目录	PGD（Page Global Directory）
页上级目录	PUD（Page Upper Directory）
页中间目录	PMD（Page Middle Directory）
页表	PTE（Page Table）
页内偏移	Page offset

1.3　内存架构和内存模型

现行的内存架构主要有以下两种。

- UMA：Uniform Memory Access，一致性内存访问

从图1-4可以看出，这里有4个CPU，都有L1高速缓存，其中CPU0和CPU1组成一个簇（Cluster0），它们共享L2高速缓存。另外，CPU2和CPU3组成一个簇（Cluster1），它们共享另外一个L2高速缓存。4个CPU共享同一个L3高速缓存。最重要的一点是，它们可以通过系统总线来访问物理内存DDR。当处理器和核心变多的时候，内存带宽将成为瓶颈。

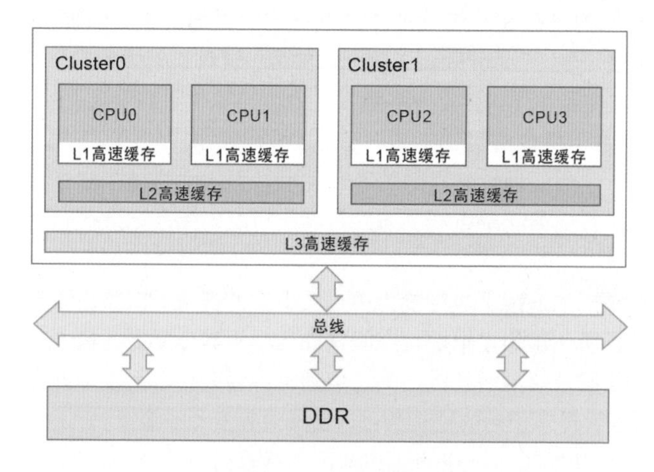

图1-4　一致性内存访问

- NUMA：Non Uniform Memory Access，非一致性内存访问

从图1-5可以看出，这里还是有4个CPU，其中CPU0和CPU1组成一个节点（Node0），它们可以通过系统总线访问本地DDR物理内存，同理，CPU2和CPU3组成另外一个节点（Node1），它们也可以通过系统总线访问本地的DDR物理内存。如果两个节点通过超路径互连（Ultra Path Interconnect，UPI）总线连接，那么CPU0可以通过这个内部总线访问远端的内存节点的物理内存，但是访问速度要比访问本地物理内存慢很多。

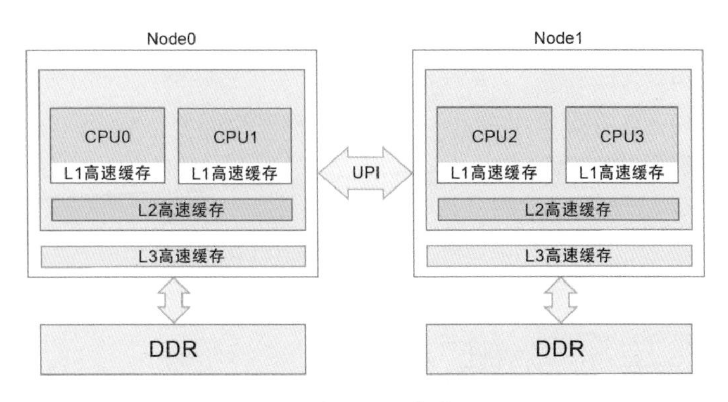

图1-5　非一致性内存访问

1.3.1　Linux内存模型

Linux目前支持三种内存模型：FLATMEM、DISCONTIGMEM和SPARSEMEM，如图1-6所示。某些体系架构支持多种内存模型，但在内核编译构建时只能选择使用一种内存模型。

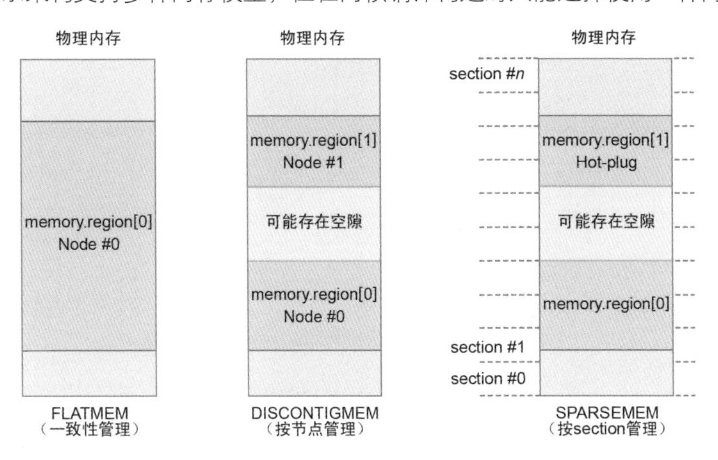

图1-6　内存模型

下面分别讨论每种内存模型的特点：

- FLATMEM：扁平内存模型
  - 内存连续且不存在空隙。
  - 在大多数情况下，应用于UMA（Uniform Memory Access）系统。
- DISCONTIGMEM：不连续内存模型
  - 多个内存节点不连续并且存在空隙（hole）。
  - 适用于UMA系统和NUMA（Non Uniform Memory Access）系统。
  - ARM在2010年已移除对DISCONTIGMEM内存模型的支持。

- SPARSEMEM：稀疏内存模型
  - 多个内存区域不连续并且存在空隙。
  - 支持内存热插拔（hot-plug memory），但性能稍逊于DISCONTIGMEM。
  - x86或ARM64内核采用了最近实现的SPARSEMEM_VMEMMAP变种，其性能比DISCONTIGMEM更优并且与FLATMEM相当。
  - 对于ARM64内核，默认选择SPARSEMEM内存模型。
  - 以section为单位管理线上和热插拔内存。

1.3.2 Linux内存映射

前面讲述了虚拟地址到物理地址的映射过程，而系统中对内存的管理是以页面为单位的：

- 页面（page）：线性地址被分成以固定长度为单位的组，称为页面，比如典型的4KB大小，页面内部连续的线性地址被映射到连续的物理地址中。
- 页帧（page frame）：内存被分为固定长度的存储区域，称为页帧，也叫物理页面。每一个页帧会包含一个页面，页帧的长度和一个页面的长度是一致的，在内核中使用struct page来关联物理页面。

从图1-7就能看出页面和页帧的关系。

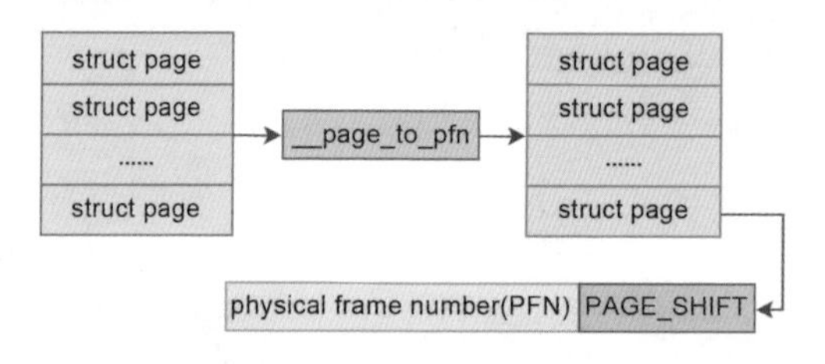

图1-7 页面和页帧的关系

管理内存映射的方式取决于选用的内存模型，图1-8显示了不同内存模型的内存映射方法。

- FLATMEM：用全局指针变量*mem_map管理单个连续内存，其指向struct page类型数组的首地址。
- DISCONTIGMEM：用全局数组node_data[]管理所有节点的内存，CONFIG_NODES_SHIFT配置选项决定数组的容量，数组元素数量应尽可能与内存节点个数一样。数组的每个元素是指向pglist_data实例的指针，一个pglist_data实例管理一个节点的内存。struct pglist_data的node_mem_map字段指向struct page类型数组的首地址，用于管理节点的所有物理页帧。

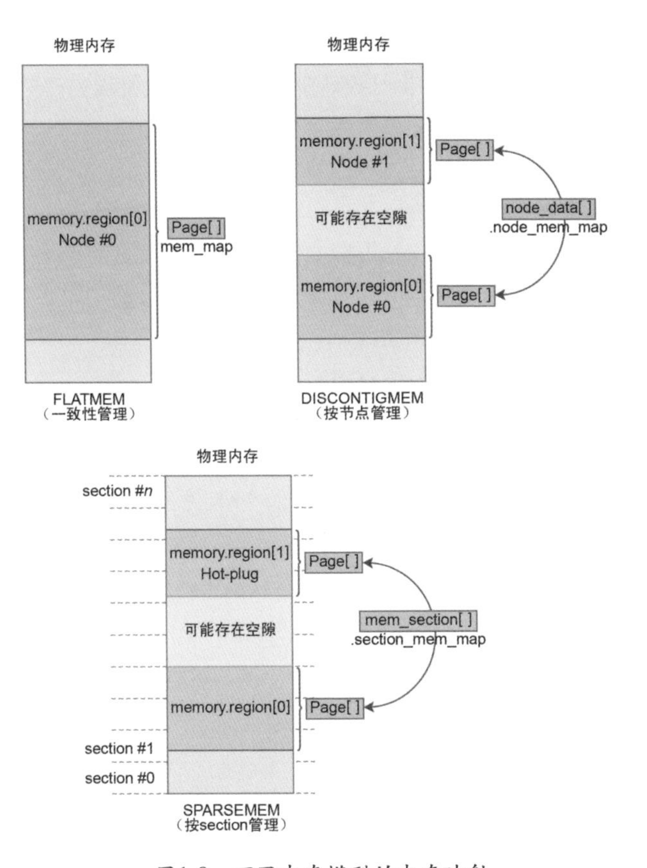

图1-8 不同内存模型的内存映射

- SPARSEMEM：用全局数组mem_section[]管理分散稀疏的内存，数组大小等于在编译时体系架构可用物理地址空间的大小（可由配置选项设置）除以section大小。数组的每个元素是指向mem_section实例的指针，如果一个section存在物理内存，则用一个mem_section实例进行管理（注意：数组名称mem_section[]和结构体名称struct mem_section相同）。struct mem_section的section_mem_map字段指向struct page类型数组的首地址，用于管理section的所有物理页帧。

至此，内存管理的理论知识介绍完毕，下一节将进入源码分析阶段，结合内核源码从零开始梳理内存管理的始末。一步一个脚印，相信你会发现内存管理其实很简单。

1.4 memblock物理内存的初始化

我们知道内核初始化完成后，系统中的内存分配和释放是由Buddy系统、slab分配器来管理的。但是在Buddy系统、slab分配器可用之前，内存的分配和释放是由memblock

分配器来管理物理内存的使用情况的（需要注意的是，memblock管理的内存为**物理地址**，非虚拟地址），memblock是唯一能够在早期启动阶段管理内存的内存分配器，因此，这也是early boot memory术语的由来。

1.4.1 early boot memory

early boot memory即从系统上电到内核内存管理模型创建之前这段时间的内存管理，严格来说它是系统启动过程中的一个中间阶段的内存管理，当SPARSEMEM内存模型数据初始化完成之后，将会从early boot memory中接管内存管理权限。

那么为什么不等到SPARSEMEM内存模型构建完毕之后，使用SPARSEMEM内存模型申请内存呢?

因为，SPARSEMEM内存模型本身的内存管理数据也需要复杂的初始化过程，而这个初始化过程也需要申请内存，比如mem_map，因此在SPARSEMEM内存模型创建之前需要一个内存管理子系统为其分配内存，尤其针对NUMA系统，需要指明各个节点（node）上申请到的相应的内存。与SPARSEMEM内存模型相比，early boot memory不需要考虑复杂的场景，尤其此时系统还在初始化阶段，因此，也不需要考虑任何业务场景。所以相对来说，early boot memory比较简单，也不需要考虑内存碎片等文件。

1.4.2 memblock的数据结构

在了解memblock机制前，先来看看memblock相关的数据结构有哪些。

memblock数据结构：

```
include/linux/memblock.h

struct memblock {
    bool bottom_up;  /* is bottom up direction? */
    phys_addr_t current_limit;
    struct memblock_type memory;
    struct memblock_type reserved;
};
```

- bottom_up：申请内存时分配器的分配方式，true表示从低地址到高地址分配，false表示从高地址到低地址分配。
- current_limit：内存块大小限制，一般可在memblock_alloc申请内存时检查限制。
- memory：可以被memblock 管理分配的内存（系统启动时，会因为内核镜像加载等原因，需要提前预留内存，这些都不在memory之中）。
- reserved：预留已经分配的空间，主要包括memblock之前占用的内存以及通过memblock_alloc从memory中申请的内存空间。

- physmem：需要开启CONFIG_HAVE_MEMBLOCK_PHYS_MAP，即所有物理内存的集合。

memblock_type数据结构：

```
include/linux/memblock.h

struct memblock_type {
    unsigned long cnt;
    unsigned long max;
    phys_addr_t total_size;
    struct memblock_region *regions;
    char *name;
};
```

- cnt：该memblock_type内包含多少个regions。
- max：memblock_type内包含regions的最大个数，默认为128，INIT_MEMBLOCK_REGIONS。
- total_size：该memblock_type内所有regions加起来的大小。
- regions：regions数组，指向数组的首地址。
- name：memblock_type的名称。

memblock_region数据结构：

```
include/linux/memblock.h

struct memblock_region {
    phys_addr_t base;
    phys_addr_t size;
    enum memblock_flags flags;
#ifdef CONFIG_HAVE_MEMBLOCK_NODE_MAP
    int nid;
#endif
};
```

memblock_region代表了一块物理内存区域，其中：

- base：该region的物理地址。
- size：该region的区域大小。
- flags：region区域的flags。
- nid：CONFIG_HAVE_MEMBLOCK_NODE_MAP使能时存放的nid。

memblock_flags数据结构：

```
include/linux/memblock.h

enum memblock_flags {
    MEMBLOCK_NONE       = 0x0,
    MEMBLOCK_HOTPLUG    = 0x1,
    MEMBLOCK_MIRROR     = 0x2,
    MEMBLOCK_NOMAP      = 0x4,
};
```

- MEMBLOCK_NONE：表示没有特殊需求，正常使用。
- MEMBLOCK_HOTPLUG：该块内存支持热插拔，用于后续创建zone时，归ZONE_MOVABLE管理。
- MEMBLOCK_MIRROR：用于镜像（mirror）功能。内存镜像是内存冗余技术的一种，工作原理与硬盘的热备份类似，将内存数据做两个副本，分别放在主内存和镜像内存中。
- MEMBLOCK_NOMAP：不能被内核用于直接映射（即线性映射区域）。

各数据结构之间的关系：

为了更好地理解这些数据结构之间的关系，图1-9给出memblock的内存区间类型和数据结构的关系。

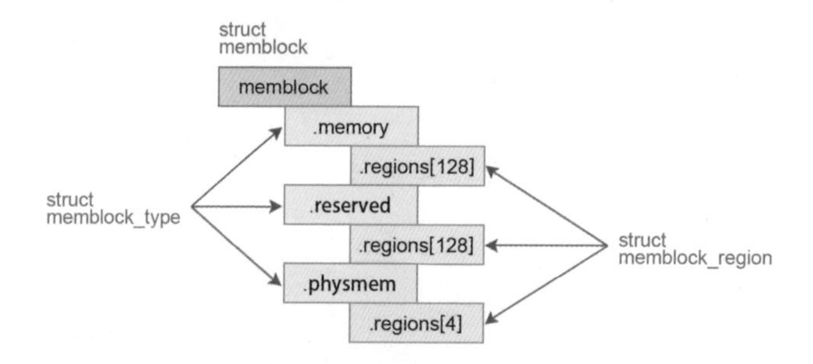

图1-9 memblock的内存区间类型和数据结构的关系

1.4.3 memblock的初始化

在bootloader做好初始化工作后，将 kernel image 加载到内存，就会跳到内核（kernel）部分继续执行，先执行的是汇编部分的代码，进行各种设置和环境初始化后，就会跳到内核的第一个函数start_kernel：

```
init/main.c
asmlinkage __visible void __init start_kernel(void)
{
    ......
    cgroup_init_early();
```

```
    ......
    boot_cpu_init();
    page_address_init();
    early_security_init();
    setup_arch(&command_line); //重点关注
    ......
    mm_init();
    ......
    sched_init();
    ......
    console_init();
    ......
    setup_per_cpu_pageset();
    ......
    fork_init();
    ......
}
```

这里初始化的内容很多，我们重点关注setup_arch，其参数为command_line。

setup_arch：

```
arch/arm64/kernel/setup.c

void __init setup_arch(char **cmdline_p)
{
    init_mm.start_code = (unsigned long) _text;
    init_mm.end_code   = (unsigned long) _etext;
    init_mm.end_data   = (unsigned long) _edata;
    init_mm.brk        = (unsigned long) _end;

    *cmdline_p = boot_command_line;

    early_fixmap_init();
    early_ioremap_init();

    setup_machine_fdt(__fdt_pointer);
    ......
    arm64_memblock_init();

    paging_init();
    ......
    bootmem_init();
 ......
}
```

我们用图1-10来总结memblock的初始化过程。

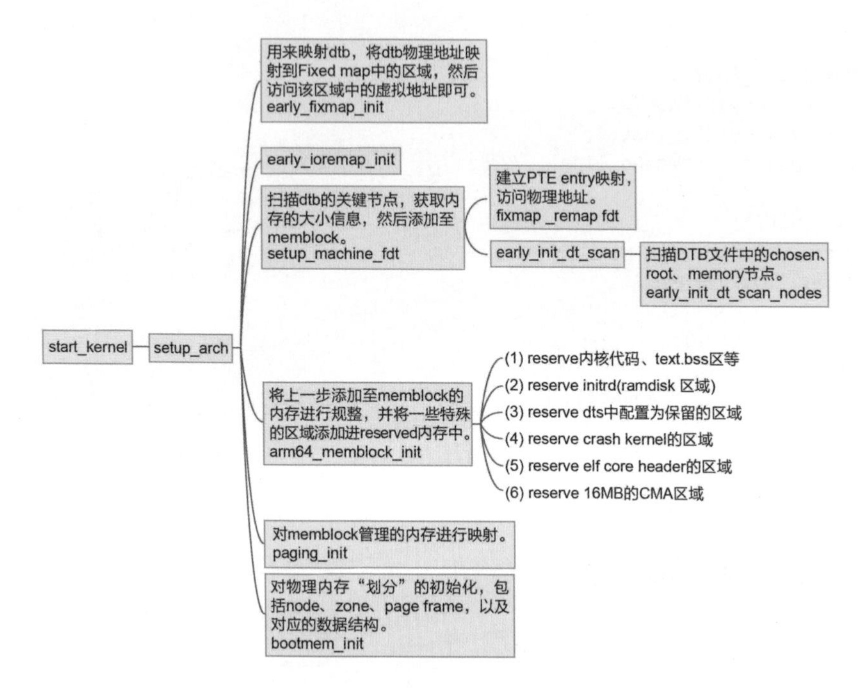

图1-10 memblock的初始化

这里以ARM64为例，setup_arch中完成了memblock的初始化、物理内存映射、sparse初始化等工作。后续会继续剖析paging_init和bootmem_init，这里主要确认setup_machine_fdt和arm64_memblock_init。

当剖析 setup_machine_fdt时，需要先确认其入参__**fdt_pointer是在哪里初始化的。这里暂不过多剖析，在start_kernel之前还有汇编代码的运行，**而__fdt_pointer就是在那里初始化的，图1-11所示的是head.S的代码。

```
SYM_FUNC_START_LOCAL(__primary_switched)
    adr_l   x4, init_task
    init_cpu_task x4, x5, x6

    adr_l   x8, vectors          // load VBAR_EL1 with virtual
    msr vbar_el1, x8             // vector table address
    isb

    stp x29, x30, [sp, #-16]!
    mov x29, sp

    str_l   x21, __fdt_pointer, x5       // Save FDT pointer

    ldr_l   x4, kimage_vaddr         // Save the offset between
    sub x4, x4, x0           // the kernel virtual and
    str_l   x4, kimage_voffset, x5       // physical mappings
```

图1-11 head.S的代码

这个__fdt_pointer非常重要，指向fdb，也就是dtb被加载到内存的首地址，这里是物理地址。

```
arch/arm64/kernel/setup.c

phys_addr_t __fdt_pointer __initdata;

include/linux/init.h
#define __initdata  __section(.init.data)
```

setup_machine_fdt：

了解完__fdt_pointer之后，回过头来看看setup_machine_fdt()：

```
arch/arm64/kernel/setup.c

static void __init setup_machine_fdt(phys_addr_t dt_phys)
{
    int size;
    void *dt_virt = fixmap_remap_fdt(dt_phys, &size, PAGE_KERNEL);
    const char *name;

    if (dt_virt)
        memblock_reserve(dt_phys, size);

    if (!dt_virt || !early_init_dt_scan(dt_virt)) {
        pr_crit("\n"
            "Error: invalid device tree blob at physical address %pa (virtual
address 0x%p)\n"
            "The dtb must be 8-byte aligned and must not exceed 2 MB in size\n"
            "\nPlease check your bootloader.",
            &dt_phys, dt_virt);

        while (true)
            cpu_relax();
    }

    fixmap_remap_fdt(dt_phys, &size, PAGE_KERNEL_RO);

    name = of_flat_dt_get_machine_name();
    if (!name)
        return;

    pr_info("Machine model: %s\n", name);
    dump_stack_set_arch_desc("%s (DT)", name);
}
```

该函数的主要功能是：

- 拿到DTB的物理地址后，会通过fixmap_remap_fdt()进行映射，其中包括pgd、pud、pte等映射，当映射成功后会返回dt_virt，并通过memblock_reserve()添加到memblock.reserved中。

- early_init_dt_scan()通过解析DTB文件的memory节点获得可用物理内存的起始地址和大小，并通过类memblock_add的API向memory.regions数组添加一个memblock_region实例，用于管理这个物理内存区域。

用图1-12来总结内核在启动的时候如何初始化memblock内存。

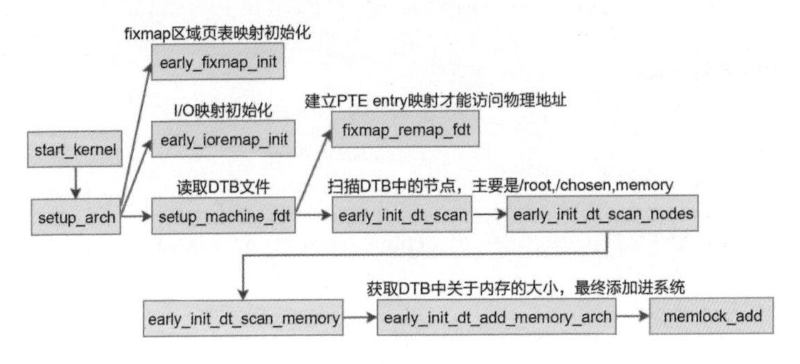

图1-12 内核初始化memblock内存

arm64_memblock_init：

当将物理内存都添加到系统之后，arm64_memblock_init会对整个物理内存进行整理，主要工作就是将一些特殊区域添加到reserved内存中。函数执行完后，如图1-13所示。

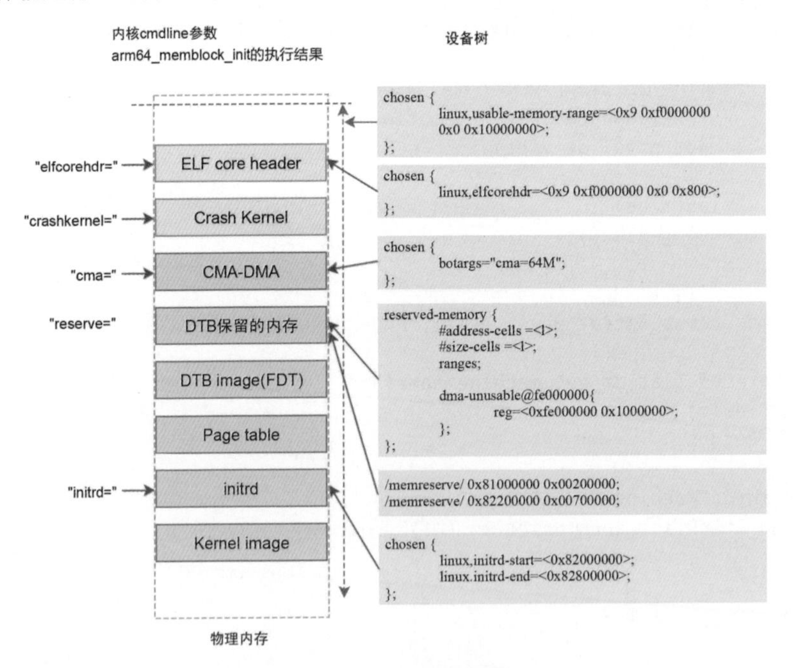

图1-13 内核对内存的整理

其中浅绿色的框内表示的都是保留的内存区域，剩下的部分就是可以实际使用的内存。至此，物理内存的大体面貌就有了，后续需要进行内存的页表映射，完成实际的物理地址到虚拟地址的映射。

本节主要介绍了Linux在boot阶段的物理内存管理机制，包括数据结构和内存申请、释放等基础算法。在boot阶段没有那么多复杂的内存操作场景，甚至很多地方都是申请了内存做永久使用的，所以这样的内存管理方式已经足够用了，毕竟内核也不指望始终用它。在系统完成初始化之后，所有的工作会移交给强大的Buddy系统来进行内存管理。

1.5 memblock物理内存的映射

经过前面物理内存初始化的介绍我们知道，尽管物理内存已经通过memblock_add添加到系统，但是这部分物理内存到虚拟内存的映射还没有建立。即使可以通过memblock_alloc 分配一段物理内存，但是还不能访问。那什么时候才可以建立好页表，通过虚拟地址去访问物理地址呢？细心的读者会发现，前一节的代码框架图里已经给出了答案，那就是在paging_init函数执行之后。

1.5.1 paging_init函数

paging_init函数的定义如下所示：

```
void __init paging_init(void)
{
    pgd_t *pgdp = pgd_set_fixmap(__pa_symbol(swapper_pg_dir));    ----- (1)

    map_kernel(pgdp);                                          --------- (2)
    map_mem(pgdp);                                             --------- (3)

    pgd_clear_fixmap();

    cpu_replace_ttbr1(lm_alias(swapper_pg_dir));                 ------- (4)
    init_mm.pgd = swapper_pg_dir;

    memblock_free(__pa_symbol(init_pg_dir),
            __pa_symbol(init_pg_end) - __pa_symbol(init_pg_dir)); --- (5)

    memblock_allow_resize();
}
```

（1）pgd_set_fixmap：将swapper_pg_dir页表的物理地址映射到fixmap的FIX_PGD区域，然后使用swapper_pg_dir页表作为内核的pgd页表。因为页表都是在虚拟地址空间构建的，所以这里需要转成虚拟地址pgdp。而此时伙伴系统还没有处于ready状态，只能通过fixmap预先设定用于映射PGD的页表。现在pgdp是分配FIX_PGD的物理内存空间对应的虚拟地址。

（2）map_kernel：将内核各个段（.text、.init、.data、.bss）映射到虚拟内存空间，这样内核就可以正常运行了。

（3）map_mem：将memblock子系统添加的物理内存进行映射。主要是把通过memblock_add添加到系统中的物理内存进行映射。注意，如果memblock设置了MEMBLOCK_NOMAP标志，则不对其地址映射。

（4）cpu_replace_ttbr1：将TTBR1寄存器指向新准备的swapper_pg_dir页表，TTBR1寄存器是虚拟内存管理的重要组成部分，用于存储当前使用的页表的首地址。

（5）上面已经通过map_kernel()重新映射了kernel image的各个段，init_pg_dir已经没有价值了，将init_pg_dir指向的区域释放。

上面已经讲过虚拟地址到物理地址的寻址过程，这里再结合paging_init映射后的结果进行总结，这也是内核最终的寻址过程：

（1）通过寄存器TTBR1_EL1得到swapper_pg_dir页表的物理地址，然后转换为PGD的虚拟地址。

（2）以此类推找到PTE的虚拟地址，再根据virt addr计算得到对应的PTE，从PTE中得到所在的物理页帧地址。

（3）加上页内偏移地址，就得到虚拟地址对应的物理地址。

虚拟地址到物理地址的寻址过程如图1-14所示。

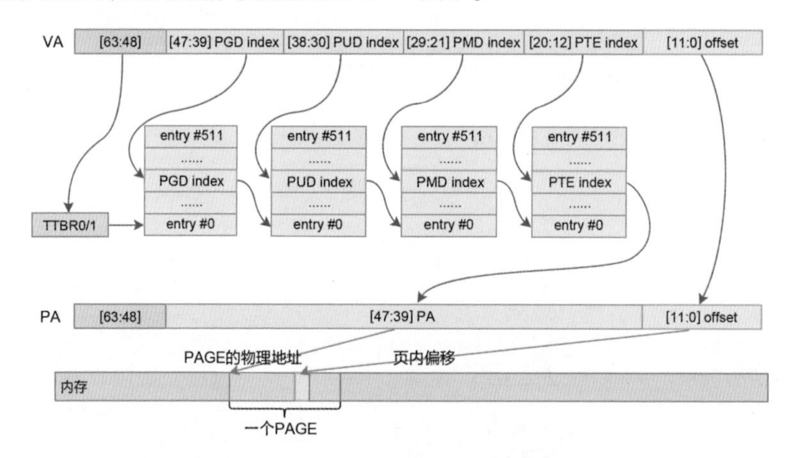

图1-14　虚拟地址到物理地址的寻址过程

1.5.2　__create_pgd_mapping函数

map_kernel函数用于映射内核启动时需要的各个段，map_mem函数用于映射memblock添加的物理内存。但是页表映射最终都会调用到__create_pgd_mapping函数。

```
static void __create_pgd_mapping(pgd_t *pgdir, phys_addr_t phys,
                unsigned long virt, phys_addr_t size,
```

```
                pgprot_t prot,
                phys_addr_t (*pgtable_alloc)(int),
                int flags)
{
    unsigned long addr, end, next;
    pgd_t *pgdp = pgd_offset_pgd(pgdir, virt);

    if (WARN_ON((phys ^ virt) & ~PAGE_MASK))
        return;

    phys &= PAGE_MASK;                          ----|
    addr = virt & PAGE_MASK;                    ----|
    end = PAGE_ALIGN(virt + size);

    do {
        next = pgd_addr_end(addr, end);
        alloc_init_pud(pgdp, addr, next, phys, prot, pgtable_alloc,
                flags);
        phys += next - addr;
    } while (pgdp++, addr = next, addr != end);
}
```

函数__create_pgd_mapping的总体调用过程如图1-15所示。

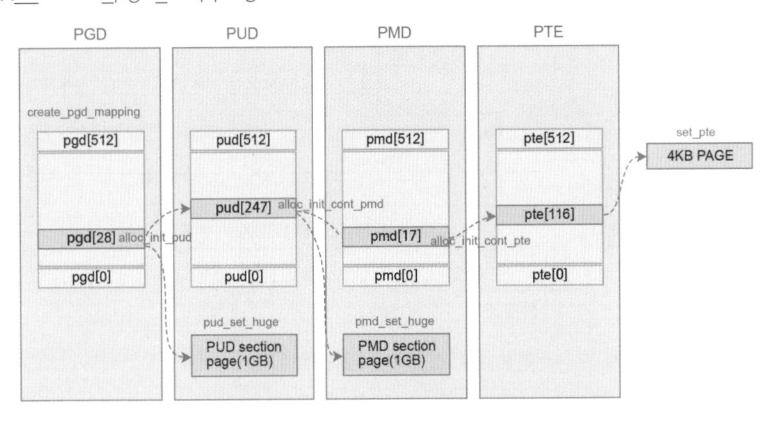

图1-15　函数__create_pgd_mapping调用过程

总体来说，就是逐级页表建立映射关系，同时其间会进行权限的控制等。

从上面的代码流程分析可以看出，PGD/PUD/PMD/PTE的页表项虽然保存的都是物理地址，但是PGD/PUD/PMD/PTE的计算分析都基于虚拟地址。

根据paging_init的步骤，再梳理一下虚拟地址到物理地址的转换。假设内核需要访问虚拟地址virt_addr对应的物理地址为phys上的内容：

1. 通过存放内核页表的寄存器ttbr1得到swapper_pg_dir页表的物理地址，然后转换为pgd页表的虚拟地址。

2. 根据virt_addr计算对应的pgd entry（pgd页表的地址 + virt_addr计算出的offset），pgd entry存放的是PUD页表的物理地址，然后转化成PUD页表基地址的虚拟地址。
3. PUD和PMD的处理过程类似。
4. 从pmd entry中找到PTE页表的虚拟地址，根据virt_addr计算得到对应的pte entry，从pte entry中得到phys所在的物理页帧地址。
5. 加上根据virt_addr计算得到的偏移后得到virt对应的物理地址。

如图1-16所示，虚拟地址的地址线部分由PGD、PUD、PMD、PTE、Offset一起作为一个索引值，最终索引到内存的某一个字节处。

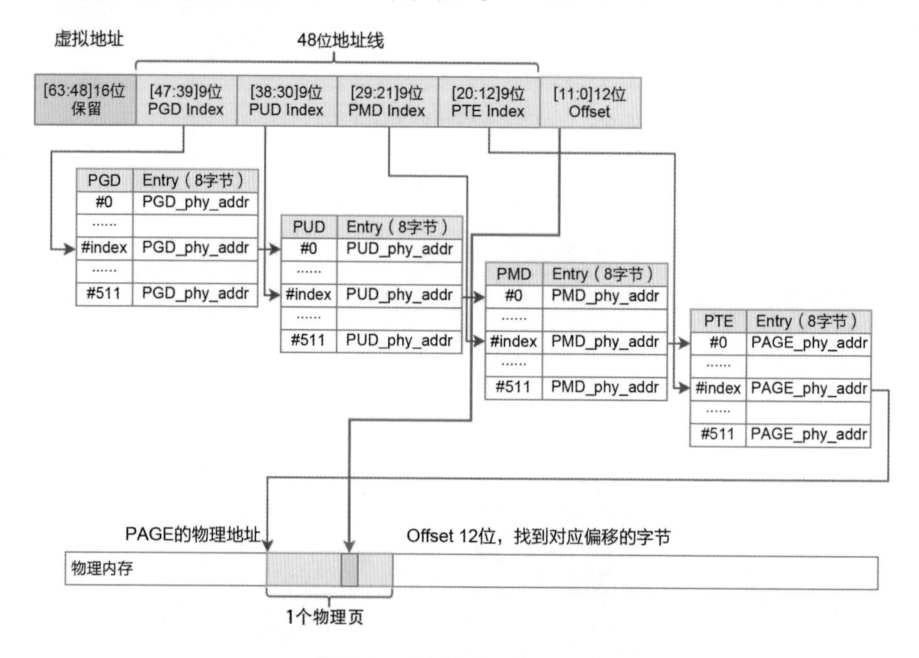

图1-16 虚拟地址到物理地址

以虚拟地址0xffff000140e09000为例，它的二进制值是：

1111111111111111000000000000000101000000111000001001000000000000

虚拟地址到物理地址的寻址过程如图1-17所示。

1. 根据图1-17中[47:39]位得到PGD=0，然后在PGD表（swapper_pg_dir）找到对应的表项（蓝色部分），表项记录的数据是下一级PUD表的头地址。
2. 根据图1-17中[38:30]位得到了PUD=5，以及上一步获得的PUD表的头地址，可以获取到PUD表对应的表项（黄色部分），表项记录的数据是下一级PMD表的头地址。

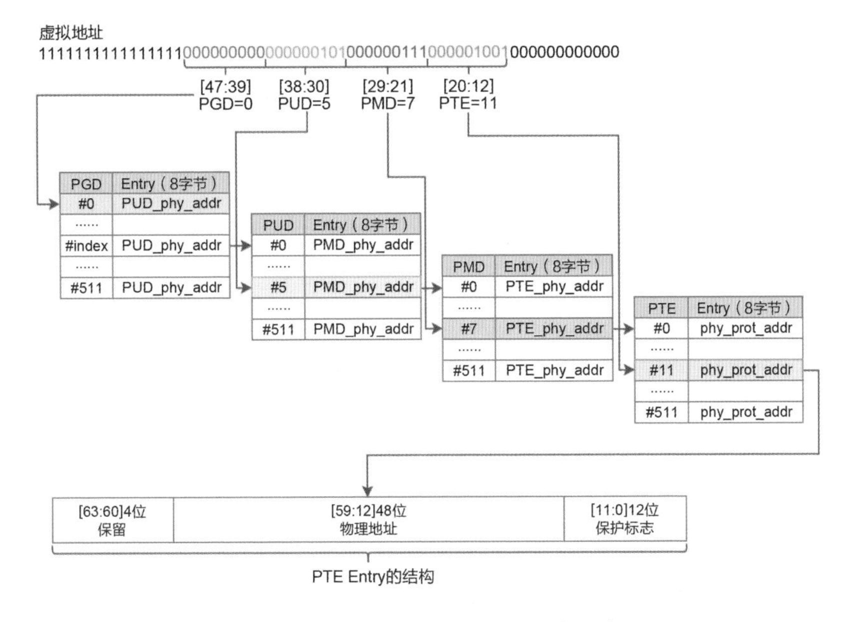

图1-17 虚拟地址到物理地址的寻址过程

3. 根据图1-17中[29:21]位得到了PMD=7，以及上一步获得的PMD表的头地址，可以获取到PMD表对应的表项（紫色部分），表项记录的数据是下一级PTE表的头地址。
4. 根据图1-17中[20:12]位得到了PTE=11，以及上一步获得的PTE表的头地址，可以获取到PTE表对应的表项（棕黄色部分），PTE表项记录的数据是物理页面的地址及保护信息。
5. 获得图1-17中PTE的Entry信息后，先通过位操作，分别得到该物理页面的保护信息及物理地址信息。如果保护信息允许访问，那么根据物理地址信息访问物理内存，然后返回数据。

1.6 物理内存的软件划分

顺着之前的分析，我们来到了bootmem_init函数，这个函数基本上完成了Linux 对物理内存“划分”的初始化，包括Node、Zone、Page Frame，以及对应的数据结构。在讲这个函数之前，需要了解物理内存组织。bootmem_init函数的代码如下：

```
void __init bootmem_init(void)
{
    unsigned long min, max;
```

```
    min = PFN_UP(memblock_start_of_DRAM());
    max = PFN_DOWN(memblock_end_of_DRAM());

    early_memtest(min << PAGE_SHIFT, max << PAGE_SHIFT);

    max_pfn = max_low_pfn = max;

    arm64_numa_init();

    arm64_memory_present();

    sparse_init();
    zone_sizes_init(min, max);

    memblock_dump_all();
}
```

让我们用图1-18来简单总结函数bootmem_init的执行过程。

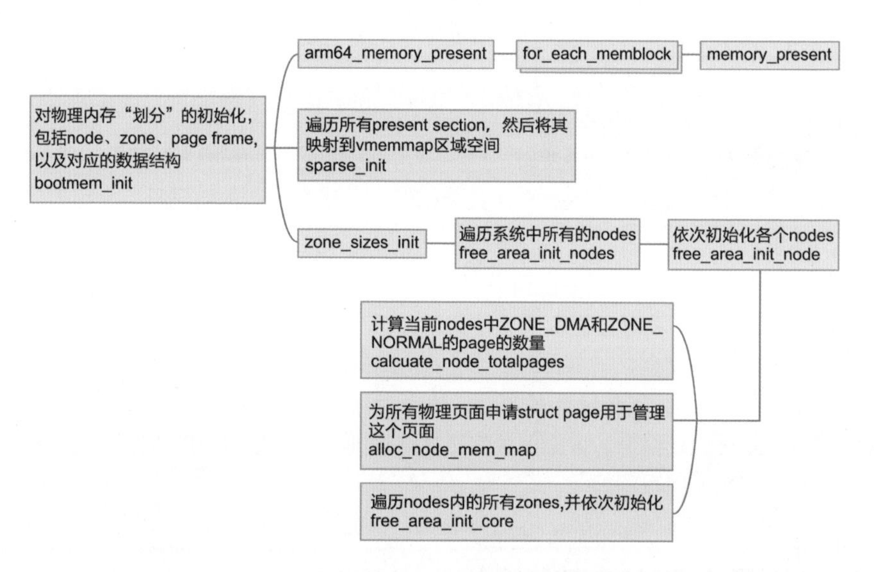

图1-18 bootmem_init的初始化过程

在前面讲内存模型的时候提到，在SPARSEMEM内存模型中，section是管理内存online/offline的最小内存单元，在ARM64中，section的大小为1GB，而在Linux内核中，通过一个全局的二维数组 struct mem_section **mem_section 来维护映射关系，如图1-19所示。

这个工作主要在**arm64_memory_present**中来完成初始化及映射关系的建立，如图1-20所示。

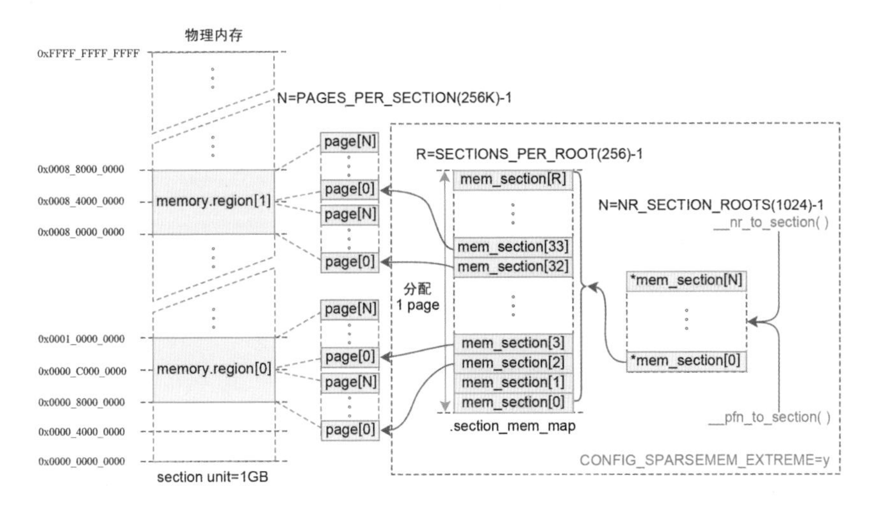

图1-19 mem_section和page的映射关系

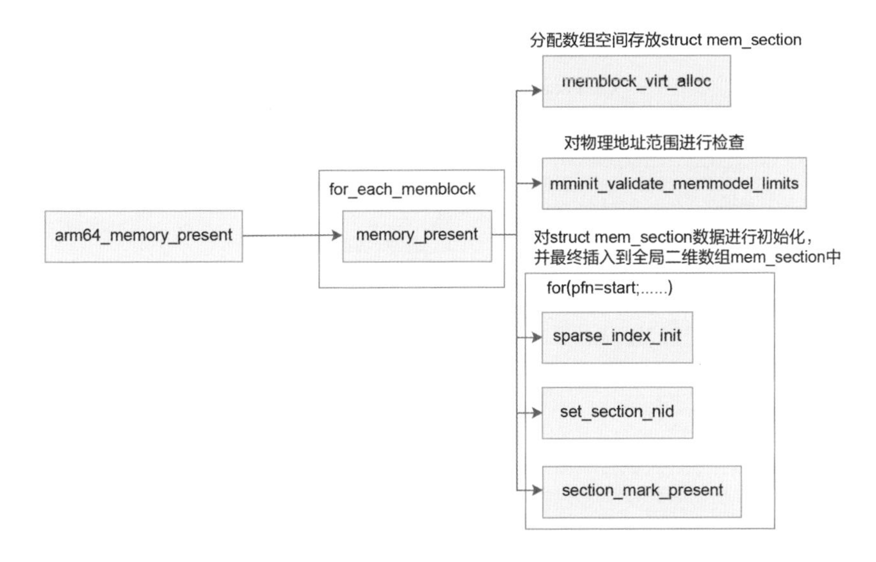

图1-20 mem_section和page的映射实现

紧接着调用函数**sparse_init**，其实现流程如图1-21所示。

该函数主要有两个作用：

1. 首先分配了usermap，这个usermap与内存的回收机制相关。SPARSEMEM内存模型会为每一个section分配一个usermap，最终的物理页面的压缩、迁移等操作，都和这些位相关，如图1-22所示。
2. 然后遍历所有present section，将其映射到vmemmap区域。

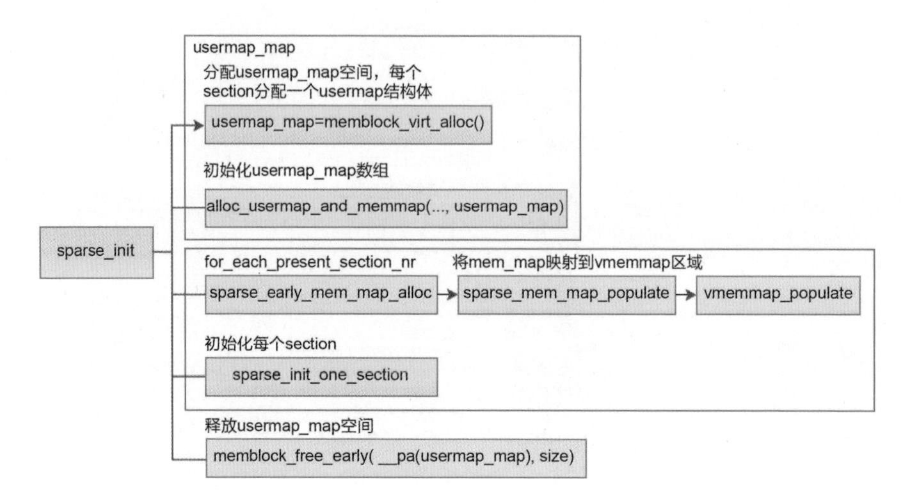

图1-21 sparse_init的实现流程

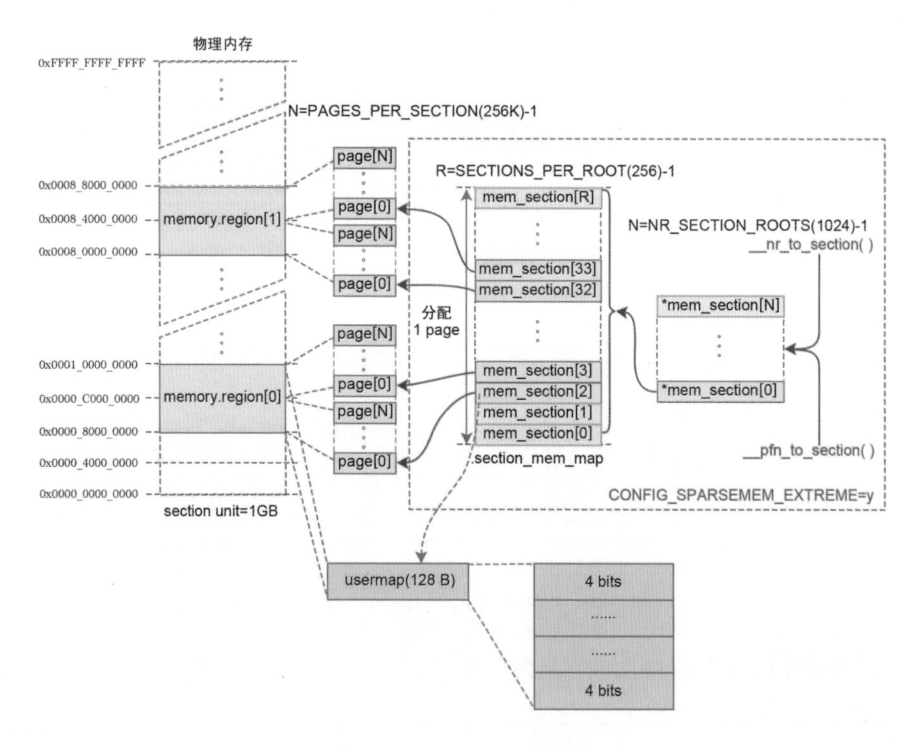

图1-22 usermap的映射

接下来进入本章的重点**zone_sizes_init**，Linux对物理内存“划分”的初始化，包括Node、Zone、Page Frame，以及对应的数据结构，都是在这个函数里做的，不过在讲zone_sizes_init之前需要先了解对应的数据结构。

1.6.1　划分的数据结构

Linux把物理内存划分为三个层次来管理：存储节点（Node）、内存管理区（Zone）和页面（Page）。

存储节点（Node）

前面讲过内存架构分为UMA和NUMA两种。

在NUMA架构下，每一个Node都对应一个struct pglist_data，在UMA 架构中只会使用唯一的struct pglist_data结构，比如在ARM64 UMA中使用的全局变量struct pglist_data __refdata contig_page_data。

```
typedef struct pglist_data {
  ……
  struct zone node_zones[];                   //对应的内存管理区（Zone）
  struct zonelist_node_zonelists[];

  unsigned long node_start_pfn;               //节点的起始内存页帧号
  unsigned long node_present_pages;           //总共可用的页面数
  unsigned long node_spanned_pages;           //总共的页面数，包括有空洞的区域

  wait_queue_head_t kswapd_wait;              //页面回收进程使用的等待队列
  struct task_struct *kswapd;                 //页面回收进程
  ……
} pg_data_t;
```

以UMA内存架构为例，struct pglist_data描述单个Node的内存，然后内存又分为不同的Zone区域，zone描述区域内的不同页面，包括空闲页面、Buddy系统管理的页面等，如图1-23所示。

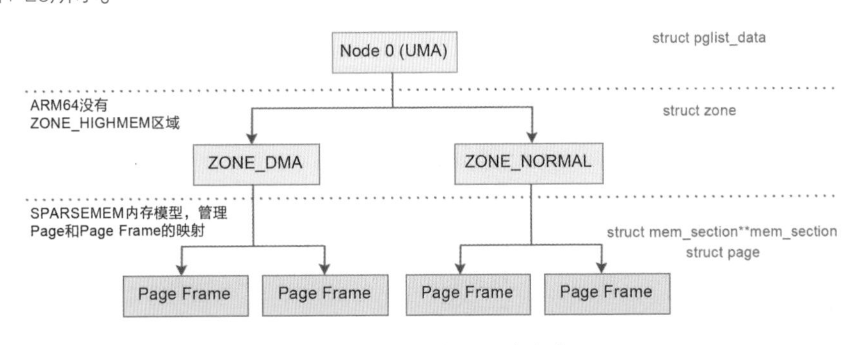

图1-23　Zone和page的关系

内存管理区（Zone）

之所以分不同的Zone，其实是因为这是一个历史遗留问题，出于对不同架构的兼容性的考虑。比如32位的处理器只支持4GB的虚拟地址，然后1GB的地址空间给内核，但这

样无法对超过1GB的物理内存进行一一映射。Linux内核提出的解决方案是将物理内存分成两部分，一部分直接做线性映射，另一部分叫高端内存。这两部分分别对应内存管理区ZONE_NORMAL和ZONE_HIGNMEM。当然，对于64位的架构而言，有足够大的内核地址空间可以映射物理内存，所以就不需要ZONE_HIGHMEM了。

所以，将Node拆分为Zone主要还是因为Linux为了兼容各种架构和平台，对不同区域的内存需要采用不同的管理方式和映射方式。

```
enum zone_type {
#ifdef CONFIG_ZONE_DMA
    ZONE_DMA,  //ISA设备的DMA操作，范围是0~16MB，ARM架构没有这个Zone
#endif
#ifdef CONFIG_ZONE_DMA32
    ZONE_DMA32,  //用于低于4GB内存进行DMA操作的32位设备
#endif
    ZONE_NORMAL,  //标记了线性映射物理内存，4GB以上的物理内存。如果系统内存不足
4GB，那么所有的内存都属于ZONE_DMA32范围，ZONE_NORMAL则为空
#ifdef CONFIG_HIGHMEM
    ZONE_HIGHMEM,  //高端内存，标记超出内核虚拟地址空间的物理内存段。64位架构没有该
Zone
#endif
    ZONE_MOVABLE,  //虚拟内存域，在防止物理内存碎片的机制中会使用到该内存区域
#ifdef CONFIG_ZONE_DEVICE
    ZONE_DEVICE,  //为支持热插拔设备而分配的Non Volatile Memory非易失性内存
#endif
    __MAX_NR_ZONES
};
```

可以通过以下命令查看Zone的分类：

```
cat /proc/zoneinfo |grep Node

Node 0, zone                 DMA32
Node 0, zone                 Normal
Node 0, zone                 Movable
Node 1, zone                 DMA32
Node 1, zone                 Normal
Node 1, zone                 Movable
Node 2, zone                 DMA32
Node 2, zone                 Normal
Node 2, zone                 Movable
Node 3, zone                 DMA32
Node 3, zone                 Normal
Node 3, zone                 Movable
```

zone的数据结构定义如下：

```
struct zone {
```

```
  ......
  unsigned long watermark[];          //水位值，WMARK_MIN/WMARK_LOV/WMARK_
HIGH，页面分配器和kswapd页面回收中会用到
  long lowmem_reserved[];             //Zone中预留的内存
  struct pglist_data *zone_pgdat;     //执行所属的pglist_data
  struct per_cpu_pageset *pageset;    //per-CPU上的页面，减少自旋锁的争用

  unsigned long zone_start_pfn;       //Zone的起始内存页帧号
  unsigned long managed_pages;        //被Buddy系统管理的页面数量
  unsigned long spanned_pages;        //Zone中总共的页面数，包含空洞的区域
  unsigned long present_pages;        //Zone里实际管理的页面数量

  struct frea_area free_area[];       //管理空闲页面的列表
  ......
}
```

页面（Page）

内核使用struct page结构来表示一个物理页面。假设一个Page的大小是4KB，内核会将整个物理内存分割成一个一个4KB大小的物理页面，而4KB大小物理页面的区域被称为page frame。

struct page和物理页面是一对一的映射关系，如图1-24所示。

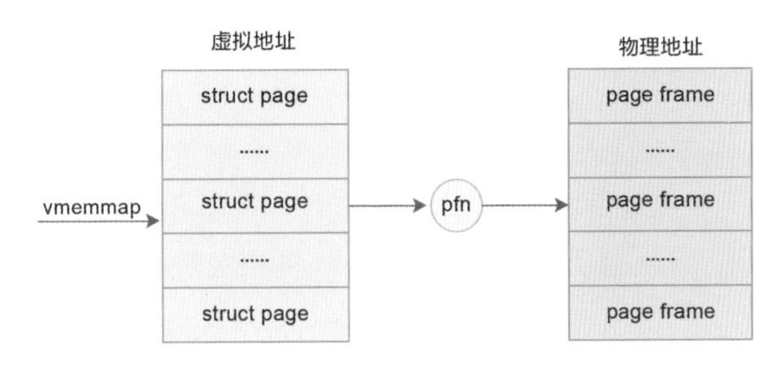

图1-24 struct page和物理页面的映射

系统启动的时候，内核会将整个struct page映射到内核虚拟地址空间vmemmap的区域，所以我们可以简单地认为struct page的基地址是vmemmap，因此vmemmap + pfn的地址就是此struct page对应的地址。

1.6.2 划分的初始化

了解了Node、Zone和Page的基本概念，现在看看内核是怎么对它们进行初始化的。bootmem_init()函数的代码如下：

```
void __init bootmem_init(void)
{
    unsigned long min, max;
```

```
    min = PFN_UP(memblock_start_of_DRAM());
    max = PFN_DOWN(memblock_end_of_DRAM());

    early_memtest(min << PAGE_SHIFT, max << PAGE_SHIFT);

    max_pfn = max_low_pfn = max;

    arm64_numa_init();

    arm64_memory_present();

    sparse_init();
    zone_sizes_init(min, max);

    memblock_dump_all();
}
```

bootmem_init()函数会调用函数zone_sizes_init，这是开始对内存进行软件划分的地方，如图1-25所示。

这里的重点函数是free_area_init_node，它下面有两个重点函数：

- calculate_node_totalpages：计算当前Node中ZONE_DMA和ZONE_NORMAL的page数量，确定Node下node_spanned_pages和node_present_pages的值，如图1-26所示。

  node_present_pages = node_spanned_pages - node_absent_pages

- free_area_init_core：遍历Node内的所有Zone并依次初始化。

关于函数free_area_init_core的实现，可以分为以下几个关键的函数：

- calc_memmap_size：用于计算mem_map 大小，mem_map就是系统中保存所有page的数组。
- memmap_init：初始化mem_map数组。memmap_init_zone 通过pfn 找到对应的struct page，初始化page实例，它还会将所有页面最初都标记为可移动的（MIGRATE_MOVABLE）。（设置为可移动的主要是为了避免内存的碎片化，MIGRATE_MOVABLE链表中都是可以迁移的页面，把不连续的内存通过迁移的手段进行规整，把空闲内存组合成一块连续内存，可以在一定程度上满足内存申请的需求。）

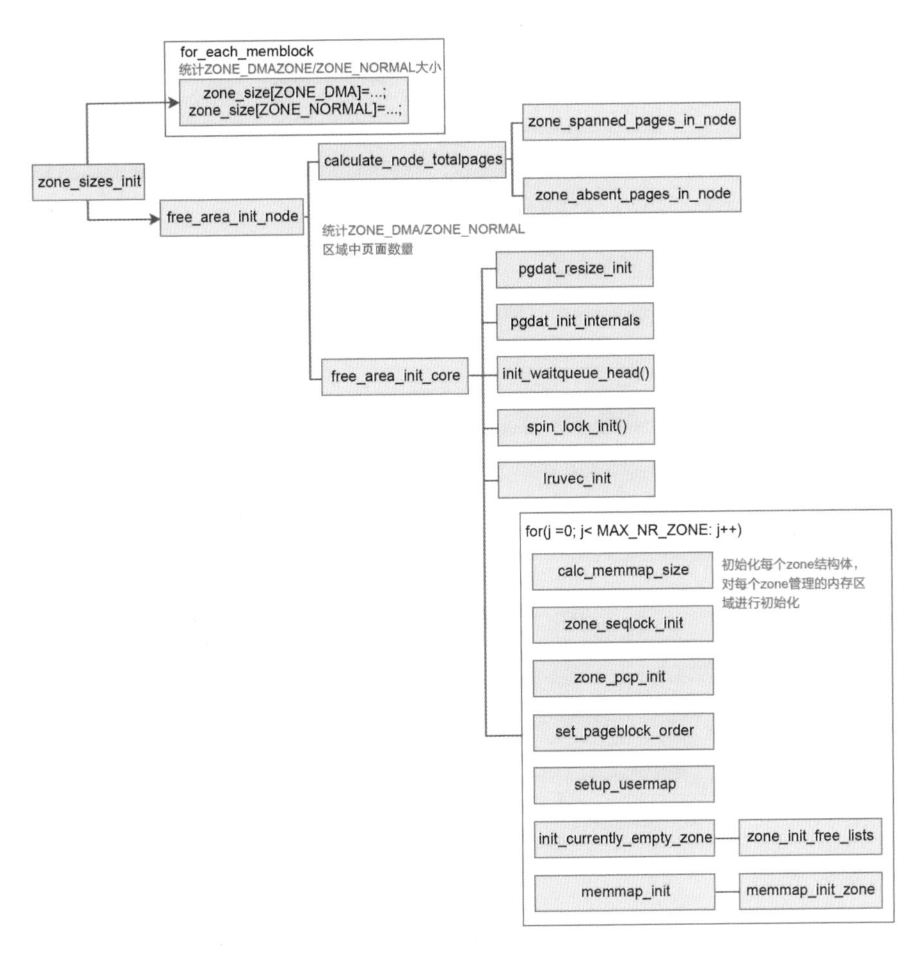

图1-25　zone_sizes_init函数的初始化

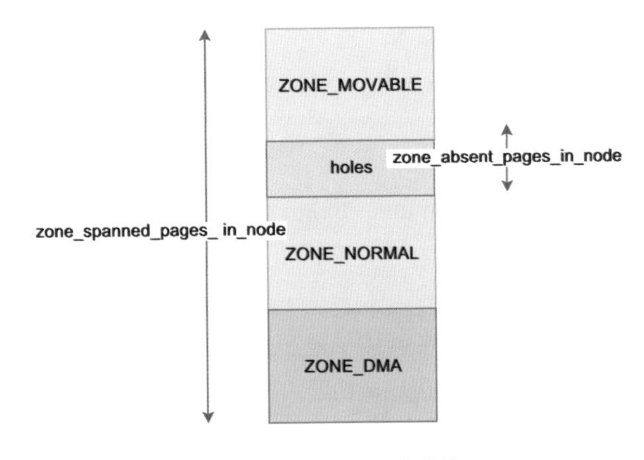

图1-26　Zone大小的计算

本章涉及的与内存管理相关的数据结构有内存节点（struct pglist_data）、内存管理区（struct zone）、物理页面（struct page），以及mem_map[]数组、PFN页帧号等。这些都是内存管理中的重要概念，也是后面了解页面分配的基础。

或许你看完这些结构体后更糊涂了，别着急，我们把Node、Zone和Page的组织关系和这些结构体串起来，如图1-27所示。

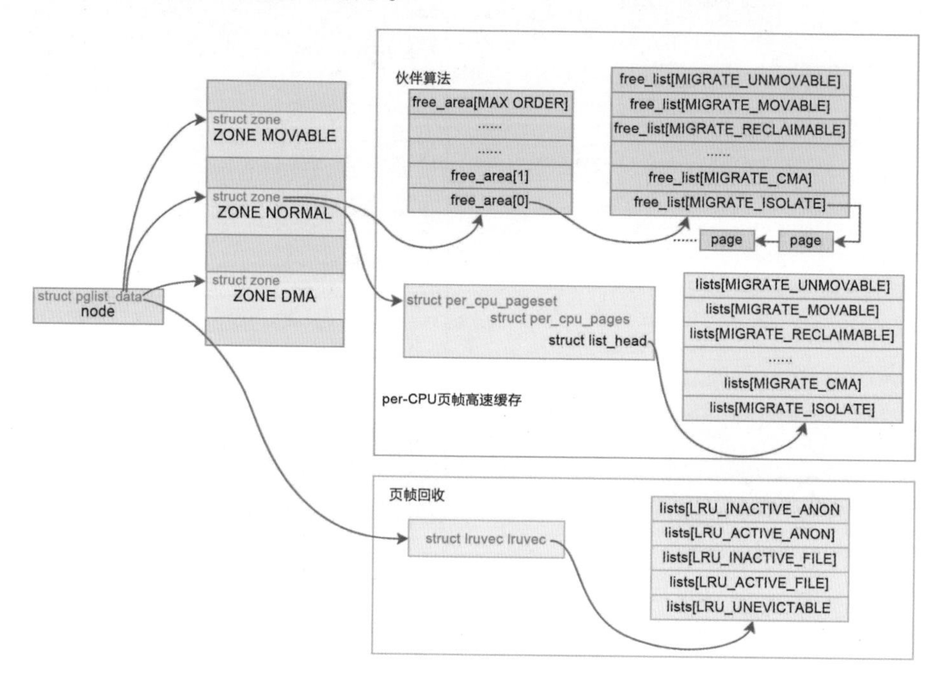

图1-27　Node、Zone和Page的关系

内核内存管理机制除了上面的伙伴算法、per-CPU页帧高速缓存外，还有slub缓存、vmalloc机制，后面会逐个详细说明。这里先提前说说它们的区别：

- 伙伴算法：负责大块连续物理内存的分配和释放，以页帧为基本单位。该机制可以避免外部碎片。
- per-CPU页帧高速缓存：内核经常请求和释放单个页帧，该缓存包含预先分配的页帧，用于满足本地CPU发出的单一页帧请求。
- slub缓存：负责小块物理内存的分配，并且它也作为高速缓存，主要针对内核中经常分配并释放的对象。
- vmalloc机制：vmalloc机制使得内核通过连续的线性地址来访问非连续的物理页帧，这样可以最大限度地使用高端物理内存。

下面进入内存分配机制的基本单位——分区页帧分配器（zoned page frame allocator）。

1.7 页帧分配器的实现

我们现在知道物理内存是以页帧为最小单位存在的，那么内核中分配页帧的方法是什么呢?

页帧分配在内核里的机制叫作**页帧分配器**（page frame allocator），在Linux系统中，分区页帧分配器管理着所有物理内存，无论内核还是进程，都需要请求分区页帧分配器，这时才会给它们分配应该获得的物理内存页帧。当你所拥有的页帧不再使用时，必须释放这些页帧，让这些页帧回到分区页帧分配器当中。

有时候目标管理区不一定有足够的页帧来满足分配，这时候系统会从另外两个管理区中获取要求的页帧，但这是按照一定规则执行的，规则如下:

- 如果要求从DMA区获取，就只能从ZONE_DMA区中获取。
- 如果没有规定从哪个区获取，就按照顺序从ZONE_NORMAL -> ZONE_DMA获取。
- 如果规定从HIGHMEM区获取，就按照顺序从ZONE_HIGHMEM -> ZONE_NORMAL -> ZONE_DMA获取。

分区页帧分配器的分配方式如图1-28所示。

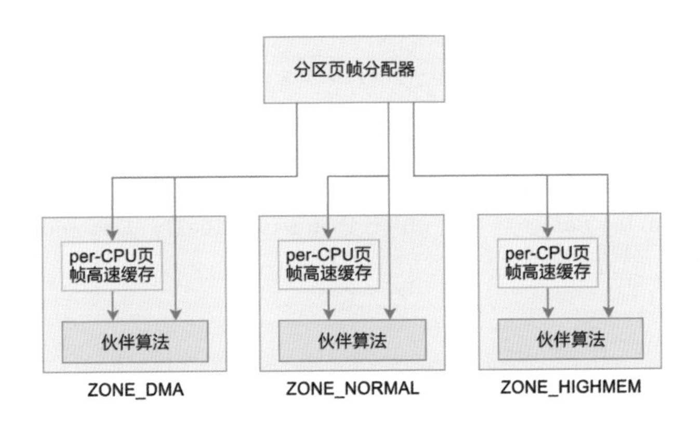

图1-28 分区页帧分配器的分配方式

内核根据不同的使用场景，使用不同的分区页帧分配器的函数，比如分配多页的get_free_pages，和分配一页的get_free_page。图1-29总结了目前内核中分配内存的函数。

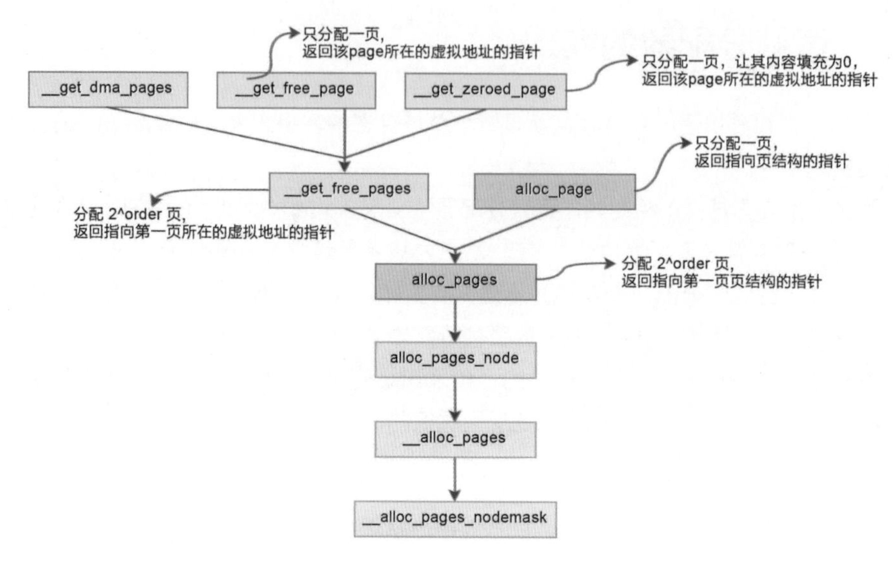

图1-29 常用的内存分配函数

所以无论哪种函数，最终都会调用alloc_pages来实现物理内存的申请，一直调用到__alloc_pages_nodemask。

```
struct page *
__alloc_pages_nodemask(gfp_t gfp_mask, unsigned int order, int preferred_nid,
                                                        nodemask_t *nodemask)
{
        struct page *page;
        unsigned int alloc_flags = ALLOC_WMARK_LOW;
        gfp_t alloc_mask; /* The gfp_t that was actually used for allocation */
        struct alloc_context ac = { };

        if (unlikely(
            order >= MAX_ORDER)
            ) {
                WARN_ON_ONCE(!(gfp_mask & __GFP_NOWARN));
                return NULL;
        }

        gfp_mask &= gfp_allowed_mask;
        alloc_mask = gfp_mask;
        if (!prepare_alloc_pages(gfp_mask, order, preferred_nid, nodemask, &ac,
&alloc_mask, &alloc_flags))
                return NULL;

        finalise_ac(gfp_mask, &ac);

        alloc_flags |= alloc_flags_nofragment(ac.preferred_zoneref->zone, gfp_mask);
```

```
        page = get_page_from_freelist(alloc_mask, order, alloc_flags, &ac);
        if (likely(
                page)
                )
                goto out;

        alloc_mask = current_gfp_context(gfp_mask);
        ac.spread_dirty_pages = false;
        if (unlikely(ac.nodemask != nodemask))
                ac.nodemask = nodemask;

        page = __alloc_pages_slowpath(alloc_mask, order, &ac);

out:
        if (memcg_kmem_enabled() && (gfp_mask & __GFP_ACCOUNT) && page &&
            unlikely(__memcg_kmem_charge(page, gfp_mask, order) != 0)) {
                __free_pages(page, order);
                page = NULL;
        }

        trace_mm_page_alloc(page, order, alloc_mask, ac.migratetype);

        return page;
}
EXPORT_SYMBOL(__alloc_pages_nodemask);
```

先看看上述代码中的两个重要参数。

- **gfp_mask：分配掩码**

为了兼容多种内存分配的场景，gfp_mask主要分为以下几类：

表1-2列出了内存管理区修饰符，表1-3列出了移动和替换修饰符（mobility and placement modifier），表1-4列出了水位修饰符（watermark modifier），表1-5列出了页面回收修饰符（reclaim modifier），表1-6列出了动作修饰符（action modifier）。

表1-2　内存管理区修饰符

修饰符	描述
__GFP_DMA	从ZONE_DMA区中分配内存
__GFP_HIGHMEM	从ZONE_HIGHMEM区中分配内存
__GFP_DMA32	从ZONE_DMA32区中分配内存
__GFP_MOVABLE	内存规整时可以迁移或回收页面

表1-3　移动和替换修饰符

修饰符	描述
__GFP_RECLAIMABLE	分配的内存页面可以回收

续表

修饰符	描述
__GFP_WRITE	申请的页面会被弄成脏页
__GFP_HARDWALL	强制使用cpuset内存分配策略
__GFP_THISNODE	在指定的节点上分配内存
__GFP_ACCOUNT	kmemcg会记录分配过程

表1-4 水位修饰符

修饰符	描述
__GFP_ATOMIC	高优先级分配内存，分配器可以分配最低警戒水位线下的系统预留内存
__GFP_HIGH	分配内存的过程中不可以睡眠或执行页面回收动作
__GFP_MEMALLOC	允许访问所有内存
__GFP_NOMEMALLOC	不允许访问最低警戒水位线下的系统预留内存

表1-5 页面回收修饰符

修饰符	描述
__GFP_IO	启动物理I/O传输
__GFP_FS	允许调用底层FS文件系统。可避免分配器递归到可能已经持有锁的文件系统，避免死锁
__GFP_DIRECT_RECLAIM	分配内存过程中可以使用直接内存回收
__GFP_KSWAPD_RECLAIM	内存到达低水位时唤醒kswapd线程异步回收内存
__GFP_RECLAIM	表示是否可以直接内存回收或者使用kswapd线程进行回收
__GFP_RETRY_MAYFAIL	分配内存可能会失败，但是在申请过程中会回收一些不必要的内存，使整个系统受益
__GFP_NOFAIL	内存分配失败后无限制地重复尝试，直到分配成功
__GFP_NORETRY	直接页面回收或者内存规整后还是无法分配内存时，不启用retry反复尝试分配内存，直接返回NULL

表1-6 动作修饰符

修饰符	描述
__GFP_NOWARN	关闭内存分配过程中的WARNING
__GFP_COMP	分配的内存页面将被组合成复合页compound page
__GFP_ZERO	返回一个全部填充为0的页面

可以看出，前面描述的修饰符种类过于繁多，因此Linux定义了一些组合的类型标志，供开发者使用。表1-7列出了组合类型标志修饰符。

表1-7　组合类型标志修饰符

修饰符	描述
GFP_ATOMIC	分配过程不能休眠，分配具有高优先级，可以访问系统预留内存
GFP_KERNEL	分配内存时可以被阻塞（即休眠），所以避免在中断上下文使用该标志来分配内存
GFP_KERNEL_ACCOUNT	和GFP_KERNEL作用一样，但是分配的过程会被kmemcg记录
GFP_NOWAIT	分配过程中不允许因直接内存回收而导致停顿
GFP_NOIO	不需要启动任何I/O操作
GFP_NOFS	不会有访问任何文件系统的操作
GFP_USER	用户空间的进程分配内存
GFP_DMA	从ZONE_DMA区分配内存
GFP_DMA32	从ZONE_DMA32区分配内存
GFP_HIGHUSER	用户进程分配内存，优先使用ZONE_HIGHMEM，且这些页面不允许迁移
GFP_HIGHUSER_MOVABLE	和GFP_HIGHUSER类似，但是页面可以迁移
GFP_TRANSHUGE_LIGHT	透明大页的内存分配，light表示不进行内存压缩和回收
GFP_TRANSHUGE	和GFP_TRANSHUGE_LIGHT类似，通常khugepaged使用该标志

- **order：分配级数**

分区页帧分配器使用伙伴算法以2的幂进行内存分配。例如，请求order=3的页面分配，最终会分配2^3=8页。ARM64当前默认MAX_ORDER为11，即一次性最多分配$2^{(MAX_ORDER-1)}$页。

__alloc_pages_nodemask的实现流程大致如图1-30所示。

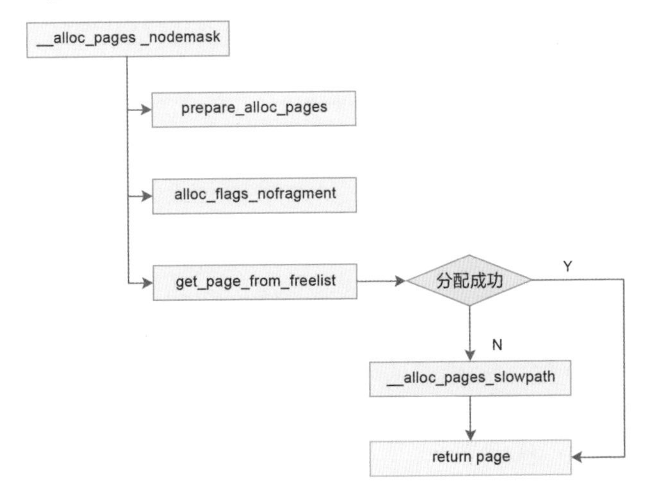

图1-30　__alloc_pages_nodemask的流程图

prepare_alloc_pages 初始化分区页帧分配器中用到的参数如下所示：

```
struct alloc_context {
        struct zonelist *zonelist;  //指向用于分配页面的区域列表
        nodemask_t *nodemask;  //指定内存分配的节点，如果没有指定，则在所有节点中进行分配
        struct zoneref *preferred_zoneref;  //指定要在快速路径中首先分配的区域，在慢速路径中指定了zonelist中的第一个可用区域
        int migratetype;  //页面迁移类型
        enum zone_type high_zoneidx;  //允许内存分配的最高zone
        bool spread_dirty_pages;  //指定是否进行脏页的传播
};
```

alloc_flags_nofragment根据区域和gfp掩码请求添加分配标志：

```
1 static inline unsigned int
2 alloc_flags_nofragment(struct zone *zone, gfp_t gfp_mask)
3 {
4         unsigned int alloc_flags = 0;
5
6         if (gfp_mask & __GFP_KSWAPD_RECLAIM)
7                 alloc_flags |= ALLOC_KSWAPD;
8
9 #ifdef CONFIG_ZONE_DMA32
10         if (!zone)
11                 return alloc_flags;
12
13         if (zone_idx(zone) != ZONE_NORMAL)
14                 return alloc_flags;
15         BUILD_BUG_ON(ZONE_NORMAL - ZONE_DMA32 != 1);
16         if (nr_online_nodes > 1 && !populated_zone(--zone))
17                return alloc_flags;
18
19         alloc_flags |= ALLOC_NOFRAGMENT;
20 #endif /* CONFIG_ZONE_DMA32 */
21         return alloc_flags;
22 }
```

代码中第7行表示，如果gfp_mask使用__GFP_KSWAPD_RECLAIM，则在alloc_flags标志中添加ALLOC_KSWAPD，表示在内存不足时唤醒kswapd。第19行表示，ZONE_DMA32分配内存时，在alloc_flags标志中添加ALLOC_NOFRAGMENT，表示需要避免碎片化。

get_page_from_freelist正常分配（或叫快速分配），从空闲页面链表中尝试分配内存。

先遍历当前zone（区域），按照HIGHMEM→NORMAL的方向进行遍历，判断当前zone是否能够进行内存分配的条件：首先判断free memory是否满足low-water mark水位值，如果不满足则通过node_reclaim()进行一次快速的内存回收操作，然后再次检测是否满足low-water mark，如果还是不满足，就使用相同步骤遍历下一个zone，满足的话进入正常的分配，即rmqueue()函数，这也是伙伴算法的核心。get_page_from_freelist的流程如图1-31所示。

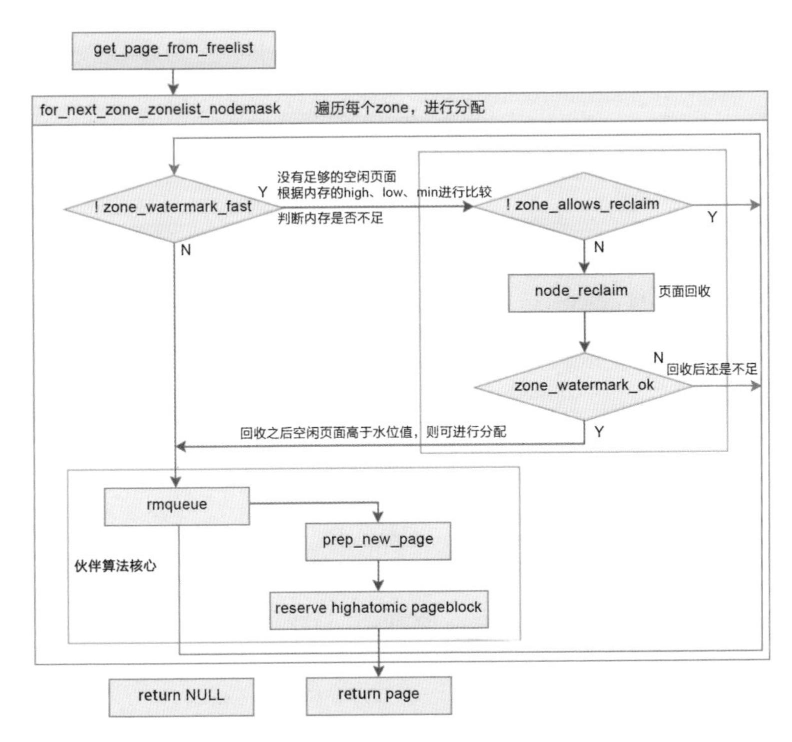

图1-31 get_page_from_freelist的流程图

__alloc_pages_slowpath慢速分配（允许等待和页面回收）。

当以上两种分配方案都不能满足要求时，考虑在页面回收、终止进程等操作后再试。

```
1 static inline struct page *
2 __alloc_pages_slowpath(gfp_t gfp_mask, unsigned int order,
3                         struct alloc_context *ac)
4 {
5    bool can_direct_reclaim = gfp_mask & __GFP_DIRECT_RECLAIM;
6    const bool costly_order = order > PAGE_ALLOC_COSTLY_ORDER;
7    struct page *page = NULL;
8
9 retry_cpuset:
10    compaction_retries = 0;
11    no_progress_loops = 0;
12    compact_priority = DEF_COMPACT_PRIORITY;
13    cpuset_mems_cookie = read_mems_allowed_begin();
14
15    alloc_flags = gfp_to_alloc_flags(gfp_mask);
16    ac->preferred_zoneref = first_zones_zonelist(ac->zonelist,
17                    ac->highest_zoneidx, ac->nodemask);
18    if (!ac->preferred_zoneref->zone)
19        goto nopage;
```

```
20
21    if (alloc_flags & ALLOC_KSWAPD)
22        wake_all_kswapds(order, gfp_mask, ac);
23
24    page = get_page_from_freelist(gfp_mask, order, alloc_flags, ac);
25    if (page)
26        goto got_pg;
27
28    if (can_direct_reclaim &&
29            (costly_order ||
30            (order > 0 && ac->migratetype != MIGRATE_MOVABLE))
31            && !gfp_pfmemalloc_allowed(gfp_mask)) {
32        page = __alloc_pages_direct_compact(gfp_mask, order,
33                        alloc_flags, ac,
34                        INIT_COMPACT_PRIORITY,
35                        &compact_result);
36        if (page)
37            goto got_pg;
38        if (costly_order && (gfp_mask & __GFP_NORETRY)) {
39
40            if (compact_result == COMPACT_SKIPPED ||
41            compact_result == COMPACT_DEFERRED)
42                goto nopage;
43
44            compact_priority = INIT_COMPACT_PRIORITY;
45        }
46    }
```

代码中第15行通过gfp_to_alloc_flags()，根据gfp_mask对内存分配标识进行调整。第16行通过first_zones_zonelist()重新计算preferred zone。第22行，如果alloc_flags标志为ALLOC_KSWAPD，那么会通过wake_all_kswapds唤醒kswapd内核线程。第24行使用调整后的标志再次进入慢速路径分配内存。第32~35行，如果前面分配失败，且满足其他条件，将会通过__alloc_pages_direct_compact进行一次内存的压缩并分配页面。

如果上面的分配都失败了，会进行retry操作。

```
1 retry:
2    if (alloc_flags & ALLOC_KSWAPD)
3        wake_all_kswapds(order, gfp_mask, ac);
4
5    reserve_flags = __gfp_pfmemalloc_flags(gfp_mask);
6    if (reserve_flags)
7        alloc_flags = current_alloc_flags(gfp_mask, reserve_flags);
8
9    if (!(alloc_flags & ALLOC_CPUSET) || reserve_flags) {
10        ac->nodemask = NULL;
11        ac->preferred_zoneref = first_zones_zonelist(ac->zonelist,
12                    ac->highest_zoneidx, ac->nodemask);
```

```
13    }
14
15    page =get_page_from_freelist(gfp_mask, order, alloc_flags, ac);
16    if (page)
17        goto got_pg;
18
19    /* Caller is not willing to reclaim, we can' t balance anything */
20    if (!can_direct_reclaim)
21        goto nopage;
22
23    /* Avoid recursion of direct reclaim */
24    if (current->flags & PF_MEMALLOC)
25        goto nopage;
26
27    /* Try direct reclaim and then allocating */
28    page = __alloc_pages_direct_reclaim(gfp_mask, order, alloc_flags, ac,
29                            &did_some_progress);
30    if (page)
31        goto got_pg;
32
33    page = __alloc_pages_direct_compact(gfp_mask, order, alloc_flags, ac,
34                    compact_priority, &compact_result);
35    if (page)
36        goto got_pg;
37
38    if (gfp_mask & __GFP_NORETRY)
39        goto nopage;
40
41    if (costly_order && !(gfp_mask & __GFP_RETRY_MAYFAIL))
42        goto nopage;
43
44    if (should_reclaim_retry(gfp_mask, order, ac, alloc_flags,
45                 did_some_progress > 0, &no_progress_loops))
46        goto retry;
47
48
49    if (did_some_progress > 0 &&
50            should_compact_retry(ac, order, alloc_flags,
51                compact_result, &compact_priority,
52                &compaction_retries))
53        goto retry;
54
55    if (check_retry_cpuset(cpuset_mems_cookie, ac))
56        goto retry_cpuset;
57
58    page = __alloc_pages_may_oom(gfp_mask, order, ac, &did_some_progress);
59    if (page)
60        goto got_pg;
61
```

```
62    if (tsk_is_oom_victim(current) &&
63        (alloc_flags & ALLOC_OOM ||
64         (gfp_mask & __GFP_NOMEMALLOC)))
65        goto nopage;
66
67    if (did_some_progress) {
68        no_progress_loops = 0;
69        goto retry;
70    }
```

代码中第3行在retry的过程中会重新唤醒kswapd线程（防止意外休眠），进行异步内存回收。第15行调整zone后通过get_page_from_freelist 重新进行内存分配。第28行尝试直接内存回收后分配页面。第33和34行进行第二次直接内存压缩后分配页面，即内存碎片整理。第58行，如果内存回收失败，会尝试触发OOM机制，杀掉一些进程，进行内存的回收。第62~65行，如果当前task由于OOM而处于被杀死的状态，则跳转至nopage。

至此，分区页帧分配器的大致流程暂时告一段落，本节介绍了gfp_mask分配掩码、alloc_flag分配标志、快速分配和慢速分配的流程，其他涉及的如**rmqueue伙伴系统**、**zone_watermark_fast水位判断**、**kswapd异步内存回收**、**__alloc_pages_direct_reclaim内存回收**、**__alloc_pages_direct_compact页面规整**，以及**__alloc_pages_may_oom进行oom killer**会放在下面的章节进一步分析。

在页面分配时，有两种路径可以选择，如果在快速路径中分配成功了，则直接返回分配的页面；如果快速路径分配失败，则选择慢速路径进行分配：

- 快速分配：
  - 如果分配的是单个页面，考虑从per_CPU缓存中分配空间，如果缓存中没有页面，从伙伴系统中提取页面做补充。
  - 分配多个页面时，从指定类型中分配，如果指定类型中没有足够的页面，从备用类型链表中分配。最后会试探保留类型链表。
- 慢速分配：

  允许等待和页面回收。

当上面两种分配方案都不能满足要求时，考虑在页面回收、杀死进程等操作后再试。

1.8 页帧分配器的快速分配之水位控制

通过前面的内容可以知道，在分配内存的时候会首先选择快速分配，分配不成功的话会选择慢速分配：

- 快速分配（get_page_from_freelist）：是指在现有的Buddy系统的free list中申请内存，或者通过简单迁移达成申请内存的目的。

- 慢速分配（__alloc_pages_slowpath）：是指中间经历了内存碎片整理、内存回收、OOM等耗时操作，而这些操作只是为了让Buddy系统获得足够的空闲内存。

```
static struct page *
get_page_from_freelist(gfp_t gfp_mask, unsigned int order, int alloc_flags,
                        const struct alloc_context *ac)
{
  ......
    for_next_zone_zonelist_nodemask(zone, z, ac->zonelist, ac->high_zoneidx,
        //遍历每个zone，进行分配
                                ac->nodemask) {
        struct page *page;
        unsigned long mark;

        //寻找支持的zone区域
        if (cpusets_enabled() &&
            (alloc_flags & ALLOC_CPUSET) &&
            !__cpuset_zone_allowed(zone, gfp_mask))
                continue;
      ......
            //每个node都有脏区限制，超过则跳过
            if (!node_dirty_ok(zone->zone_pgdat)) {
                last_pgdat_dirty_limit = zone->zone_pgdat;
                continue;
            }
        }

        mark = zone->watermark[alloc_flags & ALLOC_WMARK_MASK];
        //没有足够的free page(根据内存的high、low、min进行比较，判断内存是否不足)
        if (!zone_watermark_fast(zone, order, mark,
                       ac_classzone_idx(ac), alloc_flags)) {
            int ret;
      ......
            if (node_reclaim_mode == 0 ||
                !zone_allows_reclaim(ac->preferred_zoneref->zone, zone))
                //不是local zone则跳过
                continue;

            //进行页面回收，通过函数shrink_node()收缩
            ret = node_reclaim(zone->zone_pgdat, gfp_mask, order);
            switch (ret) {
            case NODE_RECLAIM_NOSCAN:
                /* did not scan */
                continue;
            case NODE_RECLAIM_FULL:
                continue;
            default:
                //回收后如果空闲页面足够则进入伙伴系统
                if (zone_watermark_ok(zone, order, mark,
```

```
                        ac_classzone_idx(ac), alloc_flags))
                    goto try_this_zone;

                continue;
            }
        }

try_this_zone:  //本zone正常水位，进入伙伴系统
        //先从pcp中分配，不行的话再从伙伴系统中分配
        page = rmqueue(ac->preferred_zoneref->zone, zone, order,
                gfp_mask, alloc_flags, ac->migratetype);
        if (page) {
            //初始化与分配内存对应的page结构
            prep_new_page(page, order, gfp_mask, alloc_flags);
      ......
            return page;
        }
    }

    return NULL;
}
```

可以看到，在进行伙伴算法分配前会使用zone_watermark_fast()根据水位判断当前内存情况。如果内存足够，就采用伙伴算法分配，否则就通过node_reclaim 回收内存，如图1-31所示。

1.8.1 水位的初始化

根据上面对页帧分配器的了解我们知道，首先会判断水位的情况，再根据情况分配页面。那么，先来看水位的初始化过程：

```
1 int __meminit init_per_zone_wmark_min(void)
2 {
3         unsigned long lowmem_kbytes;
4         int new_min_free_kbytes;
5
6         lowmem_kbytes = nr_free_buffer_pages() * (PAGE_SIZE >> 10);
7         new_min_free_kbytes = int_sqrt(lowmem_kbytes * 16);
8
9         if (new_min_free_kbytes > user_min_free_kbytes) {
10                min_free_kbytes = new_min_free_kbytes;
11                if (min_free_kbytes < 128)
12                        min_free_kbytes = 128;
13                if (min_free_kbytes > 65536)
14                        min_free_kbytes = 65536;
15         } else {
16                pr_warn("min_free_kbytes is not updated to %d because user defined
```

```
17 value %d is preferred\n",
18                                  new_min_free_kbytes, user_min_free_kbytes);
19          }
20          setup_per_zone_wmarks();
21          refresh_zone_stat_thresholds();
22         setup_per_zone_lowmem_reserve();
23
24 #ifdef CONFIG_NUMA
25          setup_min_unmapped_ratio();
26          setup_min_slab_ratio();
27 #endif
28
29          return 0;
30 }
31 core_initcall(init_per_zone_wmark_min)
```

代码的第6行，nr_free_buffer_pages获取ZONE_DMA和ZONE_NORMAL区中高于high水位的总页数，nr_free_buffer_pages = managed_pages - high_pages。第10行的min_free_kbytes是总的min大小，min_free_kbytes = 4 * sqrt(lowmem_kbytes)。第20行的setup_per_zone_wmarks根据总的min值，再加上各个zone在总内存中的占比，然后通过do_div计算出它们各自的min值，进而计算出各个zone的水位。min、low、high的关系是：low = min *125%，high = min * 150%。min、low、high之间的比例关系与 watermark_scale_factor相关，可以通过/proc/sys/vm/watermark_scale_factor设置。第22行的setup_per_zone_lowmem_reserve设置每个Zone的lowmem_reserve大小。lowmem_reserve的值可以通过/proc/sys/vm/lowmem_reserve_ratio来修改。

为什么需要设置每个Zone的保留内存呢？lowmem_reserve的作用是什么？

我们知道，内核在分配内存时会按照HIGHMEM→NORMAL→DMA的方向进行遍历，如果当前Zone分配失败，就会尝试下一个低优先级的Zone。可以想象应用进程通过内存映射申请 HIGHMEM，如果此时HIGHMEM Zone无法满足分配，则会尝试从NORMAL 进行分配。这时就有一个问题，来自 HIGHMEM Zone的请求可能会耗尽 NORMAL Zone的内存，最终的结果就是NORMAL Zone 没有内存提供给内核的正常分配。

因此针对这个场景，可以保留内存lowmem_reserve[NORMAL]给NORMAL Zone自己使用。

同样，当从NORMAL Zone分配失败后，会尝试从zonelist中的DMA Zone申请，通过lowmem_reserve[DMA]限制来自HIGHMEM和NORMAL的分配请求。

```
$ cat /proc/sys/vm/lowmem_reserve_ratio
256     32
$ cat /proc/zoneinfo
```

```
Node 0, zone    DMA32
......
    pages free     361678
        min       674
        low       2874
        high      3314
        spanned   523776
        present   496128
        managed   440432
        protection: (0, 3998, 3998)
    ......
Node 0, zone   Normal
    pages free     706981
        min       1568
        low       6681
        high      7704
        spanned   8912896
        present   1048576
        managed   1023570
        protection: (0, 0, 0)
    ......
Node 0, zone  Movable
  pages free     0
        min       0
        low       0
        high      0
        spanned   0
        present   0
        managed   0
        protection: (0, 0, 0)
```

其中一些重要信息的含义如下：

- spanned：表示当前zone所包含的所有的page。
- present：表示当前zone在去掉第一阶段保留内存之后剩下的page。
- managed：表示当前zone去掉初始化完成以后所有的kernel reserve的内存剩下的page。

结合前面ARM64平台的数值举个例子，假设这2个Zone分别包含440432和1023570个page（实际是/proc/zoneinfo里字段managed的值）。如图1-32所示，使用每个区域的managed pages和lowmem_reserve_ratio计算每个区域的lowmem_reserve值，可以看出结果和protection值一样。

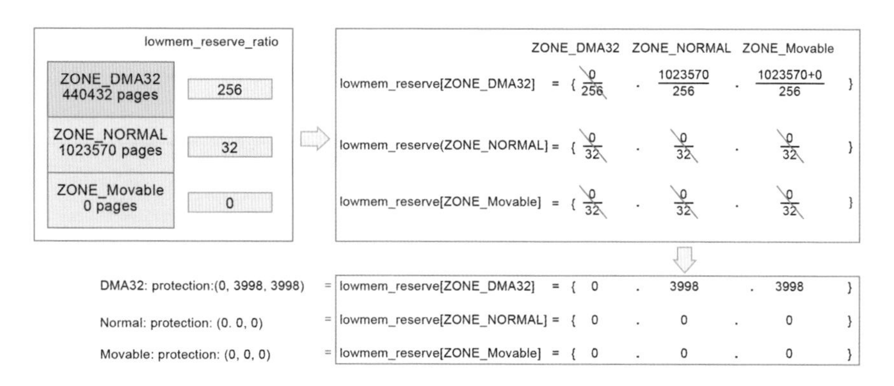

图1-32 每个区域的lowmem_reserve

1.8.2 水位的判断

先来看水位的判断图，如图1-33所示。

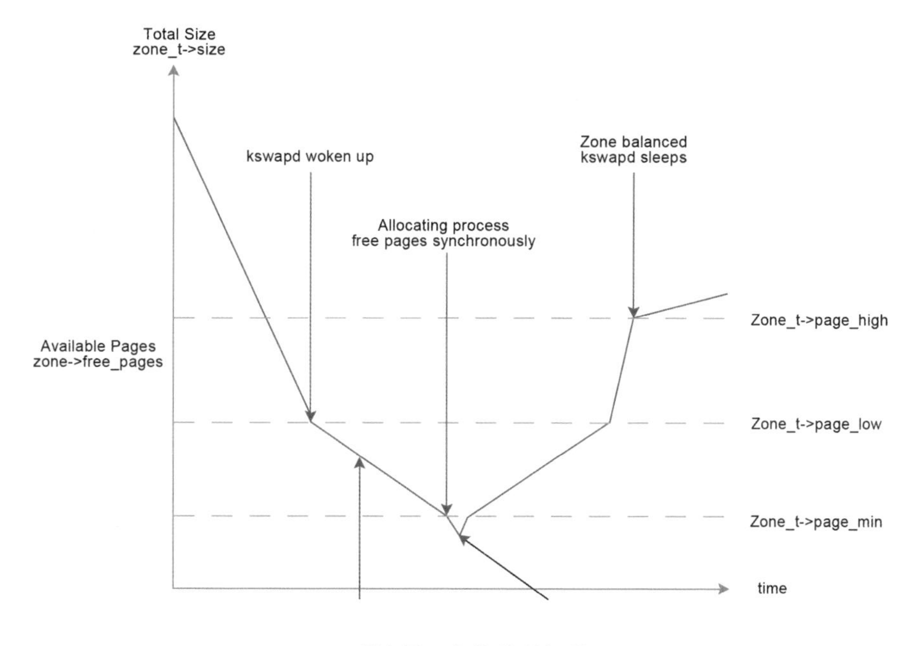

图1-33 水位的判断图

图1-33中的相关信息解释如下：

- Total Size zone_t->size：内存大小。
- Available Pages zone->free_pages：空闲页面。
- kswapd woken up：唤醒kswapd线程。

- Allocating process free pages synchronously：分配进程会同步释放页面。
- Zone balanced kswapd sleeps：kswapd线程睡眠。
- Zone_t->page_high：高水位。
- Zone_t->page_low：低水位。
- Zone_t->page_min：最小水位。
- time：时间。

从图1-33可以看出：

- 如果空闲页面数目小于min值，则该zone非常缺页，页面回收压力很大，应用程序写内存操作就会被阻塞，直接在应用程序的进程上下文中进行回收，即direct reclaim。
- 如果空闲页面数目小于low值，kswapd线程将被唤醒。在默认情况下，low值为min值的125%，可以通过修改watermark_scale_factor来改变比例值。
- 如果空闲页面的数目大于high值，kswapd线程将睡眠。在默认情况下，high值为min值的150%，可以通过修改watermark_scale_factor来改变比例值。

1.9 页帧分配器的快速分配之伙伴系统

通过前面的介绍可以知道，伙伴算法的核心是rmqueue()函数，在讨论伙伴算法之前先来看看当前分区页帧分配器存在的问题，即内存外部碎片。分区页帧分配如图1-34所示。

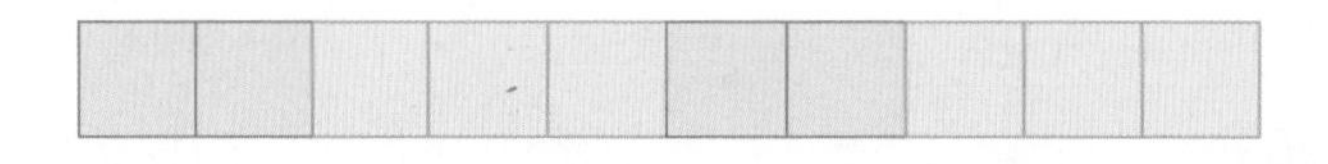

图1-34 分区页帧分配

假设这是一段连续的页帧，蓝色部分表示已经被使用的页帧，现在需要申请一个连续的5个页帧。这个时候，在这段内存上不能找到连续的5个空闲的页帧，就会去另一段内存上寻找5个连续的页帧。久而久之就形成了页帧的浪费。为了避免出现这种情况，Linux内核引入了伙伴系统（Buddy系统）算法。把所有的空闲页帧分组为MAX_ORDER个块链表，MAX_ORDER通常定义为11，所以每个块链表分别包含大小为1，2，4，8，16，32，64，128，256，512和1024个连续页帧的页帧块。最大可以申请1024个连续页帧，对应4MB大小的连续内存。不同order大小的页面如图1-35所示。

当请求分配*N*个连续的物理页面时，会先去寻找一个合适大小的内存块，如果没有找到相匹配的空闲页，则将更大的块分割成2个小块，这2个小块就是“伙伴”关系。

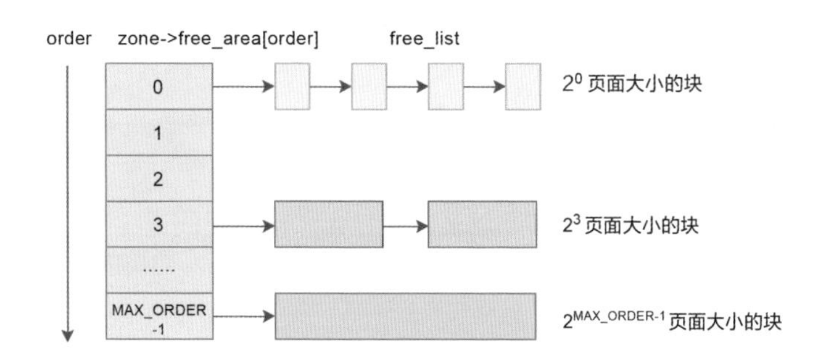

图1-35　不同order大小的页面

假设要申请一个包含256个页帧的块，先从256个页帧的链表中查找空闲块，如果没有，就去512个页帧的链表中找，找到了则将页帧块分为2个256个页帧的块，一个分配给应用，另外一个移到256个页帧的链表中（这也是函数expand的执行过程）。如果512个页帧的链表中仍没有空闲块，继续向1024个页帧的链表查找，如果仍然没有，则返回错误。页帧块在释放时，会主动将两个连续的页帧块合并为一个较大的页帧块。

从以上内容可以知道Buddy算法一直在对页帧做拆开、合并的动作。Buddy算法的精妙之处在于：任何正整数都可以由2^n的和组成。这也是Buddy算法管理空闲页表的本质。空闲内存的信息可以通过图1-36所示的命令获取。

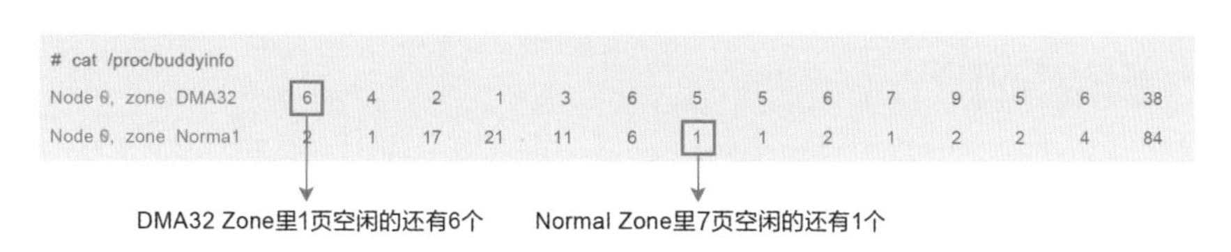

图1-36　buddyinfo的解释

也可以通过echo m > /proc/sysrq-trigger来观察buddy的状态，得到的信息与/proc/buddyinfo的是一致的。

1.9.1　相关的数据结构

前面讲过Node、Zone、Page三者之间的关系，Zone的数据结构如下所示：

```
struct zone {
        ......
        struct free_area        free_area[MAX_ORDER];
} ____cacheline_internodealigned_in_smp;
```

- free_area[MAX_ORDER]：用于保存每一阶的空闲内存块链表，其定义如下。

```
struct free_area {
        struct list_head        free_list[MIGRATE_TYPES];
        unsigned long           nr_free;
};
```

- free_list[MIGRATE_TYPES]：用于连接包含大小相同的连续内存区域的页帧的链表。
- nr_free：该区域中空闲页表的数量。

其中free_list[MIGRATE_TYPES]里的迁移类型 MIGRATE_TYPES 有如下几种：

```
enum migratetype {
      MIGRATE_UNMOVABLE,
      MIGRATE_MOVABLE,
      MIGRATE_RECLAIMABLE,
      MIGRATE_PCPTYPES,       /* the number of types on the pcp lists */
      MIGRATE_HIGHATOMIC = MIGRATE_PCPTYPES,
#ifdef CONFIG_CMA
      MIGRATE_CMA,
#endif
#ifdef CONFIG_MEMORY_ISOLATION
      MIGRATE_ISOLATE,        /* can't allocate from here */
#endif
      MIGRATE_TYPES
};
```

- MIGRATE_UNMOVABLE：不可移动，内核空间分配的大部分页面都属于这一类。
- MIGRATE_MOVABLE：可移动，用户空间应用程序的页面属于此类页面。
- MIGRATE_RECLAIMABLE：kswapd会按照一定的规则，周期性地回收这类页面。
- MIGRATE_PCPTYPES：用来表示每个CPU页帧高速缓存的数据结构中的链表的迁移类型数目。
- MIGRATE_HIGHATOMIC：高阶的页面块，此页面块不能休眠。
- MIGRATE_CMA：预留一段内存给驱动使用，但当驱动不用的时候，伙伴系统可以分配给用户进程。而当驱动需要用时，就将进程占用的内存通过回收或者迁移的方式将之前占用的预留内存腾出来，供驱动使用。
- MIGRATE_ISOLATE：不能被伙伴系统分配的页面。

这里可以用一张图来把这些结构体绑定起来，如图1-37所示。

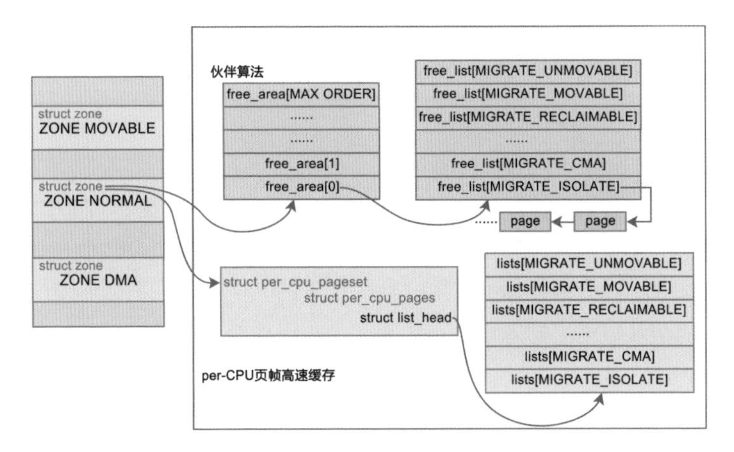

图1-37 内存常用结构体

1.9.2 伙伴算法申请页面

下面来看伙伴算法申请页面的函数。

```
1 static inline
2 struct page *rmqueue(struct zone *preferred_zone,
3             struct zone *zone, unsigned int order,
4             gfp_t gfp_flags, unsigned int alloc_flags,
5             int migratetype)
6 {
7    unsigned long flags;
8    struct page *page;
9
10
11     if (likely(order == 0)) {
12         page = rmqueue_pcplist(preferred_zone, zone, order,
13                 gfp_flags, migratetype);
14         goto out;
15     }
16
17  ……
18
19     do {
20         page = NULL;
21         if (alloc_flags & ALLOC_HARDER) {
22             page = __rmqueue_smallest(zone, order, MIGRATE_HIGHATOMIC);
23             if (page)
24                 trace_mm_page_alloc_zone_locked(page, order, migratetype);
25         }
26         if (!page)
27             //前两个条件都不满足，则在正常的free_list[MIGRATE_*]中进行分配
```

```
28          page = __rmqueue(zone, order, migratetype);
29    } while (page && check_new_pages(page, order));
30
31  ……
32 }
```

代码中第11～15行表示，当order=0时，从pcplist分配单个页面。第22行表示当order>0且是ALLOC_HARDER时，从free_list[MIGRATE_HIGHATOMIC]的链表中进行页面分配。第28行表示前两个条件都不满足，则在正常的free_list[MIGRATE_*]中进行分配。其中先从指定order开始从小到大遍历，优先从指定的迁移类型链表中分配页面，如果分配失败，尝试从CMA 进行分配，如果还是失败，查找后备类型fallbacks[MIGRATE_TYPES][4]，并将查找到的页面移动到所需的MIGRATE类型中，移动成功后，重新尝试分配。

为了更好理解，把伙伴算法申请页面的函数rmqueue整理成流程图，如图1-38所示。

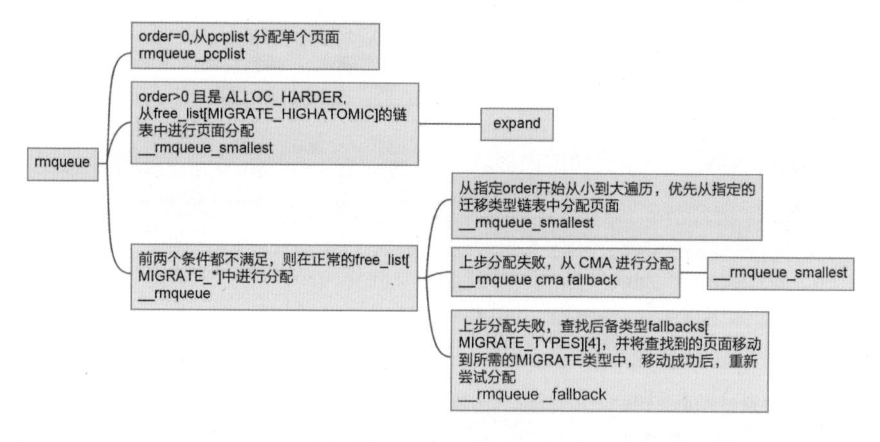

图1-38　rmqueue的流程图

接下来看函数rmqueue里的__rmqueue_smallest：

```
1 static __always_inline
2 struct page *__rmqueue_smallest(struct zone *zone, unsigned int order,
3                         intmigratetype)
4 {
5    unsigned intcurrent_order;
6    structfree_area *area;
7    struct page *page;
8
9    for (current_order = order; current_order < MAX_ORDER; ++current_order) {
10        area = &(zone->free_area[current_order]);
11        page =get_page_from_free_area(area, migratetype);
12        if (!page)
13            continue;
14        del_page_from_free_list(page, zone, current_order);
15        expand(zone, page, order,current_order, migratetype);
```

```
16          set_pcppage_migratetype(page, migratetype);
17          return page;
18      }
19
20      return NULL;
21  }
```

代码中第9行从current_order开始查找zone的空闲链表。如果当前的order中没有空闲对象，那么就会查找上一级order，直到不大于MAX_ORDER。第15行表示查找到页表之后，通过del_page_from_free_list从对应的链表中将其删除，并调用expand函数实现伙伴算法，即将空闲链表上的页面块分配一部分后，将剩余的空闲部分挂在zone上更低order的页面块链表上。

函数__rmqueue_smallest里会调用expand函数：

```
static inline void expand(struct zone *zone, struct page *page,
        int low, int high, int migratetype)
{
        unsigned long size = 1 << high;

        while (high > low) {
                high--;
                size >>= 1;
                VM_BUG_ON_PAGE(bad_range(zone, &page[size]), &page[size]);

                if (set_page_guard(zone, &page[size], high, migratetype))
                        continue;

                add_to_free_list(&page[size], zone, high, migratetype);
                set_buddy_order(&page[size], high);
        }
}
```

1.9.3　伙伴算法释放页面

伙伴算法既有对页面的申请，也有对页面的释放，如图1-39所示。

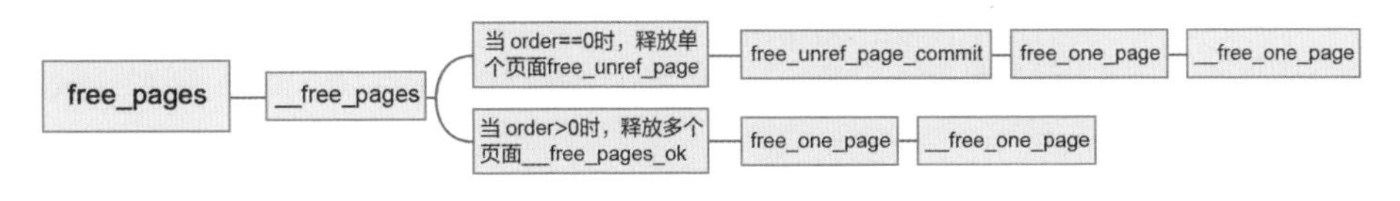

图1-39　伙伴算法释放页面

可以看出其核心代码是__free_one_page()，主要工作是对此页帧附近的页帧进行合并，本质就是把符合条件的伙伴page合并回free_list里，如图1-40所示。

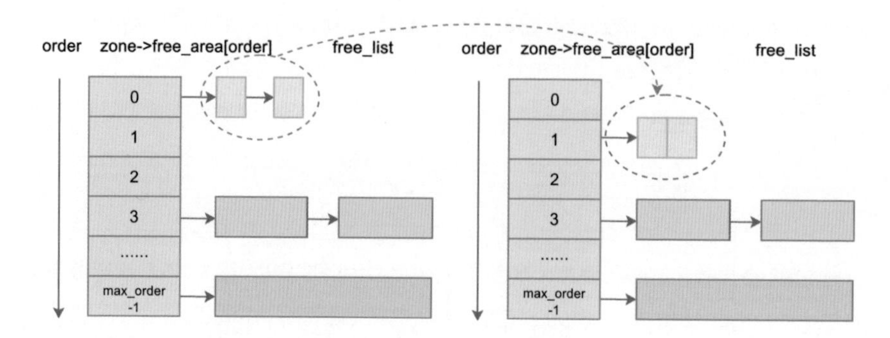

图1-40 页帧合并的过程

```
1 static inline void __free_one_page(struct page *page,
2               unsigned long pfn,
3               struct zone *zone, unsigned int order,
4               int migratetype)
5 {
6  ……
7  continue_merging:
8    while (order < max_order - 1) {
9               if (compaction_capture(capc, page, order, migratetype)) {
10                       __mod_zone_freepage_state(zone, -(1 << order),
11                                                                 migratetype);
12                      return;
13               }
14               buddy_pfn = __find_buddy_pfn(pfn, order);
15               buddy = page + (buddy_pfn - pfn);
16
17               if (!pfn_valid_within(buddy_pfn))
18                       goto done_merging;
19               if (!page_is_buddy(page, buddy, order))
20                       goto done_merging;
21               if (page_is_guard(buddy))
22                       clear_page_guard(zone, buddy, order, migratetype);
23               else
24                       del_page_from_free_area(buddy, &zone->free_area[order]);
25               combined_pfn = buddy_pfn & pfn;
26               page = page + (combined_pfn - pfn);
27               pfn = combined_pfn;
28               order++;
29     }
30     ……
31 }
```

代码中第8行表示在当前order到max_order-1之间寻找合适的buddy，然后合并，直到放到最大阶的伙伴系统中。第14行根据pfn和order获取伙伴系统中对应伙伴块的pfn。第15行根据伙伴块的pfn计算出伙伴块的page地址buddy。第19行通过page_is_buddy判断伙伴块是否空闲等一系列合法性判断，包括伙伴块要在伙伴系统内，当前页和伙伴块order要相同，要在同一个zone中。第21行判断page和buddy是否可以合并。第26和27行计算buddy和page进行合并后新的pfn和page。

1.10 页帧分配器的慢速分配之内存回收

前文介绍过，进入慢速内存分配后，会有两种方式来回收内存，一种是通过唤醒kswapd内核线程来异步回收，另外一种是通过direct reclaim直接回收内存。根据前面讲到的水位情况，触发不同的回收方式。其回收涉及的算法是LRU（Least Recently Used），即选择最近最少使用的物理页面。

1.10.1 数据结构

我们把目光放到图1-27里的页帧回收。可以看出，每个节点会维护一个lruvec结构，该结构用于存放5种不同类型的LRU链表，如以下结构体所示：

```
typedef struct pglist_data {
......
/* Fields commonly accessed by the page reclaim scanner */
struct lruvec       lruvec;
......
}

struct lruvec {
    struct list_head        lists[NR_LRU_LISTS];
......
}

enum lru_list {
    LRU_INACTIVE_ANON = LRU_BASE,
    LRU_ACTIVE_ANON = LRU_BASE + LRU_ACTIVE,
    LRU_INACTIVE_FILE = LRU_BASE + LRU_FILE,
    LRU_ACTIVE_FILE = LRU_BASE + LRU_FILE + LRU_ACTIVE,
    LRU_UNEVICTABLE,
    NR_LRU_LISTS
};
```

可以看出物理内存进行回收的时候可以选择两种方式：

- 文件背景页（file-backed pages）
- 匿名页（anonymous pages）

比如进程的代码段、映射的文件都是file-backed（文件背景），而进程的堆、栈都是不与文件相对应的，就属于匿名页。这两种页面是在缺页异常中分配的，后面会详细介绍。

文件背景页（file-backed pages）在内存不足的时候，如果是脏页，写回对应的硬盘文件，称为page-out，不需要用到交换区（swap）；而匿名页（anonymous pages）在内存不足时就只能写到交换区里，称为swap-out。交换区可以是一个磁盘分区，也可以是存储设备上的一个文件。

回收的时候，是回收文件背景页，还是匿名页，还是都会回收呢？可通过/proc/sys/vm/swapiness来控制让谁回收多一点儿。swappiness越大，越倾向于回收匿名页；swappiness越小，越倾向于回收file-backed的页面。当然，它们的回收方法都是一样的LRU算法，即最近最少使用的页面会被回收。

由上述这两种类型可回收的页面，便产生了5种LRU链表，其中ACTIVE和INACTIVE用于表示最近的访问频率。UNEVICTABLE，表示被锁定在内存中，不允许回收的物理页面。

```
struct pagevec {
	unsigned long nr;
	unsigned long cold;
	struct page *pages[PAGEVEC_SIZE];
};
static DEFINE_PER_CPU(struct pagevec, lru_add_pvec);
static DEFINE_PER_CPU(struct pagevec, lru_rotate_pvecs);
static DEFINE_PER_CPU(struct pagevec, lru_deactivate_file_pvecs);
static DEFINE_PER_CPU(struct pagevec, lru_lazyfree_pvecs);
#ifdef CONFIG_SMP
static DEFINE_PER_CPU(struct pagevec, activate_page_pvecs);
#endif
```

每个CPU有5种缓存struct pagevec，用来描述上面的5种LRU链表，其对应的操作分别为lru_add_pvec、lru_rotate_pvecs、lru_deactivate_pvecs、lru_lazyfree_pvecs和activate_page_pvecs。

而inactive list尾部的页面，将在内存回收时被优先回收（写回或者交换），这也是LRU算法的核心。有一点需要注意，回收的时候总是优先换出file-backed pages，而不是anonymous pages。因为大多数情况下file-backed pages不需要回写磁盘，除非页面内容被修改了，而anonymous pages总是要被写入交换区才能被换出。

```
struct scan_control {
    /* How many pages shrink_list() should reclaim */
    unsigned long nr_to_reclaim;

    /* This context's GFP mask */
    gfp_t gfp_mask;

    /* Allocation order */
    int order;
……
    unsigned int may_swap:1;
……
```

```
    /* Incremented by the number of inactive pages that were scanned */
    unsigned long nr_scanned;

    /* Number of pages freed so far during a call to shrink_zones() */
    unsigned long nr_reclaimed;
};
```

- nr_to_reclaim：需要回收的页面数量。
- gfp_mask：申请分配的掩码，用户申请页面时可以通过设置标志来限制调用底层文件系统或不允许读写存储设备，最终传递给LRU处理。
- order：申请分配的阶数值，最终期望内存回收后能满足申请要求。
- may_swap：是否将匿名页交换到swap分区并进行回收处理。
- nr_scanned：统计扫描过的非活动页面总数。
- nr_reclaimed：统计回收了的页面总数。

1.10.2　代码流程

前面讲过有两种方式来触发页面回收：

- zone中空闲的页面低于low watermark时，kswapd内核线程被唤醒，进行异步回收。
- zone中空闲的页面低于min watermark时，直接进行回收。

页面回收如图1-41所示。

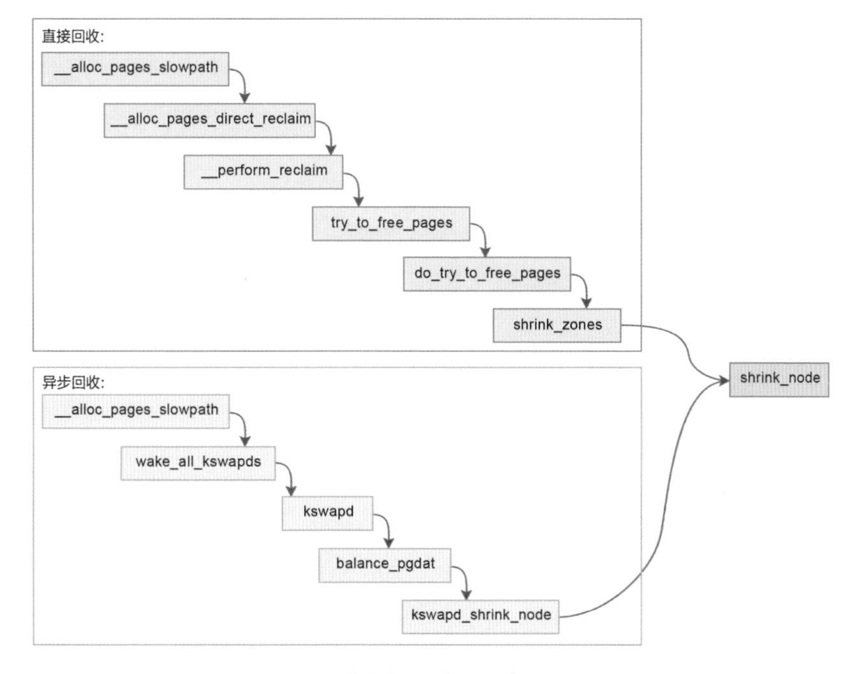

图1-41　页面回收

无论哪种方式都会调用shrink_node函数，如图1-42所示。

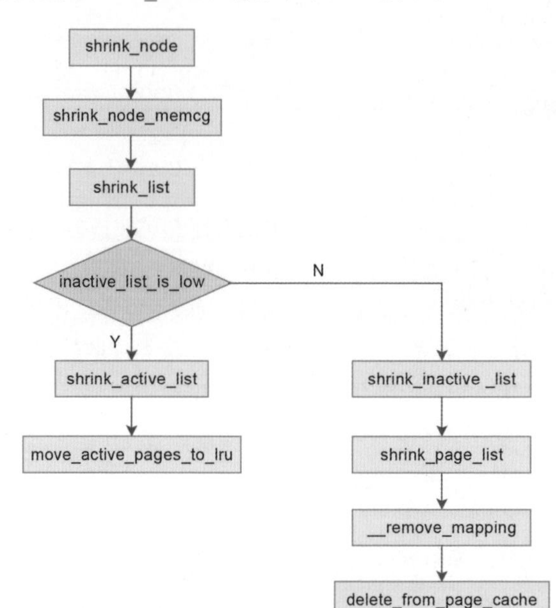

图1-42 shrink_node函数流程图

shrink_node_memcg通过for_each_evictable_lru遍历所有可以回收的LRU链表，然后通过shrink_list对指定LRU链表进行页面回收。shrink_list首先会判断inactive链表上的文件页或者匿名页，当其inactive链表上的页面数不够的时候，会调用shrink_active_list，该函数会将active链表上的页面移动（move）到inactive链表上，然后调用move_active_pages_to_lru对活跃的LRU链表进行扫描，把页面从active链表移到inactive链表；对不活跃的LRU链表进行扫描，尝试回收页面，并且返回已回收页面的数量。

1.11 页帧分配器的慢速分配之内存碎片规整

根据前面的讲解我们知道，**内存回收**、**OOM Killer（内部不足时会杀死进程）**、**页面规整**都是在__alloc_pages_slowpath 慢速分配内存中发生的。这一节主要讲解碎片页面的规整。先来理解什么是碎片化页面。

1.11.1 什么是内存碎片化

内存碎片化分为内部碎片化和外部碎片化，我们从这两个方向看看什么是内存碎片化。

- 内部碎片化

比如进程需要使用3KB物理内存，就要向内核申请3KB内存，但是由于内核规定一个页面的最小单位是4KB，所以就会给该进程分配4KB内存，那么其中有1KB未被使用，这就是所谓的内部碎片化，如图1-43所示。

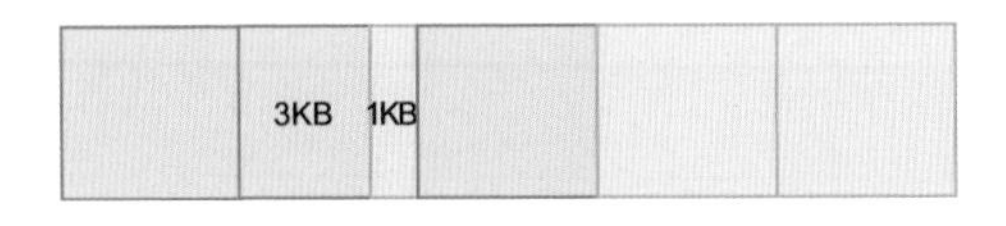

图1-43 内部碎片化

- 外部碎片化

比如系统剩余页面如图1-44所示，虽然系统中剩余4KB×3 = 12KB大小的内存，但是由于页与页之间的分离，没有办法申请到8KB大小的连续内存，这就是所谓的外部碎片化。

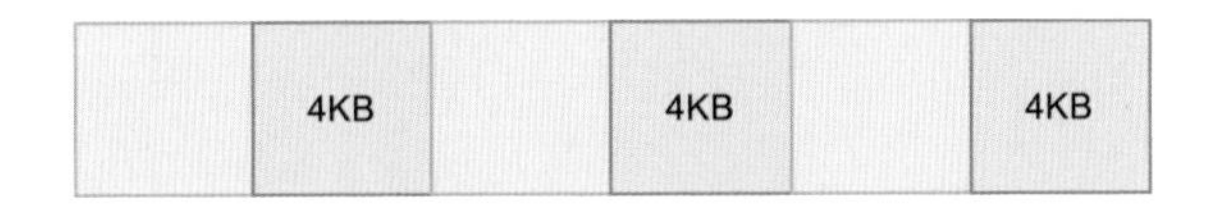

图1-44 外部碎片化

1.11.2 规整碎片化页面的算法

碎片化页面的规整就是解决以上内、外碎片化的过程，内核采用页面迁移的机制对碎片化的页面进行规整，即将可移动的页面进行迁移，从而腾出连续的物理内存。

假设当前的内存情况如图1-45所示。

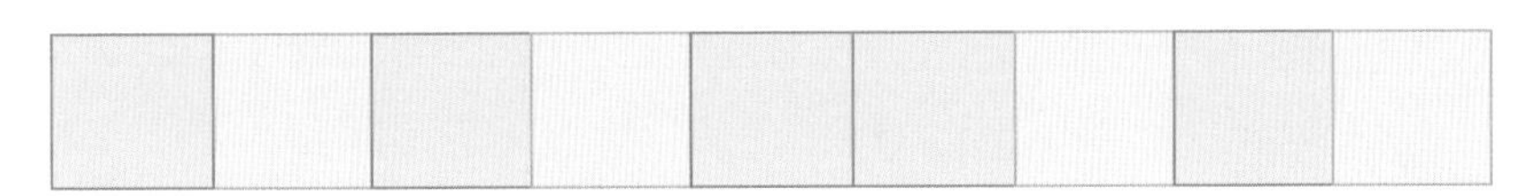

图1-45 当前内存情况

其中黄色表示空闲的页面，蓝色表示已经被分配的页面，可以看到剩余的页面非常零散。虽然剩余的内存有四页，但是无法分配大于两页的连续物理内存。

内核用一个**迁移扫描器**从底部开始扫描，一边扫描，一边将已分配的可移动（MIGRATE_MOVABLE）页面记录到migratepages链表中；用另外一个**空闲扫描器**从顶部开始扫描，一边扫描一边将空闲页面记录到freepages链表中，迁移扫描的过程如图1-46所示。

当两个扫描器在中间相遇时，意味着扫描结束，然后将迁移链表migratepages里的页面迁移到空闲链表freepages中，底部就形成了一段连续的物理内存，即完成页面规整，扫描后的结果如图1-47所示。

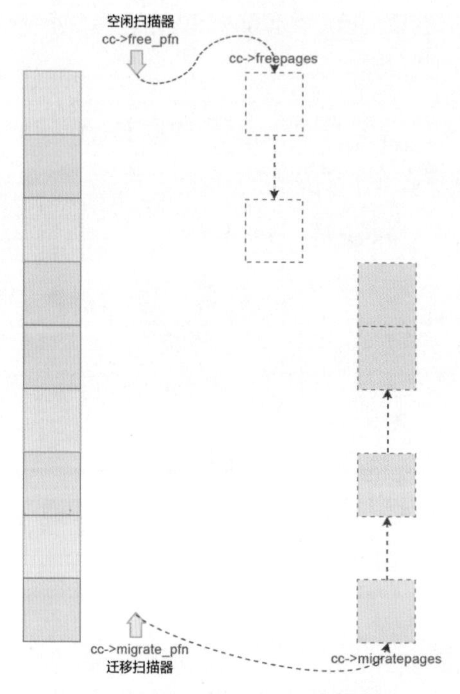

图1-46　迁移扫描的过程

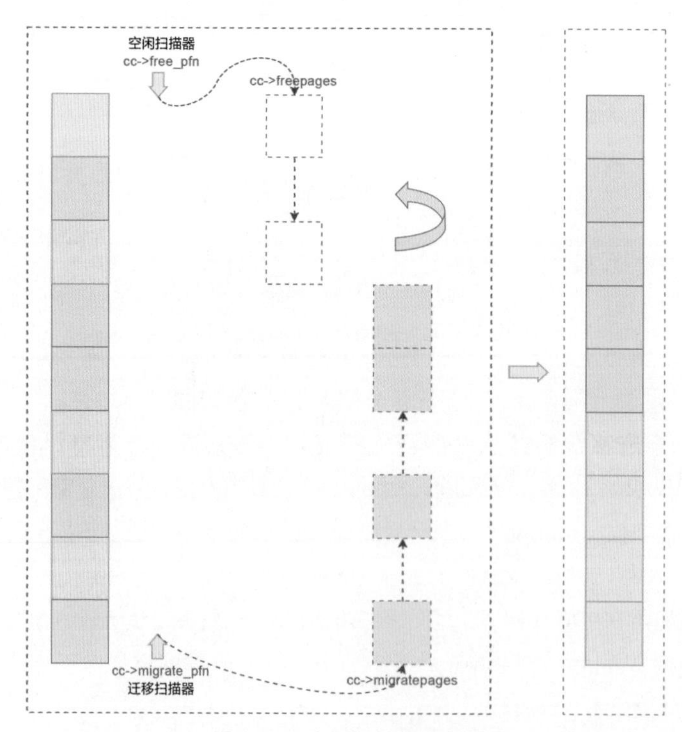

图1-47　迁移扫描后的结果

1.11.3 数据结构

compact_control结构体控制着整个页面规整过程，维护着freepages和migratepages两个链表，最终将migratepages中的页面复制到freepages中去。

```
struct compact_control {
    struct list_head freepages;
    struct list_head migratepages;
    struct zone *zone;
    unsigned long nr_freepages;
    unsigned long nr_migratepages;
    unsigned long total_migrate_scanned;
    unsigned long total_free_scanned;
    unsigned long free_pfn;
    unsigned long migrate_pfn;
    unsigned long last_migrated_pfn;
    const gfp_t gfp_mask;
    int order;
    int migratetype;
    const unsigned int alloc_flags;
    const int classzone_idx;
    enum migrate_mode mode;
    bool ignore_skip_hint;
    bool ignore_block_suitable;
    bool direct_compaction;
    bool whole_zone;
    bool contended;
    bool finishing_block;
};
```

这里列出这个结构体里的变量：

- freepages：空闲页面的链表。
- migratepages：迁移页面的链表。
- zone：在整合内存碎片的过程中，碎片页只会在本zone的内部移动。
- migrate_pfn：迁移扫描器开始的页帧。
- free_pfn：空闲扫描器开始的页帧。
- migratetype：可移动的类型，按照可移动性将内存页分为以下三种类型：
  - MIGRATE_UNMOVABLE：不可移动，内核分配的大部分页面都属于此类。
  - MIGRATE_MOVABLE：可移动，用户空间应用程序的页面属于此类。
  - MIGRATE_RECLAIMABLE：kswapd会按照一定的规则，周期性地回收这类页面。

1.11.4 规整的三种方式

前面在讲伙伴算法里的慢速分配时，提到页面规整的函数__alloc_pages_direct_compact：

```
static struct page *
__alloc_pages_direct_compact(gfp_t gfp_mask, unsigned int order,
                unsigned int alloc_flags, const struct alloc_context *ac,
                enum compact_priority prio, enum compact_result *compact_result)
{
        struct page *page = NULL;
        unsigned long pflags;
        unsigned int noreclaim_flag;

        if (!order)
                return NULL;

        psi_memstall_enter(&pflags);
        noreclaim_flag = memalloc_noreclaim_save();

        *compact_result = try_to_compact_pages(gfp_mask, order, alloc_flags, ac,
                                                        prio, &page);

        memalloc_noreclaim_restore(noreclaim_flag);
        psi_memstall_leave(&pflags);


        count_vm_event(COMPACTSTALL);

        if (page)
                prep_new_page(page, order, gfp_mask, alloc_flags);

        if (!page)
                page = get_page_from_freelist(gfp_mask, order, alloc_flags, ac);

        if (page) {
                struct zone *zone = page_zone(page);

                zone->compact_blockskip_flush = false;
                compaction_defer_reset(zone, order, true);
                count_vm_event(COMPACTSUCCESS);
                return page;
        }


        count_vm_event(COMPACTFAIL);

        cond_resched();

        return NULL;
}
```

这种模式下分配和回收是同步的关系，也就是说分配内存的进程会因为等待内存回收而被阻塞。不过内核除了提供同步方式外，也提供了异步的规整方式，如图1-48所示。

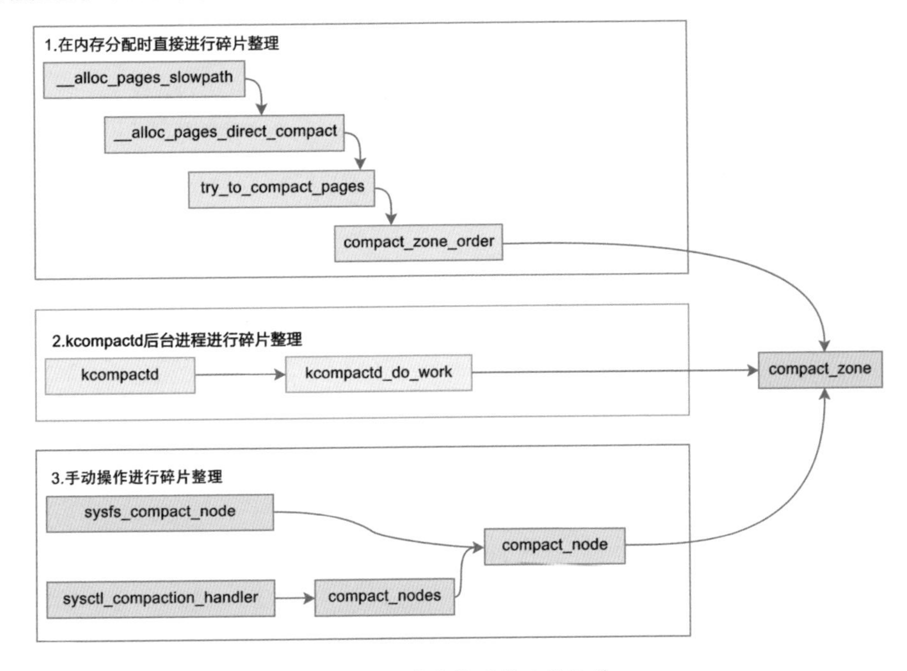

图1-48 碎片整理的三种场景

这三种方式最终都会调用函数compact_zone()来实现真正的规整操作。感兴趣的读者可以自行查看，这里不再赘述。

第2章

进程管理

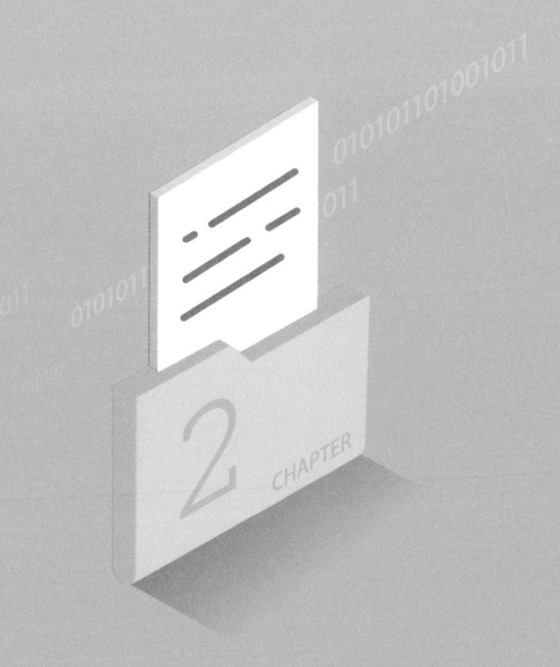

在Linux系统中，进程管理就如同一位精明的交响乐团指挥家，而每个进程就是乐团中的一位乐手或乐器。这些进程可能是正在运行的浏览器、文本编辑器、数据库服务器等，它们各自负责演奏自己的“乐章”，即执行特定的任务。进程管理精心协调并掌控着整个系统的和谐运行。它确保每个进程都能得到适当的资源，并按照预定的节奏和顺序执行，同时还负责处理进程间的通信和同步，确保系统的高效和稳定。进程管理的作用是至关重要的，它让整个Linux系统如同一个默契十足的交响乐团，演奏出和谐美妙的乐章。

2.1 内核对进程的描述

进程是操作系统中调度的实体，对进程资源的描述称为进程控制块（PCB, Process Control Block）。

2.1.1 通过task_struct描述进程

Linux内核通过task_struct结构体来描述一个进程，称为进程描述符（Process Descriptor），它保存着支撑一个进程正常运行的所有信息。task_struct结构体内容太多，这里只列出部分成员变量：

```
struct task_struct {

#ifdef CONFIG_THREAD_INFO_IN_TASK
  struct thread_info        thread_info;
#endif
  volatile long state;
  void *stack
;
  ......
  struct mm_struct *mm;
  ......
  pid_t pid;
  ......
  struct task_struct *parent;
  ......
  char comm[TASK_COMM_LEN];
  ......
  struct files_struct *files;
  ......
  struct signal_struct *signal;
}
```

task_struct中的主要信息如下：

- 标识符：描述本进程的唯一标识符pid，用来区别其他进程。
- 状态：任务状态、退出代码、退出信号等。
- 优先级：相对于其他进程的优先级。
- 程序计数器：程序中即将被执行的下一条指令的地址。
- 内存指针：包括程序代码和进程相关数据的指针，还有和其他进程共享的内存块的指针。
- 上下文数据：进程执行时处理器的寄存器中的数据。
- I/O状态信息：包括显示的I/O请求、分配的进程I/O设备和进程使用的文件列表。
- 记账信息：可能包括处理器时间总和、使用的时钟总和、时间限制、记账号等。

task_struct的结构成员变量如下所示：

- thread_info：进程被调度执行的信息。
- state：=-1是不运行状态，=0是运行状态，>0是停止状态。
- stack：指向内核栈的指针。
- mm：与进程地址空间相关的信息。
- pid：进程标识符。
- comm[TASK_COMM_LEN]：进程的名称。
- files：打开的文件表。
- signal：信号相关的处理。

2.1.2 如何获取当前进程

Linux内核中经常通过current 宏来获得当前进程对应的struct task_sturct结构，我们借助current，结合上面介绍的内容，看看具体的实现：

```
static __always_inline struct task_struct *get_current(void)
{
    unsigned long sp_el0;

    asm ("mrs %0, sp_el0" : "=r" (sp_el0));

    return (struct task_struct *)sp_el0;
}

#define current get_current()
```

代码比较简单，可以看出通过读取用户空间栈指针寄存器sp_el0的值，将此值强制转换成task_struct结构就可以获得当前进程。（sp_el0里存放的是init_task，即thread_info地址，thread_info 又是在task_sturct的开始处，从而找到当前进程。）

2.2 用户态进程/线程的创建

创建进程，是指操作系统创建一个新的进程。常用于创建进程的函数有fork、vfork，创建线程的函数是pthread_create。下面来看它们之间的具体区别。

2.2.1 fork函数

fork函数创建子进程成功后，父进程返回子进程的pid，子进程返回0，具体说明如下：

- fork返回值为-1，代表创建子进程失败。
- fork返回值为0，代表子进程创建成功，这个分支是子进程的运行逻辑。
- fork返回值大于0，这个分支是父进程的运行逻辑，并且返回值等于子进程的pid。

我们看一个通过fork函数来创建子进程的例子：

```
#include <stdio.h>
#include <sys/types.h>
#include <unistd.h>

int main()
{
   pid_t pid = fork();

   if(pid == -1){
       printf("create child process failed!\n");
       return -1;
   }
else if(pid == 0){
       printf("This is child process!\n");
   }
else{
       printf("This is parent process!\n");
       printf("parent process pid = %d\n",getpid());
       printf("child process pid = %d\n",pid);
   }

   getchar();

   return 0;
}
```

运行结果输出如下：

```
$ ./a.out
This is parent process!
```

```
parent process pid = 25483
child process pid = 25484
This is child process!
```

从上面的运行结果来看，创建的子进程pid=25484，父进程的pid=25483。

当执行fork创建新子进程时，内核不需要将父进程的整个进程地址空间复制给子进程，而是让父进程和子进程共享同一个副本，只有写入时，数据才会被复制。这也叫写时复制（COW）技术，是一种推迟或者避免复制数据的技术。我们用一个简单的例子描述如下：

```
#include <stdio.h>
#include <sys/types.h>
#include <unistd.h>

int peter = 10;

int main()
{
  pid_t pid = fork();

  if(pid == -1){
      printf("create child process failed!\n");
      return -1;
  }else if(pid == 0){
      printf("This is child process, peter = %d!\n", peter);
      peter = 100;
      printf("After child process modify peter = %d\n", peter);
  }
else{
      printf("This is parent process = %d!\n", peter);
  }

  getchar();

  return 0;
}
```

执行结果如下：

```
$ ./a.out
This is parent process = 10!
This is child process, peter = 10!
After child process modify peter = 100
```

从运行结果可以看到，不论子进程如何修改peter的值，父进程永远看到的是自己的那一份。fork函数的结构如图2-1所示。

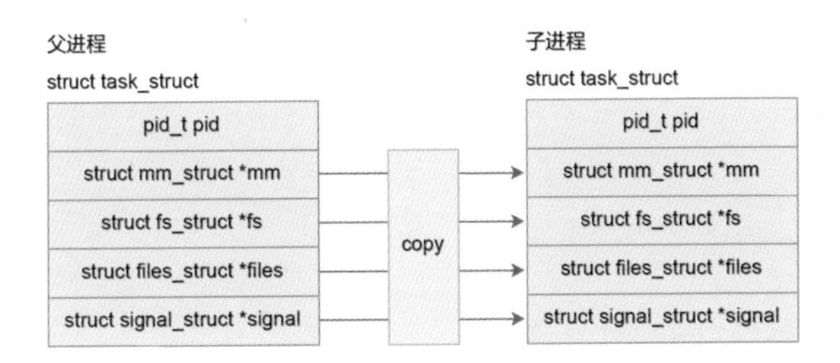

图2-1　fork函数的结构

2.2.2　vfork函数

与fork函数类似，也用于创建新进程，但vfork函数创建的子进程并不完全复制父进程的地址空间。相反，子进程在父进程的地址空间中运行，直到它调用exec或exit。这样做的好处是减少了不必要的内存复制，提高了效率。然而，由于子进程和父进程共享地址空间，子进程在调用exec或exit之前不能进行写操作，以避免破坏父进程的数据。此外，vfork函数还保证子进程先运行，直到它调用exec或exit后，父进程才可能被调度运行。接下来看看使用vfork函数创建子进程的过程：

```
#include <stdlib.h>
#include <stdio.h>
#include <sys/types.h>
#include <unistd.h>

int peter = 10;

int main()
{
  pid_t pid = vfork();

  if(pid == -1){
      printf("create child process failed!\n");
      return -1;
  }
else if(pid == 0){
      printf("This is child process, peter = %d!\n", peter);
      peter = 100;
      printf("After child process modify peter = %d\n", peter);
      exit(0);
  }
else{
      printf("This is parent process = %d!\n", peter);
  }

  getchar();
```

```
  return 0;
}
```

运行结果如下：

```
$ ./a.out
This is child process, peter = 10!
After child process modify peter = 100
This is parent process = 100!
```

从运行结果可以看出，当子进程修改了peter = 100后，父进程中打印peter的值也是100。vfork函数的结构如图2-2所示。

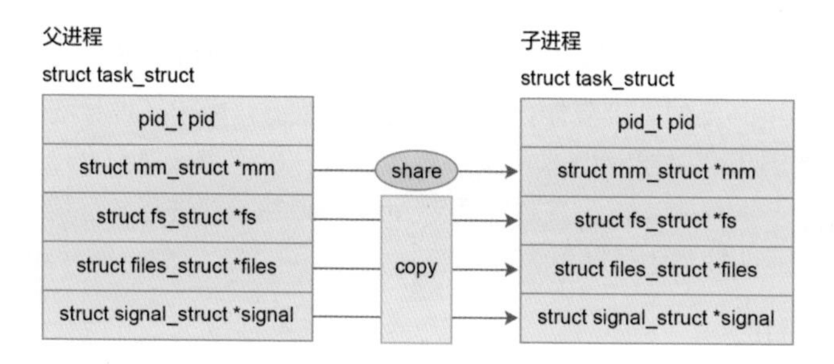

图2-2 vfork函数的结构

2.2.3 pthread_create函数

现在我们知道了创建进程有两种方式：fork，vfork，那么如何创建一个线程呢？线程的创建用的是pthread_create函数：

```
#include <pthread.h>
#include <stdio.h>
#include <sys/types.h>
#include <unistd.h>
#include <sys/syscall.h>

int peter = 10;

static pid_t gettid(void)
{
 return syscall(SYS_gettid);
}

static void* thread_call(void* arg)
{
```

```
 peter = 100;
 printf("create thread success!\n");
 printf("thread_call pid = %d, tid = %d, peter = %d\n", getpid(), gettid(), peter);
 return NULL;
}

int main()
{
 int ret;
 pthread_t thread;

 ret = pthread_create(&thread, NULL, thread_call, NULL);
 if(ret == -1)
     printf("create thread faild!\n");

 ret = pthread_join(thread, NULL);
 if(ret == -1)
     printf("pthread join failed!\n");

 printf("process pid = %d, tid = %d, peter = %d\n", getpid(), gettid(), peter);

 return ret;
}
```

运行结果如下：

```
$ ./a.out
create thread success!
thread_call pid = 9719, tid = 9720, peter = 100
process pid = 9719, tid = 9719, peter = 100
```

从以上结果可以看出，因为进程和线程共享pid空间，所以进程和线程的pid是相同的。当线程修改了peter = 100之后，父进程中打印peter的值也是100，pthread_create函数的结构如图2-3所示。

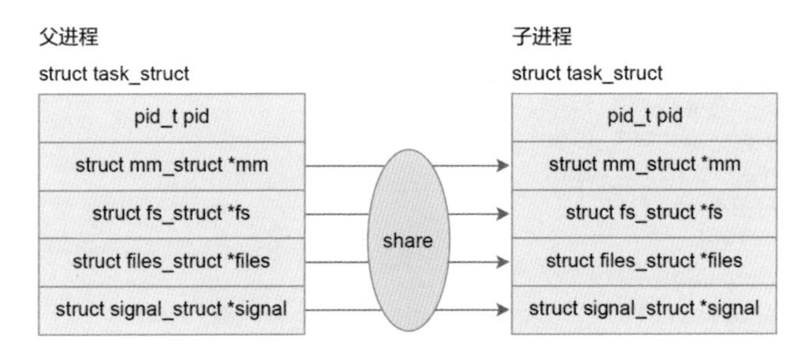

图2-3　pthread_create函数的结构

2.2.4 三者之间的关系

上面介绍了用户态创建进程和线程的方式，以及各种方式的特点。关于其底层的实现本质，后面会详细讲解。这里先提供三者之间的关系，由图2-4可见三者最终都会调用do_fork实现。

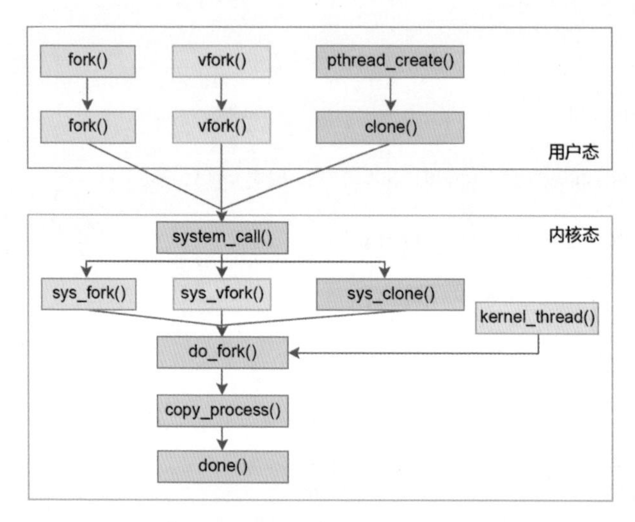

图2-4 三者之间的关系

但是内核态没有进程、线程的概念，内核中只认task_struct结构，只要是task_struct结构就可以参与调度。

2.3 do_fork函数的实现

现在我们知道，用户态通过fork、vfork、pthread_create创建进程/线程；内核通过kernel_thread创建线程，最终都会通过系统调用do_fork去实现。

```
1 long _do_fork(unsigned long clone_flags,
2       unsigned longstack_start,
3       unsigned longstack_size,
4       int __user *parent_tidptr,
5       int __user *child_tidptr,
6       unsigned longtls)
7 {
8   ......
9   p = copy_process(clone_flags, stack_start, stack_size,
10                      child_tidptr, NULL, trace, tls, NUMA_NO_NODE);
11  ......
12  pid = get_task_pid(p, PIDTYPE_PID);
```

```
13  ……
14  wake_up_new_task(p);
15 }
```

上述代码中的第9行是创建一个进程/线程的主要函数，主要功能是负责复制父进程/线程的相关资源。返回值是一个task_struct指针。第12行给上面创建的子进程/线程分配一个pid。第14行将子进程/线程加入到就绪队列中，至于何时被调度由调度器说了算。

2.3.1 copy_process函数

上面代码的第9行调用了函数copy_process，下面来看这个函数的实现：

```
1 static __latent_entropy struct task_struct *copy_process(
2                     unsigned longclone_flags,
3                     unsigned longstack_start,
4                     unsigned longstack_size,
5                     int __user *child_tidptr,
6                     struct pid *pid,
7                     int trace,
8                     unsigned longtls,
9                     int node)
10 {
11  ……
12  p = dup_task_struct(current, node);
13  ……
14  retval = sched_fork(clone_flags, p);
15  ……
16  retval = copy_files(clone_flags, p);
17  ……
18  retval = copy_fs(clone_flags, p);
19  ……
20  retval = copy_mm(clone_flags, p);
21  ……
22  retval = copy_thread_tls(clone_flags, stack_start, stack_size, p, tls);
23  ……
24  if (pid != &init_struct_pid) {
25    pid = alloc_pid(p->nsproxy->pid_ns_for_children);
26    if (IS_ERR(pid)) {
27      retval = PTR_ERR(pid);
28      goto bad_fork_cleanup_thread;
29    }
30  }
31  ……
32 }
```

上述代码中的第12行为子进程/线程创建一个新的task_struct结构，然后将父进程/线程的task_struct结构复制到新创建的子进程/线程。第14行初始化子进程/线程调度相关的信息。第16行复制进程/线程的文件信息。第18行复制进程/线程的文件系统资源。第20行复制进程/线程的内存信息。第22行复制进程/线程的CPU体系相关的信息。第25行为新进程/线程分配新的pid。

上面代码中的第12行调用函数dup_task_struct，表示为子进程/线程创建一个新的task_struct结构，然后将父进程/线程的task_struct结构复制到新创建的子进程/线程。下面来看它的具体实现：

```
1 static struct task_struct *dup_task_struct(struct task_struct *orig, int node)
2 {
3       struct task_struct *tsk;
4       unsigned long *stack;
5       struct vm_struct *stack_vm_area;
6       int err;
7       ……
8       tsk =alloc_task_struct_node(node);
9       if (!tsk)
10              return NULL;
11
12      stack =alloc_thread_stack_node(tsk, node);
13      if (!stack)
14              goto free_tsk;
15
16      stack_vm_area = task_stack_vm_area(tsk);
17
18      err =arch_dup_task_struct(tsk, orig);
19
20      tsk->stack = stack;
21      ……
22      setup_thread_stack(tsk, orig);
23      clear_user_return_notifier(tsk);
24      clear_tsk_need_resched(tsk);
25      ……
26 }
```

上述代码中的第8行使用slub分配器，为子进程/线程分配一个task_struct结构。第12行为子进程/线程分配内核栈。第18行将父进程task_struct的内容复制给子进程/线程的task_struct。第20行设置子进程/线程的内核栈。第22行建立thread_info和内核栈的关系。第24行清空子进程/线程需要调度的标志位。

上面讲了函数sched_fork的作用是初始化子进程/线程调度相关的信息，并把进程/线程状态设置为TASK_NEW。下面来看它的具体实现：

```
1 int sched_fork(unsigned long clone_flags, struct task_struct *p)
2 {
3       unsigned long flags;
4       intcpu = get_cpu();
5
6       __sched_fork(clone_flags, p);
```

```
7
8       p->state = TASK_NEW;
9
10      p->prio = current->normal_prio;
11      ......
12      if (dl_prio(p->prio)) {
13              put_cpu();
14              return -EAGAIN;
15      }else if (rt_prio(p->prio)) {
16              p->sched_class = &rt_sched_class;
17      }else {
18              p->sched_class = &fair_sched_class;
19      }
20      ......
21      init_task_preempt_count(p);
22      ......
23 }
```

上述代码中的第6行表示对task_struct中调度相关的信息进行初始化。第8行把进程/线程状态设置为TASK_NEW，表示这是一个新创建的进程/线程。第10行设置新创建进程/线程的优先级，优先级是跟随当前进程/线程的。第18行设置进程/线程的调度类为CFS。第21行初始化当前进程/线程的preempt_count字段。此字段包含抢占使能、中断使能等。

copy_mm函数的作用是复制进程/线程的内存信息，下面来看它的具体实现：

```
1 static int copy_mm(unsigned long clone_flags, struct task_struct *tsk)
2 {
3       struct mm_struct *mm, *oldmm;
4       intretval;
5       ......
6       if (!oldmm)
7               return 0;
8
9       /* initialize the newvmacache entries */
10      vmacache_flush(tsk);
11
12      if (clone_flags & CLONE_VM) {
13              mmget(oldmm);
14              mm =oldmm;
15              goto good_mm;
16      }
17
18      retval = -ENOMEM;
19      mm =dup_mm(tsk);
20   ......
21 }
```

上述代码中的第6行说明如果当前mm_struct结构为NULL，代表是一个内核线程。第12行说明如果设置了CLONE_VM，则新创建进程/线程的mm和当前进程mm共享。第19行重新分配一个mm_struct结构，复制当前进程/线程的mm_struct的内容，下面来看该函数的具体实现：

```
0 static struct mm_struct *dup_mm(struct task_struct *tsk)
1 {
2       struct mm_struct *mm, *oldmm = current->mm;
3       int err;
4
5       mm =allocate_mm();
6       if (!mm)
7               goto fail_nomem;
8
9       memcpy(mm, oldmm,sizeof(*mm));
10
11      if (!mm_init(mm, tsk, mm->user_ns))
12              goto fail_nomem;
13
14      err =dup_mmap(mm, oldmm);
15      if (err)
16              goto free_pt;
17  ……
18 }
```

代码中的第5行表示重新分配一个mm_struct结构。第9行进行一次复制。第11行对刚分配的mm_struct结构做初始化的操作，其中会为当前进程/线程分配一个PGD，基于全局目录项。第14行将父进程/线程的VMA对应的PTE页表项复制到子进程/线程的页表项中。

在讲解这个函数之前，先看几个重要的结构体：

```
struct task_struct {
    struct thread_info thread_info;
    ……
   /* CPU-specific state of this task: */
    struct thread_struct         thread;
}

struct cpu_context {
    unsigned long x19;
    unsigned long x20;
    unsigned long x21;
    unsigned long x22;
    unsigned long x23;
    unsigned long x24;
    unsigned long x25;
    unsigned long x26;
    unsigned long x27;
    unsigned long x28;
    unsigned long fp;
    unsigned long sp;
```

```
    unsigned long pc;
};

struct thread_struct {
    struct cpu_context    cpu_context;    /* cpu context */

    unsigned int        fpsimd_cpu;
    void              *sve_state;    /* SVE registers, if any */
    unsigned int        sve_vl;        /* SVE vector length */
    unsigned int        sve_vl_onexec;    /* SVE vl after next exec */
    unsigned long        fault_address;    /* fault info */
    unsigned long        fault_code;    /* ESR_EL1 value */
    struct debug_info    debug;        /* debugging */
};

struct pt_regs {
    union {
        struct user_pt_regs user_regs;
        struct {
            u64 regs[31];
            u64 sp;
            u64 pc;
            u64 pstate;
        }
;
    };
    u64 orig_x0;
#ifdef __AARCH64EB__
    u32 unused2;
    s32 syscallno;
#else
    s32 syscallno;
    u32 unused2;
#endif

    u64 orig_addr_limit;
    u64 unused;    // maintain 16 byte alignment
    u64 stackframe[2];
};
```

- cpu_context：在进程/线程切换时用来保存上一个进程/线程的寄存器的值。
- thread_struct：在内核态两个进程/线程发生切换时，用来保存上一个进程/线程的相关寄存器。
- pt_regs：当用户态的进程发生异常（系统调用、中断等）进入内核态时，用来保存用户态进程的寄存器状态。

下面来看函数copy_thread，表示复制进程/线程的CPU体系相关的信息：

```
1 int copy_thread(unsigned long clone_flags, unsigned long stack_start,
2             unsigned longstk_sz, struct task_struct *p)
3 {
4     structpt_regs *childregs = task_pt_regs(p);
5
6     memset(&p->thread.cpu_context, 0, sizeof(struct cpu_context));
7     ……
8     if (likely(!(p->flags & PF_KTHREAD))) {
9             *childregs = *current_pt_regs();
10            childregs->regs[0] = 0;
11            ……
12    } else {
13            memset(childregs, 0, sizeof(struct pt_regs));
14            childregs->pstate = PSR_MODE_EL1h;
15            if (IS_ENABLED(CONFIG_ARM64_UAO) &&
16            cpus_have_const_cap(ARM64_HAS_UAO))
17                    childregs->pstate |= PSR_UAO_BIT;
18            p->thread.cpu_context.x19 =stack_start;
19            p->thread.cpu_context.x20 =stk_sz;
20    }
21    p->thread.cpu_context.pc = (unsigned long)ret_from_fork;
22    p->thread.cpu_context.sp = (unsigned long)childregs;
23
24    ptrace_hw_copy_thread(p);
25
26    return 0;
27 }
```

上述代码中的第4行表示获取新创建进程/线程的pt_regs结构。第6行将新创建进程/线程的thread_struct结构清空。第8行表示用户进程/线程的情况。第9行获取当前进程/线程的pt_regs。第10行表示一般用户态通过系统调度陷入内核态后处理完毕会通过x0寄存器设置返回值，这里先将返回值设置为0。第14行设置当前进程/线程是在EL1模式下，ARM64架构中使用pstate 来描述当前处理器模式。第18行创建内核线程的时候会将内核线程的回调函数传递到stack_start的参数，将其设置到x19寄存器。第19行创建内核线程的时候也会将回调函数的参数传递到x20寄存器。第21行设置新创建进程/线程的PC指针为ret_from_fork，当新创建的进程/线程运行时会从ret_from_fork 运行，ret_from_fork是用汇编语言编写的。第22行设置新创建进程/线程的SP_EL1的值为childregs，SP_EL1 则是指向内核栈的栈底处。

我们用图2-5进行简单总结。

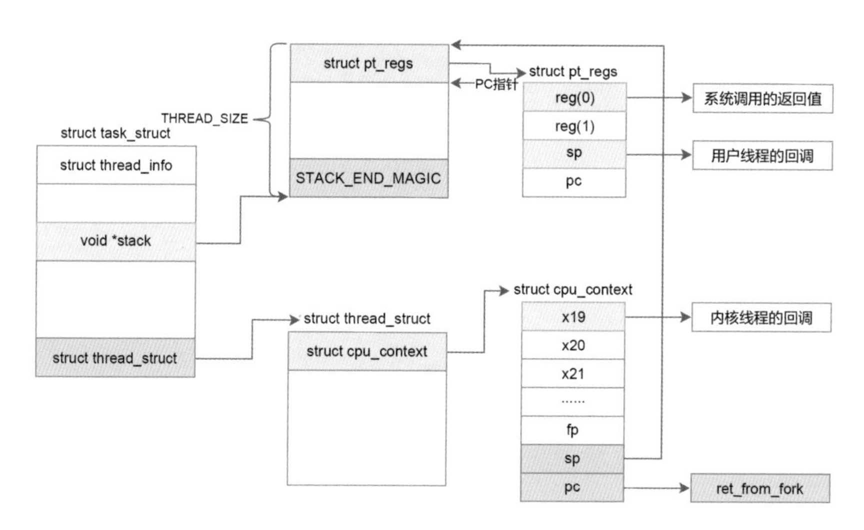

图2-5 task_struct结构体的详细解释

2.3.2 wake_up_new_task函数

当copy_process返回新创建进程/线程的task_struct结构后，通过wake_up_new_task来唤醒进程/线程，函数中会设置进程的状态为TASK_RUNNING，选择需要在哪个CPU上运行，然后将此进程/线程加入到该CPU对应的就绪队列中，等待CPU的调度。当调度器选择此进程/线程运行时，就会运行之前在copy_thread中设置的ret_from_fork函数。

```
1 # arch/arm64/include/asm/assembler.h
2
3    .macro    get_thread_info, rd
4    mrs    \rd, sp_el0
5    .endm
6 # arch/arm64/kernel/entry.S
7
8 tsk     .req    x28              // current thread_info
9
10 ENTRY(ret_from_fork)
11    bschedule_tail------(1)
12    cbz    x19, 1f              ------(2)    // not a kernel thread
13    mov    x0, x20
14    blr    x19                ------(3)
15 1:    get_thread_info tsk------(4)
16    b    ret_to_user------(5)
17 ENDPROC(ret_from_fork)
18 NOKPROBE(ret_from_fork)
```

上述代码中的第11行表示为上一个切换出去的进程/线程做一个扫尾的工作。第12行判断 x19的值是否为0。第14行表示如果x19的值不为0，则会通过blr x19去处理内核线程的回调函数（其中x20要赋值给x0，x0一般当作参数传递）；如果x19的值是为0，则会跳到标号1处。第15行get_thread_info 会去读SP_EL0的值，SP_EL0的值存储的是当前进程/线程的thread_info的值（tsk代表的是x28，则使用x28存储当前进程/线程thread_info的值）。第16行跳转到ret_to_user处返回用户空间。

```
1 work_pending:
2    mov    x0, sp                  // 'regs'
3    bl     do_notify_resume
4  #ifdef CONFIG_TRACE_IRQFLAGS
5    bl     trace_hardirqs_on        // enabled while in userspace
6  #endif
7    ldr    x1, [tsk, #TSK_TI_FLAGS]    // re-check for single-step
8    b    finish_ret_to_user
9
10  ret_to_user:
11    disable_daif
12    ldr    x1, [tsk, #TSK_TI_FLAGS]
13    and    x2, x1, #_TIF_WORK_MASK
14    cbnz    x2, work_pending
15 finish_ret_to_user:
16    enable_step_tsk x1, x2
17 #ifdef CONFIG_GCC_PLUGIN_STACKLEAK
18    bl     stackleak_erase
19 #endif
20    kernel_exit 0
21 ENDPROC(ret_to_user)
```

第12行表示将 thread_info.flags的值赋值给x1。第13行表示将x1的值和TIF_WORK_MASK的值与（TIF_WORK_MASK是一个宏，里面包含了很多字段，比如是否需要调度字段_TIF_NEED_RESCHED等）。第14行说明当x2的值不等于0时，跳转到work_pending。第20行返回到用户空间。

至此我们关于do_fork的实现分析完毕，用图2-6总结所涉及的内容。

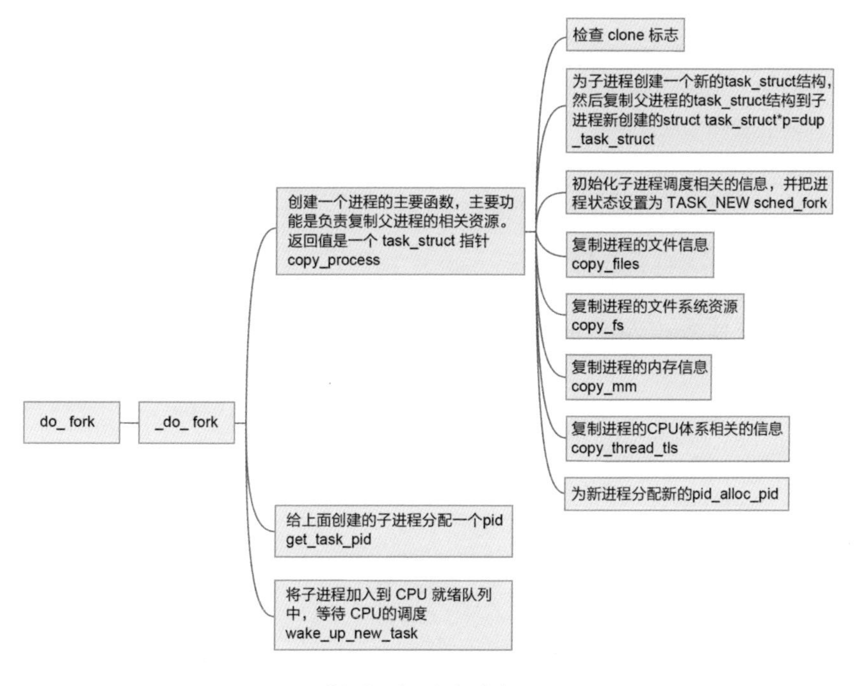

图2-6　do_fork的流程

2.4　进程的调度

前面我们重点分析了如何通过fork、vfork和pthread_create创建一个进程或者线程（注意内核中线程和进程是一个概念），以及它们共同调用do_fork的实现。现在已经知道一个进程是如何创建的，但是进程何时被执行，需要调度器来选择。所以这一节将介绍进程调度和进程切换。

2.4.1　进程的分类

从CPU的角度看进程行为的话，可以将进程分为两类：

- CPU消耗型：此类进程一直占用CPU进行计算，CPU利用率很高。
- I/O消耗型：此类进程会涉及I/O，需要和用户交互，比如键盘输入，占用CPU不是很高，只需要CPU的一部分计算，大多数时间是在等待I/O。

CPU消耗型进程需要高的吞吐率，I/O消耗型进程需要强的响应性，这两点都是调度器需要考虑的。为了更快响应I/O消耗型进程，内核提供了一个抢占（preempt）机制，使优先级更高的进程，抢占优先级低的进程。内核用以下宏来选择内核是否打开抢占机制：

- CONFIG_PREEMPT_NONE：不打开抢占，主要是面向服务器。此配置下，CPU在计算时，当输入键盘之后，因为没有抢占，可能需要一段时间等待键盘输入的进程才会被CPU调度。
- CONFIG_PREEMPT：打开抢占，一般多用于手机设备。此配置下，虽然会影响吞吐率，但可以及时响应用户的输入操作。

2.4.2 调度相关的数据结构

先来看几个调度相关的数据结构：

task_struct:

先把 task_struct中和调度相关的结构拎出来：

```
struct task_struct {
	......
	conststruct sched_class*sched_class;
	struct sched_entity		se;
	struct sched_rt_entity		rt;
	......
	struct sched_dl_entity		dl;
	......
	unsigned int			policy;
	......
}
```

- struct sched_class：对调度器进行抽象，一共分为5类。
  - Stop调度器：优先级最高的调度类，可以抢占其他所有进程，不能被其他进程抢占。
  - Deadline调度器：使用红黑树，把进程按照绝对截止期限进行排序，选择最小进程进行调度运行。
  - RT调度器：为每个优先级维护一个队列，priority的优先级为0~99，是对实时进程的一种描述。
  - CFS调度器：采用完全公平调度算法，引入虚拟运行时间概念。
  - IDLE-Task调度器：每个CPU都会有一个idle线程，当没有其他进程可以调度时，调度运行idle线程。
- unsigned int policy：进程的调度策略有6种，用户可以调用调度器里的不同调度策略。
  - SCHED_DEADLINE：使task选择Deadline调度器来调度运行。
  - SCHED_RR：时间片轮转，进程用完时间片后加入优先级对应运行队列的尾部，把CPU让给同优先级的其他进程。

- SCHED_FIFO：先进先出调度没有时间片，在没有更高优先级的情况下，只能等待主动让出CPU。
- SCHED_NORMAL：使task选择CFS调度器来调度运行。
- SCHED_BATCH：批量处理，使task选择CFS调度器来调度运行。
- SCHED_IDLE：使task以最低优先级选择CFS调度器来调度运行。

把上面的调度器和调度策略总结如图2-7所示。

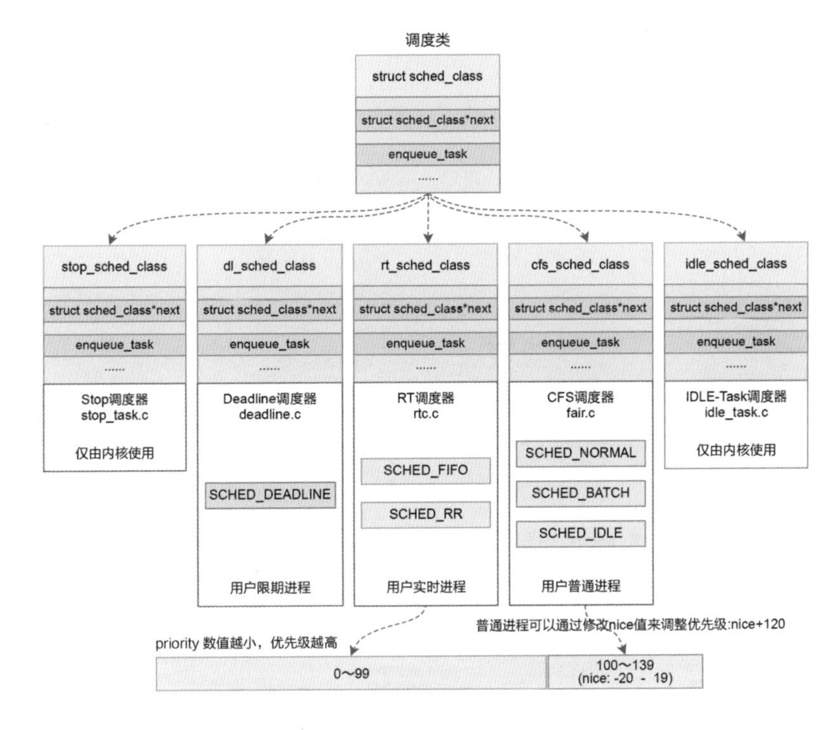

图2-7 调度器的分类结构

- struct sched_entity se：采用CFS算法调度的普通非实时进程的调度实体。
- struct sched_rt_entity rt：采用Round-Robin或者FIFO算法调度的实时调度实体。
- struct sched_dl_entity dl：采用EDF算法调度的实时调度实体。

分配给CPU的task，作为调度实体加入到runqueue运行队列中。

runqueue运行队列：

runqueue 运行队列是本CPU上所有可运行进程的队列集合。每个CPU都有一个运行队列，每个运行队列中有三个调度队列，task作为调度实体加入到各自的调度队列中。

```
struct rq {
    ......
```

```
    struct cfs_rq cfs;
    struct rt_rq rt;
    struct dl_rq dl;
    ......
}
```

三个调度队列分别如下：

- struct cfs_rq cfs：CFS调度队列。
- struct rt_rq rt：RT调度队列。
- struct dl_rq dl：DL调度队列。

调度队列中的数据结构的关系如图2-8所示。

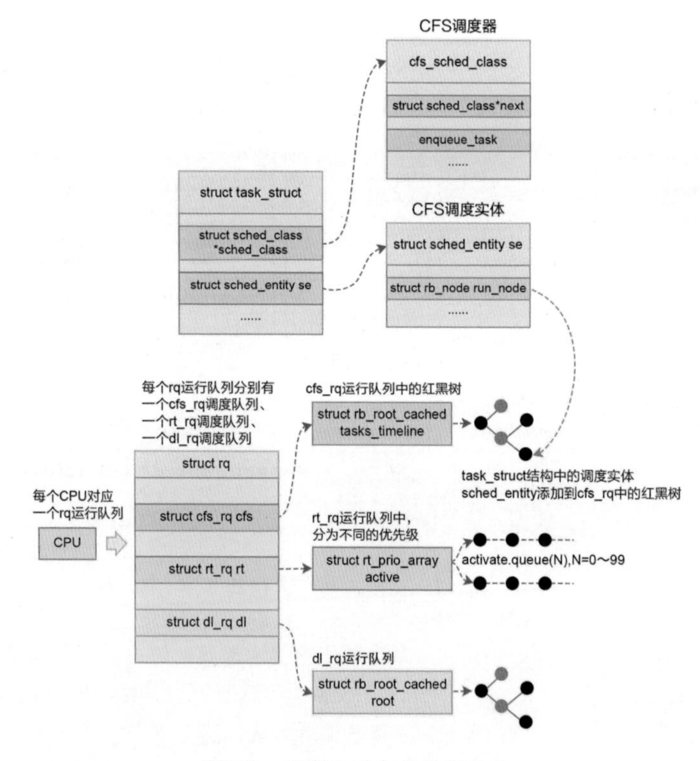

图2-8 调度队列中的数据结构

- cfs_rq：跟踪就绪队列信息以及管理就绪态调度实体，并维护一棵按照虚拟运行时间排序的红黑树。tasks_timeline->rb_root是红黑树的根，tasks_timeline->rb_leftmost指向红黑树中最左边的调度实体，即虚拟运行时间最小的调度实体。

```
struct cfs_rq {
  ......
```

```
    struct rb_root_cached tasks_timeline
    ……
};
```

- sched_entity：可被内核调度的实体。每个就绪态的调度实体sched_entity包含插入红黑树中使用的节点rb_node，同时vruntime成员记录已经运行的虚拟运行时间。

```
struct sched_entity {
    ……
    struct rb_node      run_node;
    ……
    u64             vruntime;
    ……
};
```

这些数据结构的关系如图2-9所示。

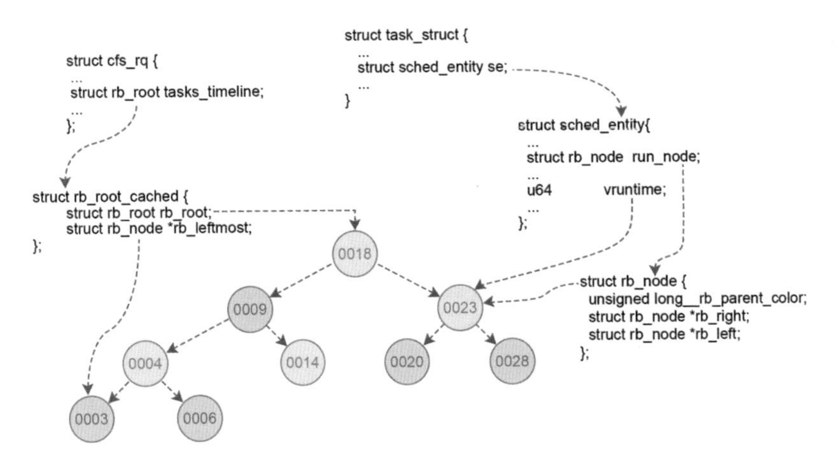

图2-9　CFS调度器的数据结构关系

2.4.3　调度时刻

调度的本质就是选择下一个进程，然后切换。在执行调度之前需要设置调度标记 TIF_NEED_RESCHED，然后在调度的时候会判断当前进程有没有被设置 TIF_NEED_RESCHED，如果有，则调用函数schedule进行调度。

设置调度标记

为CPU上正在运行的进程thread_info结构体里的flags成员设置 TIF_NEED_RESCHED。那么，什么时候设置TIF_NEED_RESCHED呢？以下 5 种情况会设置。

1. scheduler_tick，时钟中断

scheduler_tick函数的实现如图2-10所示。

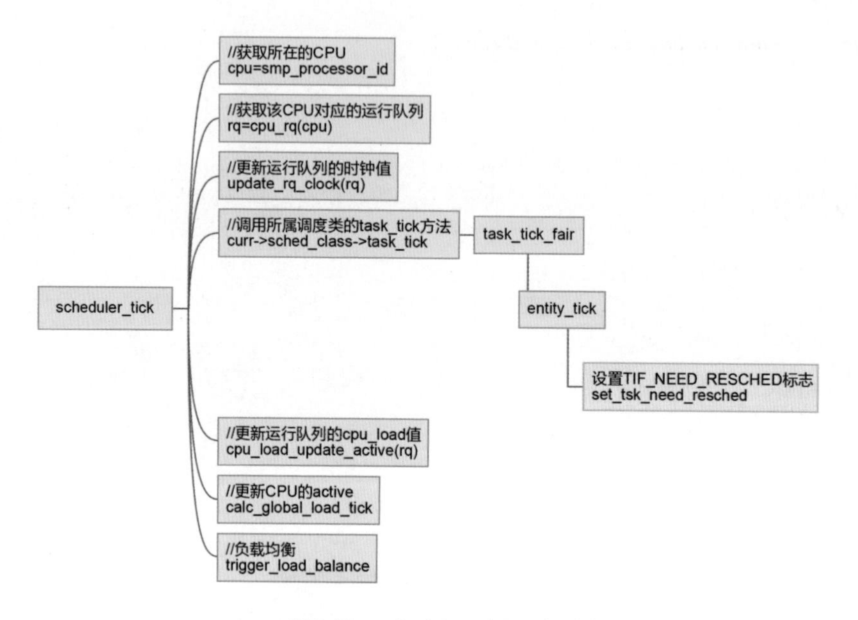

图2-10 scheduler_tick函数的实现

2. wake_up_process，唤醒进程的时候

wake_up_process函数的实现如图2-11所示。

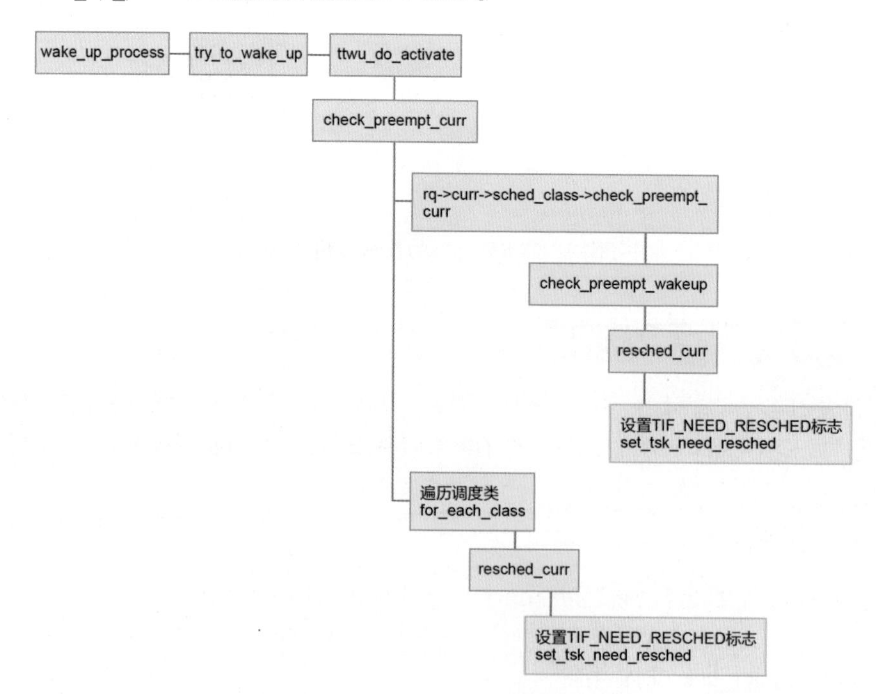

图2-11 wake_up_process函数的实现

3. do_fork，创建新进程的时候

do_fork函数的实现如图2-12所示。

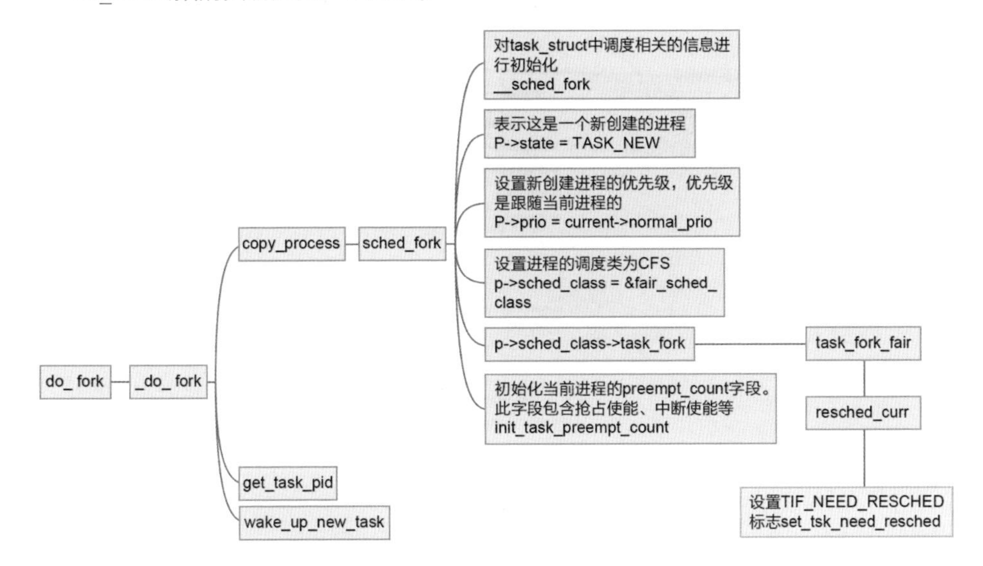

图2-12　do_fork函数的实现

4. set_user_nice，修改进程nice值的时候

set_user_nice函数的实现如图2-13所示。

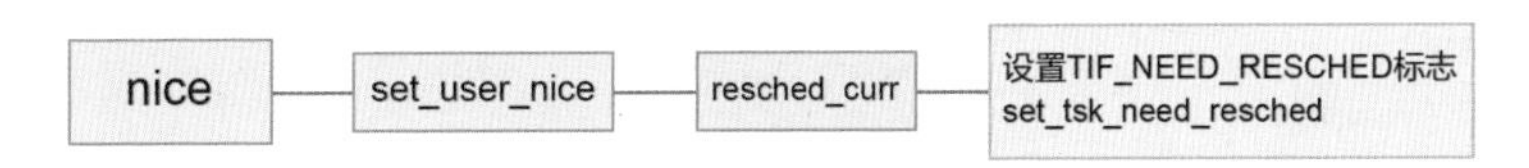

图2-13　设置优先级的实现

5. smp_send_reschedule，负载均衡的时候

执行调度

内核判断当前进程标记是否为TIF_NEED_RESCHED，是的话调用schedule函数，执行调度，切换上下文，这也是抢占（preempt）机制的本质。那么在哪些情况下会执行调度（schedule）呢?

（1）用户态抢占

ret_to_user是异常触发、系统调用、中断处理完成后都会调用的函数，如图2-14所示。

（2）内核态抢占

内核态抢占有中断处理、使能抢占、主动调用等几种情况，如图2-15所示，这几种情况最终都会调用函数__schedule。

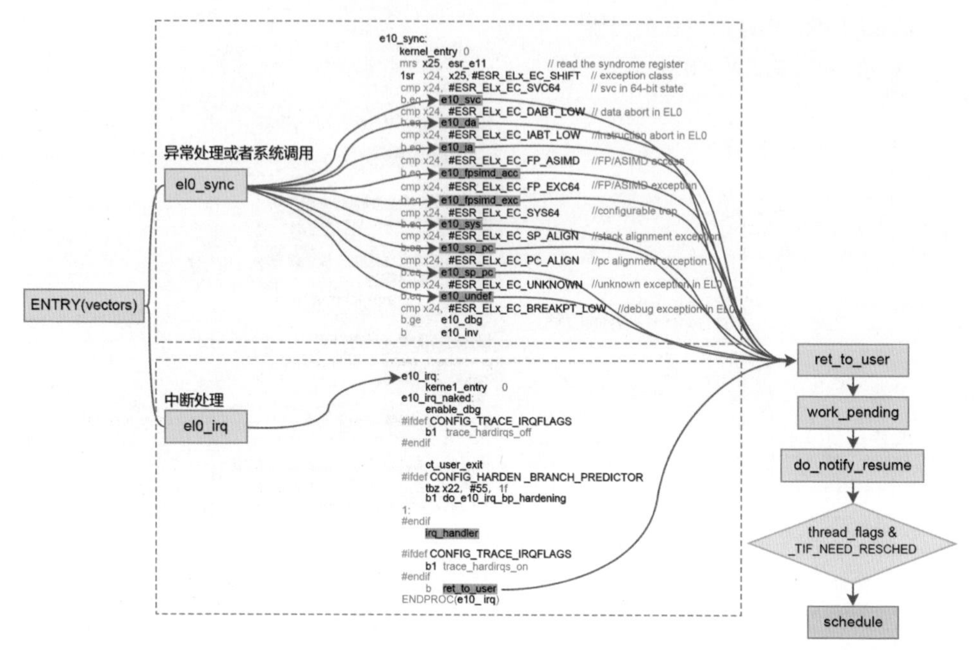

图2.14 用户态抢占

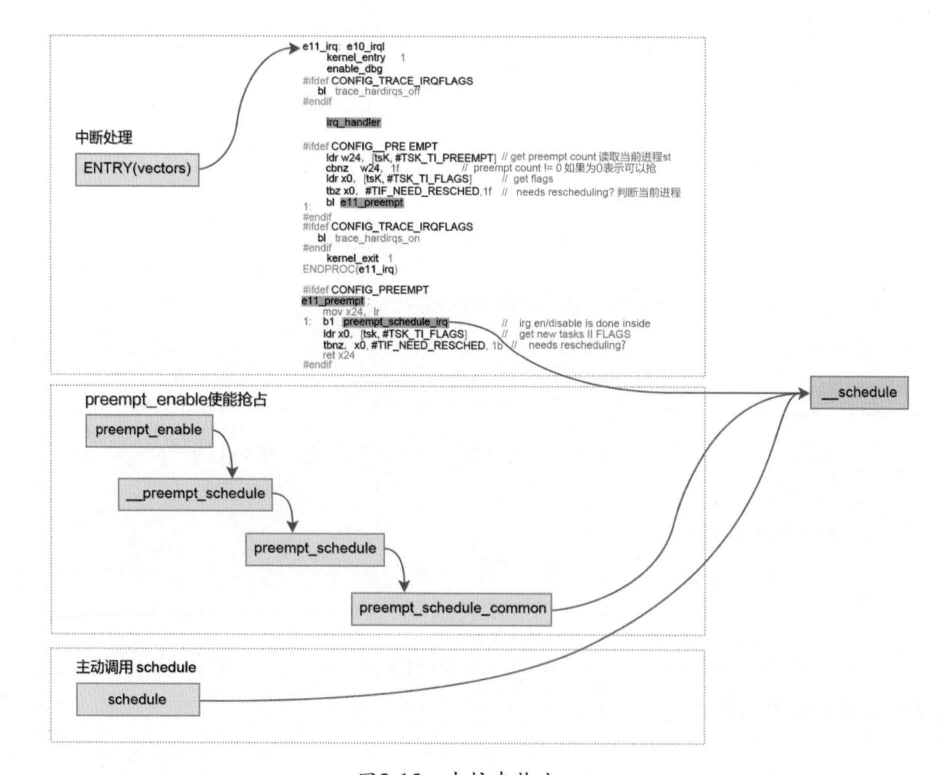

图2-15 内核态抢占

可以看出，无论是用户态抢占，还是内核态抢占，最终都会调用schedule函数来执行真正的调度，如图2-16所示。

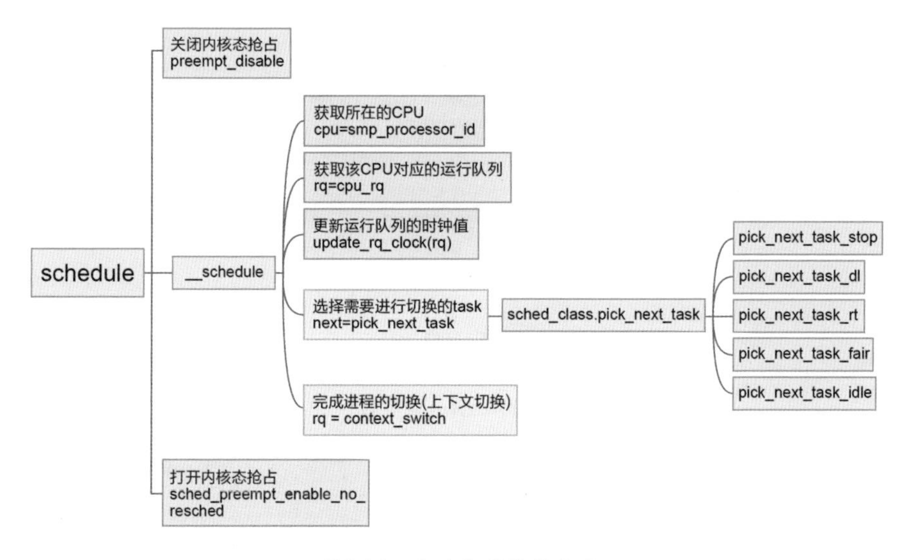

图2-16　shedule函数的实现

调度的本质就是选择下一个进程，然后切换进程。用函数pick_next_task 选择下一个进程，其本质就是调度算法的实现；用函数context_switch 完成进程的切换，即进程上下文的切换。下面分别来看这两个核心功能。

2.4.4　调度算法

表2-1列出了调度器的历史版本。

表2-1　调度器版本

字段	版本
O(*n*)调度器	Linux 0.11～2.4
O(1)调度器	Linux 2.6
CFS调度器	Linux 2.6至今

O(*n*)调度器是在内核2.4以及更早版本中采用的算法，*O*(*n*)代表的是寻找一个合适的任务的时间复杂度。调度器定义了一个runqueue的运行队列，进程的状态变为Running的都会添加到此运行队列中。但是不管是实时进程，还是普通进程，都会添加到这个运行队列中。当需要从运行队列中选择一个合适的任务时，就需要从队列头部遍历到尾部，这个时间复杂度是*O*(*n*)。运行队列中的任务数目越大，调度器的效率就越低，*O*(*n*)调度器的运行队列如图2-17所示。

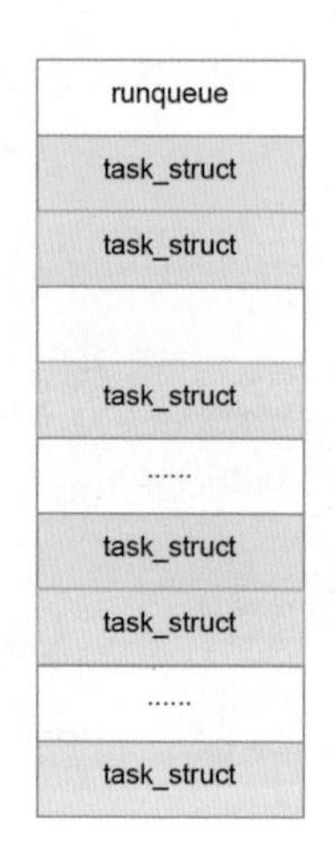

图2-17 $O(n)$调度器

所以$O(n)$调度器有如下缺陷：

- 时间复杂度是$O(n)$，运行队列中的任务数目越大，调度器的效率就越低。
- 实时进程不能及时调度，因为实时进程和普通进程在一个列表中，每次查实时进程时，都需要扫描整个列表，所以实时进程不是很“实时”。
- SMP系统不好，因为只有一个runqueue，选择下一个任务时，需要对这个runqueue队列进行加锁操作，当任务较多的时候，在临界区的时间会比较长，导致其余的CPU自旋，产生浪费。
- CPU空转的现象存在，因为系统中只有一个runqueue，当运行队列中的任务少于CPU的个数时，其余CPU则是idle状态。

内核2.6采用了$O(1)$调度器，让每个CPU维护一个自己的runqueue，从而减少了锁的竞争。每一个runqueue运行队列维护两个链表，一个是active链表，表示运行的进程都挂载active链表中；一个是expired链表，表示所有时间片用完的进程都挂载到expired链表中。当acitve中无进程可运行时，说明系统中所有进程的时间片都已耗光，这时候则只需调整active和expired的指针即可。每个优先级数组包含140个优先级队列，也就是每个优先级对应一个队列，其中前100个对应实时进程，后40个对应普通进程，$O(1)$调度器的运行队列如图2-18所示。

总体来说$O(1)$调度器的出现是为了解决$O(n)$调度器所不能解决的问题，但$O(1)$调度器有个问题：一个高优先级多线程的应用会比低优先级单线程的应用获得更多的资源，这就会导致一个调度周期内，低优先级的应用可能一直无法响应，直到高优先级应用结束。CFS调度器则是站在一视同仁的角度解决了这个问题，保证在一个调度周期内每个任务都有执行的机会，执行时间的长短，取决于任务的权重。下面详细讲解CFS调度器是如何动态调整任务的运行时间，达到公平调度的。

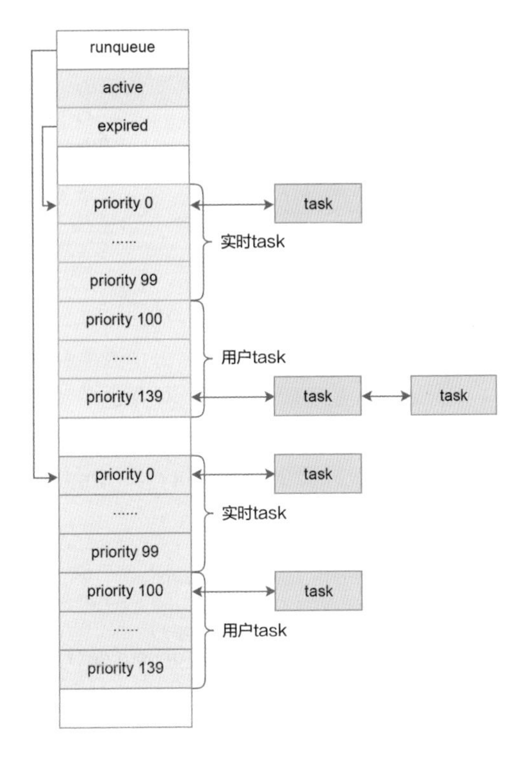

图2-18 $O(1)$调度器

2.4.5 CFS调度器

CFS是Completely Fair Scheduler的简称，即完全公平调度器。CFS调度器和以往的调度器的不同之处在于没有固定时间片的概念，而是公平分配CPU的使用时间。比如，两个优先级相同的任务在一个CPU上运行，那么每个任务都将会分配一半的CPU运行时间，这就是要实现的公平。

但现实中，必然是有的任务优先级高，有的任务优先级低。CFS调度器引入权重weight的概念，用weight代表任务的优先级，各个任务按照weight的比例分配CPU的时间。比如，有两个任务，A和B，A的权重是1024，B的权重是2048，则A占1024/(1024+2048) = 33.3%的CPU时间，B占 2048/(1024+2048)=66.7%的CPU时间。

在引入权重之后，分配给进程的时间计算公式为：**实际运行时间 =调度周期×进程权重/所有进程权重之和。**

CFS调度器用nice值表示优先级，取值范围是[-20, 19]，nice值和权重是一一对应的关系。数值越小代表优先级越大，同时也意味着权重越大，nice值和权重之间的转换关系：

```
const int sched_prio_to_weight[40] = {
 /* -20 */     88761,     71755,     56483,     46273,     36291,
 /* -15 */     29154,     23254,     18705,     14949,     11916,
```

```
 /* -10 */      9548,       7620,       6100,       4904,       3906,
 /*  -5 */      3121,       2501,       1991,       1586,       1277,
 /*   0 */      1024,        820,        655,        526,        423,
 /*   5 */       335,        272,        215,        172,        137,
 /*  10 */       110,         87,         70,         56,         45,
 /*  15 */        36,         29,         23,         18,         15,
};
```

权重值计算公式是：weight = 1024 / 1.25nice。

调度周期

如果一个CPU上有N个优先级相同的进程，那么每个进程会得到1/N的执行机会，每个进程执行一段时间后，就被调出，换下一个进程。如果这个N的数量太大，导致每个进程执行的时间很短就要调度出去，那么系统的资源就消耗在进程上下文切换上了。对于此问题在CFS中引入了调度周期，使进程至少保证执行0.75ms。调度周期的计算通过如下代码实现：

```
static u64 __sched_period(unsigned long nr_running)
{
    if (unlikely(nr_running > sched_nr_latency))
        return nr_running * sysctl_sched_min_granularity;
    else
        return sysctl_sched_latency;
}

static unsigned int sched_nr_latency = 8;
unsigned int sysctl_sched_latency              = 6000000ULL;
unsigned int sysctl_sched_min_granularity              = 750000ULL;
```

当进程数目小于8时，调度周期等于6ms。当进程数目大于8时，调度周期等于进程的数目乘以0.75ms。

虚拟运行时间

根据进程实际运行时间的公式可以看出，权重不同的两个进程的实际执行时间是不相等的，但是CFS想保证每个进程运行时间相等，因此CFS引入了虚拟运行时间的概念。虚拟运行时间（virture_runtime）和实际时间（wall_time）的转换公式如下：

```
virture_runtime = (wall_time * NICE0_TO_weight) / weight
```

其中，NICE0_TO_weight代表的是nice值等于0对应的权重，即1024，weight是该任务对应的权重。

权重越大的进程获得的虚拟运行时间越少，那么它将被调度器调度的机会就越大，所以，**CFS每次调度的原则是：总是选择virture_runtime最小的任务来调度。**

为了能够快速找到虚拟运行时间最小的进程，Linux内核使用红黑树来保存可运行的进程。CFS跟踪调度实体sched_entity的虚拟运行时间vruntime，将sched_entity通过enqueue_entity()和dequeue_entity()来进行红黑树的出队入队，vruntime少的调度实体

sched_entity排到红黑树的左边，如图2-19所示。

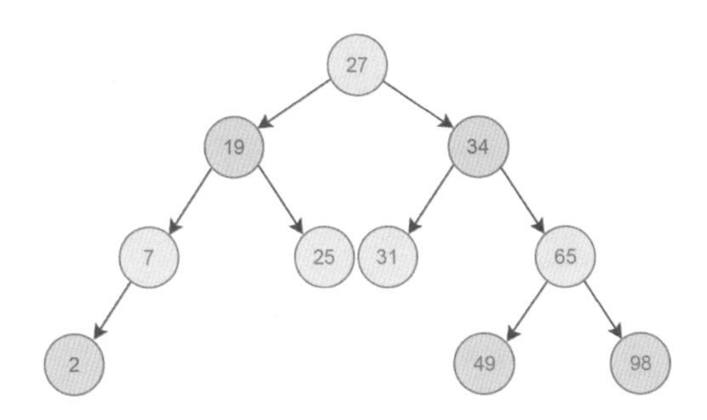

图2-19　CFS红黑树

如图2-19所示，红黑树的左节点比父节点小，而右节点比父节点大。所以查找最小节点时，只需获取红黑树的最左节点。

相关步骤如下：

1. 每个sched_latency周期内，根据各个任务的权重值，可以计算出运行时间runtime。
2. 运行时间runtime可以转换成虚拟运行时间vruntime。
3. 根据虚拟运行时间的大小，插入到CFS红黑树中，虚拟运行时间少的调度实体放到左边，如图2-20所示。

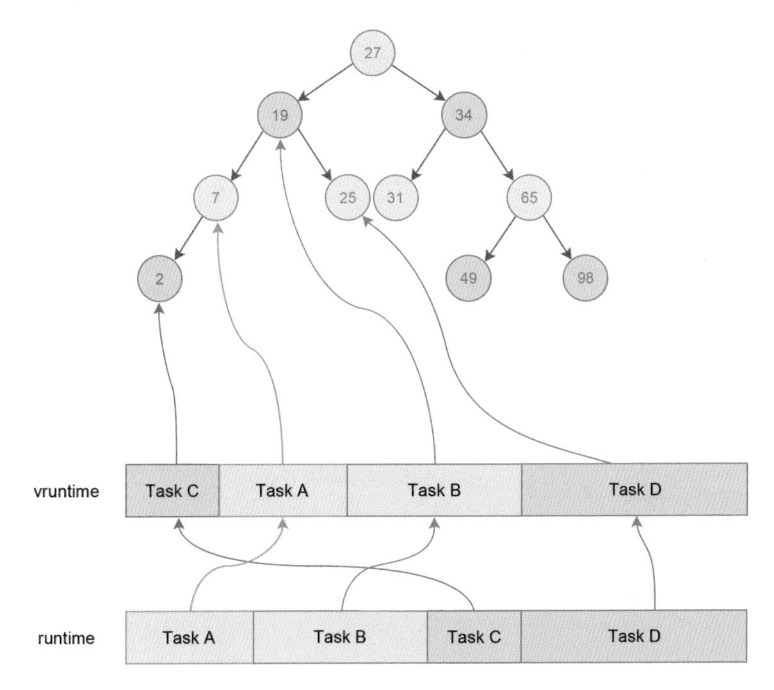

图2-20　寻找最小虚拟运行时间的过程

4. 在**下一次进行任务调度**的时候，选择虚拟运行时间少的调度实体来运行。pick_next_task函数就是从就绪队列中选择最适合运行的调度实体，即虚拟运行时间最小的调度实体，下面我们看看CFS调度器如何通过pick_next_task的回调函数pick_next_task_fair来选择下一个进程。

2.4.6 选择下一个进程

进程在调度的时候，如何选择下一个进程呢？让我们先一起看看，选择下一个进程的总体流程，如图2-21所示。

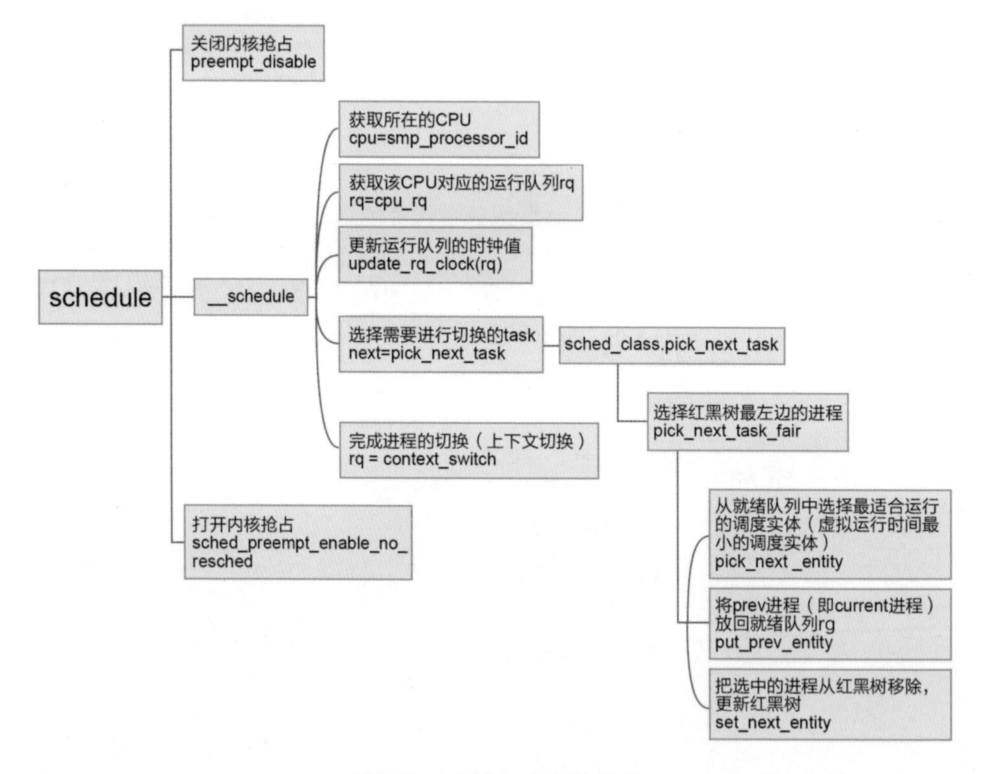

图2-21 schedule函数的实现

在图2-21的函数pick_next_task_fair中，会判断上一个task的调度器是否是CFS，这里我们默认都是CFS调度，如图2-22所示。

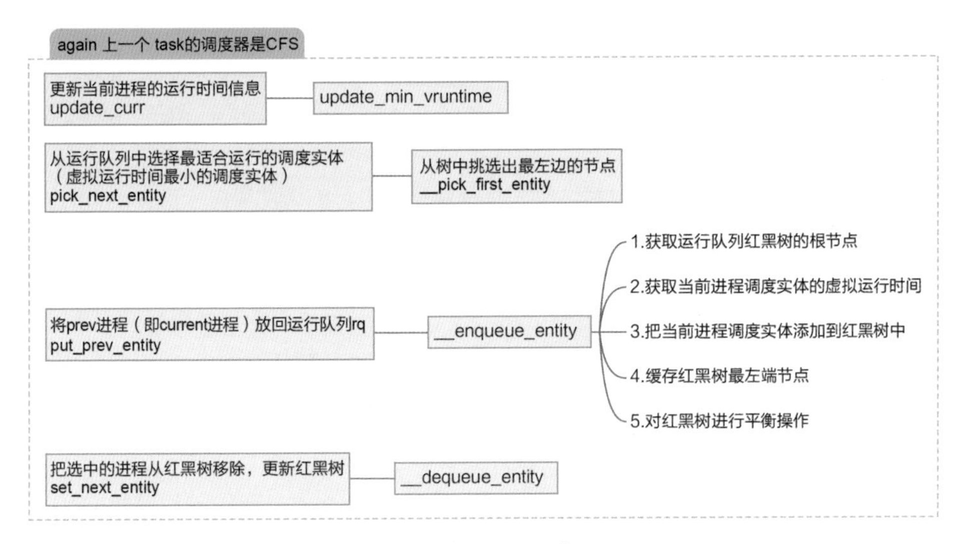

图2-22　上一个task的调度器是CFS

图2-22中的update_curr函数用来更新当前进程的运行时间信息，代码如下所示：

```
1 static void update_curr(struct cfs_rq *cfs_rq)
2 {
3       struct sched_entity *curr = cfs_rq->curr;
4       u64 now =rq_clock_task(rq_of(cfs_rq));
5       u64 delta_exec;
6
7       if (unlikely(!curr))
8               return;
9
10      delta_exec = now - curr->exec_start;
11      if (unlikely((s64)delta_exec <= 0))
12              return;
13
14      curr->exec_start = now;
15
16      schedstat_set(curr->statistics.exec_max,
17                    max(delta_exec, curr->statistics.exec_max));
18
19      curr->sum_exec_runtime += delta_exec;
20      schedstat_add(cfs_rq->exec_clock, delta_exec);
21
22      curr->vruntime += calc_delta_fair(delta_exec, curr);
23      update_min_vruntime(cfs_rq);
24
25
26      account_cfs_rq_runtime(cfs_rq, delta_exec);
27 }
```

上述代码中的第10行计算出当前CFS运行队列的进程，距离上次更新虚拟运行时间的差值。第14行更新exec_start的值。第19行更新当前进程总共执行的时间。第22行通过calc_delta_fair计算当前进程虚拟运行时间。第23行通过update_min_vruntime函数来更新CFS运行队列中最小的vruntime的值。

pick_next_entity函数会从就绪队列中选择最适合运行的调度实体（虚拟运行时间最小的调度实体），即从CFS红黑树最左边节点获取一个调度实体。

```
1 pick_next_entity -> pick_eevdf -> __pick_eevdf
2
3 struct sched_entity *__pick_eevdf(struct cfs_rq *cfs_rq)
4 {
5     // 初始化：从红黑树根节点开始，当前任务为候选
6     struct rb_node *node = cfs_rq->tasks_timeline.rb_root.rb_node;
7     struct sched_entity *best = NULL;
8
9     // 阶段1：检查当前任务是否可继续运行
10    if (sched_feat(RUN_TO_PARITY) && curr && curr->vlag == curr->deadline)
11        return curr; // 允许任务用完完整时间片
12
13    // 阶段2：两阶段红黑树搜索
14    while (node) {
15        // 2.1 跳过不eligible的节点（左子树可能有更优候选）
16        if (!entity_eligible(cfs_rq, se)) {
17            node = node->rb_left;
18            continue;
19        }
20
21        // 2.2 更新最优候选（deadline最小）
22        if (!best || deadline_gt(deadline, best, se))
23            best = se;
24
25        // 2.3 处理左子树的优化路径
26        if (node->rb_left) {
27            if (left->min_deadline == se->min_deadline)
28                break; // 左子树有更优候选，跳转到精确匹配阶段
29        }
30
31        // 2.4 根据min_deadline决定搜索方向
32        if (se->deadline == se->min_deadline) break; // 当前节点最优
33        else node = node->rb_right; // 继续搜索右子树
34    }
35
36    // 阶段3：精确匹配min_deadline
37    if (best_left) {
38        while (node) {
39            if (se->deadline == se->min_deadline)
40                return se; // 找到目标
41    }
```

```
42    return best;
43 }
```

上述代码的第4行从树中挑选出最左边的节点。第16行选择最左的那个调度实体left。第18行摘取红黑树上第二左的进程节点。

put_prev_entity会调用__enqueue_entity将prev进程（即current进程）加入CFS运行队列rq上的红黑树，然后将cfs_rq->curr设置为空。

```
1 static void __enqueue_entity(struct cfs_rq *cfs_rq, struct sched_entity *se)
2 {
3     struct rb_node **link = &cfs_rq->tasks_timeline.rb_root.rb_node; //红黑树
根节点
4     struct rb_node *parent = NULL;
5     structs ched_entity *entry;
6     bool leftmost = true;
7
8     while (*link) {
9         parent = *link;
10         entry =rb_entry(parent, struct sched_entity, run_node);
11         /*
12         * Wedont care about collisions. Nodes with
13         * the same key stay together.
14         */
15         if (entity_before(se, entry)) {
16             link = &parent->rb_left;
17         } else {
18             link = &parent->rb_right;
19             leftmost = false;
20         }
21     }
22
23     rb_link_node(&se->run_node, parent, link);
24     rb_insert_color_cached(&se->run_node,
25             &cfs_rq->tasks_timeline, leftmost);
26 }
```

第8行表示从红黑树中找到se应该在的位置。第15行以se->vruntime值为键值进行红黑树节点的比较。第23行将新进程的节点加入到红黑树中。第24行为新插入的节点进行着色。

set_next_entity会调用__dequeue_entity，将下一个选择的进程从CFS运行队列的红黑树中删除，然后将 CFS队列的curr指向进程的调度实体。

2.4.7　进程上下文切换

理解了下一个进程的选择后，就需要做当前进程和所选进程的上下文切换。

Linux内核用函数context_switch进行进程的上下文切换，进程上下文切换主要涉及两部分，进程地址空间切换和处理器状态切换，切换的代码流程如图2-23所示。

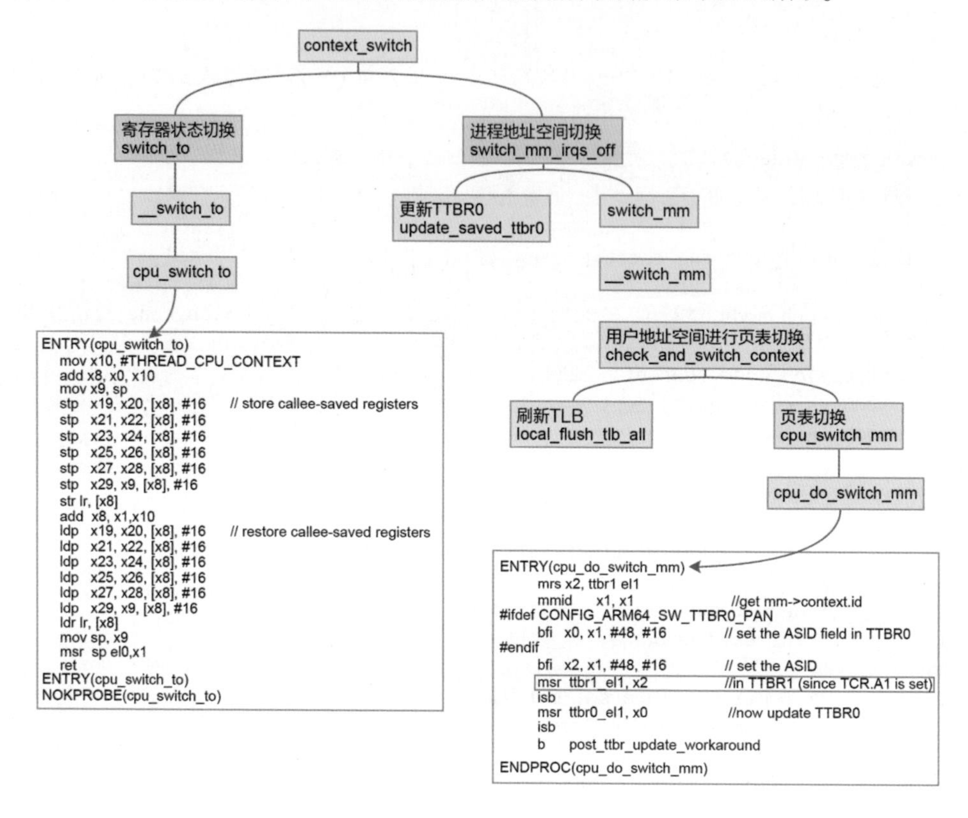

图2-23 上下文切换的过程

- **进程的地址空间切换**

进程的地址空间切换可以用图2-24表示。

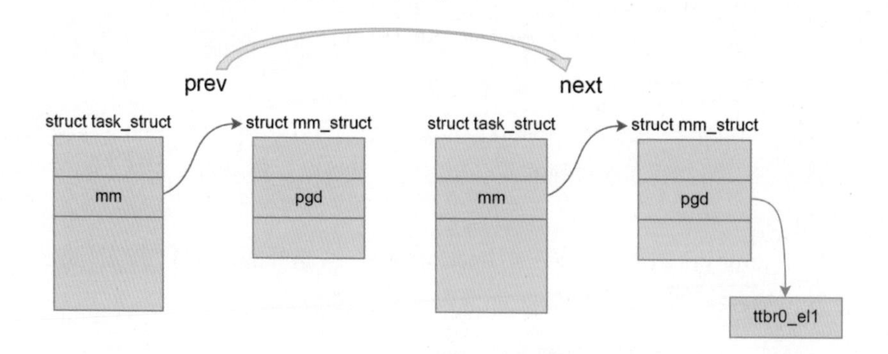

图2-24 进程的地址空间切换

将下一个进程的pdg 虚拟地址转化为物理地址存放在ttbr0_el1中（这是用户空间的页

表基址寄存器），当访问用户空间地址的时候，MMU会通过这个寄存器来遍历页表获得物理地址。完成了这一步，也就完成了进程的地址空间切换，确切地说是进程的虚拟地址空间切换。

- **寄存器状态切换**

寄存器状态切换可以用图2-25表示。

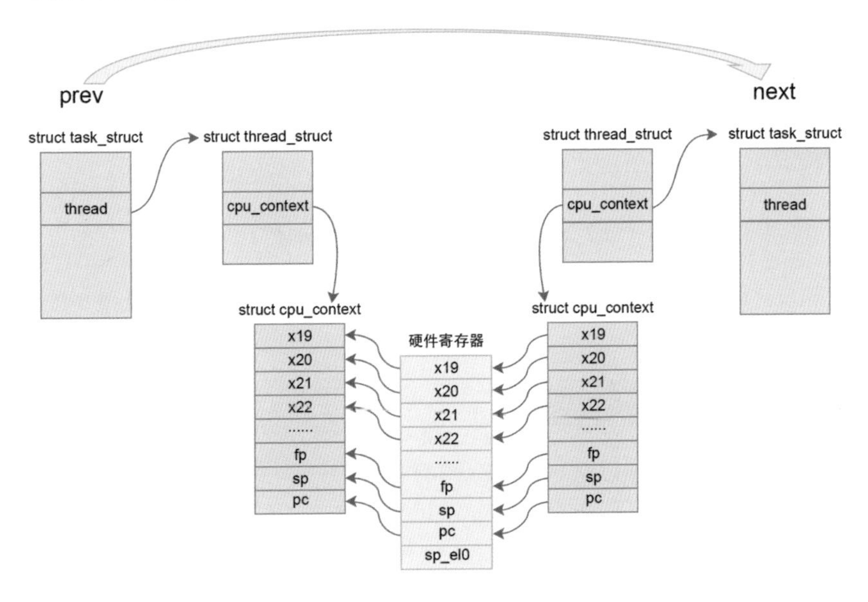

图2-25 寄存器状态切换

其中x19~x28是ARM64架构规定需要调用保存的寄存器，可以看到处理器状态切换的时候将前一个进程（prev）的x19~x28，fp，sp，pc保存到了进程描述符的cpu_contex中，然后将即将执行的进程（next）描述符的cpu_contex的x19~x28，fp，sp，pc恢复到相应寄存器中，而 next进程的进程描述符task_struct地址存放在sp_el0中，用于通过current找到当前进程，这样就完成了处理器的状态切换。

2.5 多核系统的负载均衡

前面所讲的调度都是默认在单个CPU上的调度策略。我们知道，为了CPU之间减少“干扰”，每个CPU上都有一个任务队列。运行的过程中可能会出现有的CPU很忙，有的CPU很闲，如图2-26所示。

为了避免这个问题的出现，Linux内核实现了CPU可运行进程队列之间的负载均衡。

因为负载均衡是在多个核上的均衡，所以在讲解负载均衡之前，我们先来看多核的架构。

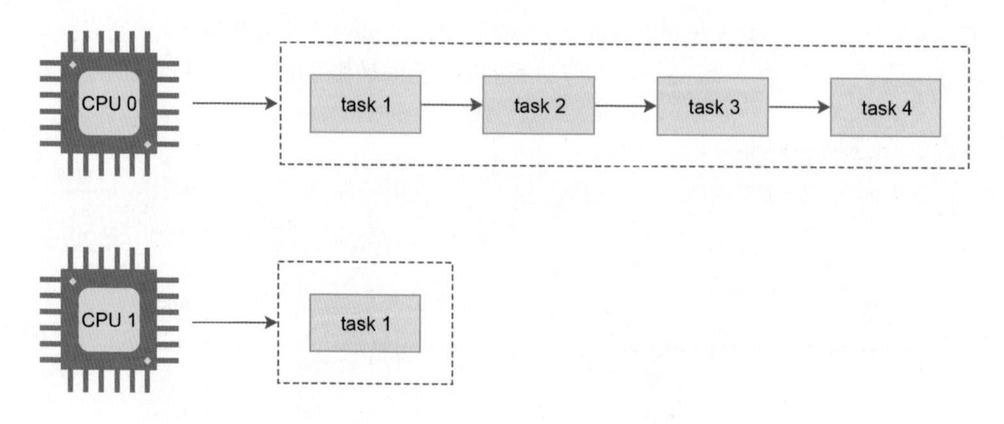

图2-26 多核系统负载不均的情况

将task从负载较重的CPU上转移到负载相对较轻的CPU上执行，这就是负载均衡的过程。

2.5.1 多核架构

这里以ARM64的NUMA（Non Uniform Memory Access，非一致性内存访问）架构为例，看看多核架构的组成，如图2-27所示。

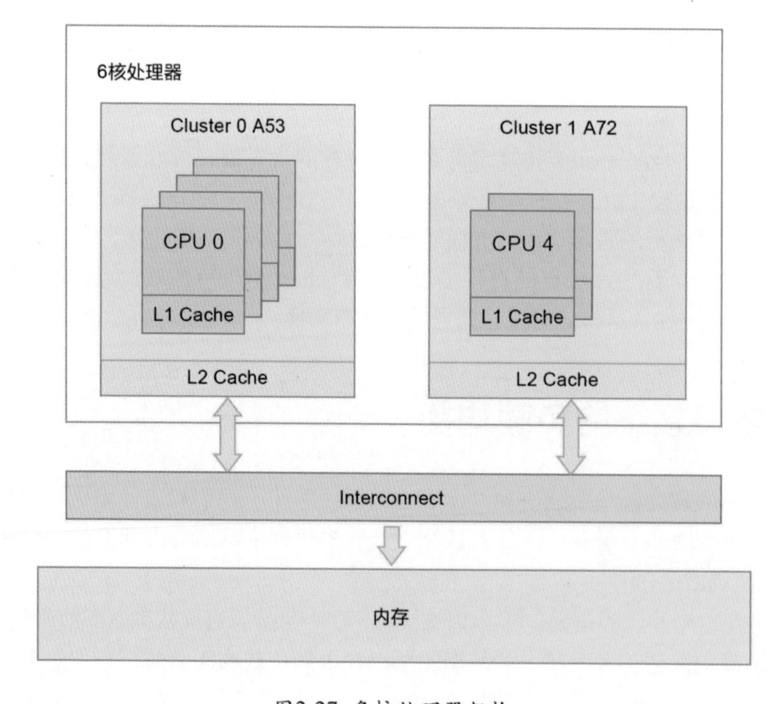

图2-27 多核处理器架构

从图2-27中可以看出，这是非一致性内存访问。每个CPU访问本地内存（local memory），速度更快，延迟更小。因为Interconnect模块的存在，整体的内存会构成一个内存池，所以CPU也能访问远程内存（remote memory），但是相对本地内存来说速度更慢，延迟更大。

我们知道一个多核的SoC（片上系统），内部结构是很复杂的。内核采用**CPU拓扑**结构来描述一个SoC的架构，使用**调度域和调度组**来描述CPU之间的层次关系。

2.5.2　CPU拓扑

每一个CPU都会维护这么一个结构体实例，用来描述CPU拓扑：

```
struct cpu_topology {
    int thread_id;
    int core_id;
    int cluster_id;
    cpumask_t thread_sibling;
    cpumask_t core_sibling;
};
```

- thread_id：从mpidr_el1寄存器中获取。
- core_id：从mpidr_el1寄存器中获取。
- cluster_id：从mpidr_el1寄存器中获取。
- thread_sibling：当前CPU的兄弟thread。
- core_sibling：当前CPU的兄弟Core，即在同一个Cluster中的CPU。

可以通过串口的设备模型节点 /sys/devices/system/cpu/cpuX/topology查看CPU拓扑的信息。

cpu_topology结构体是通过函数parse_dt_topology() 解析设备树中的信息建立的，其被调用的流程是：kernel_init()->kernel_init_freeable()->smp_prepare_cpus()->init_cpu_topology()->parse_dt_topology()。

```
1 static int __init parse_dt_topology(void)
2 {
3     struct device_node *cn, *map;
4     int ret = 0;
5     intcpu;
6 
7     cn = of_find_node_by_path("/cpus");
8     if (!cn) {
9             pr_err("No CPU information found in DT\n");
10            return 0;
11    }
```

```
12
13     /*
14     * When topology is providedcpu-map is essentially a root
15     * cluster with restrictedsubnodes.
16     */
17     map =of_get_child_by_name(cn, "cpu-map");
18     if (!map)
19             goto out;
20
21     ret =parse_cluster(map, 0);
22     if (ret != 0)
23             goto out_map;
24
25     topology_normalize_cpu_scale();
26
27     /*
28     * Check that all cores are in the topology; the SMP code will
29     * only mark cores described in the DT as possible.
30     */
31     for_each_possible_cpu(cpu)
32             if (cpu_topology[cpu].cluster_id == -1)
33                     ret = -EINVAL;
34
35 out_map:
36     of_node_put(map);
37 out:
38     of_node_put(cn);
39     return ret;
40 }
```

代码中的第7行用来找到dts中CPU拓扑的根节点/cpus。第17行找到cpu-map节点。第21行解析cpu-map中的cluster。

举个例子，CPU拓扑节点为：4A53+2A72，设备树dts中的定义如下：

```
cpus: cpus {
        #address-cells = <2>;
        #size-cells = <0>;

        A53_0: cpu@0 {
                device_type = "cpu";
                compatible = "arm,cortex-a53", "arm,armv8";
                reg = <0x0 0x0>;
                clocks = <&clk IMX_SC_R_A53 IMX_SC_PM_CLK_CPU>;
                enable-method = "psci";
                next-level-cache = <&A53_L2>;
```

```
        operating-points-v2 = <&a53_opp_table>;
        #cooling-cells = <2>;
};

A53_1: cpu@1 {
        device_type = "cpu";
        compatible = "arm,cortex-a53", "arm,armv8";
        reg = <0x0 0x1>;
        clocks = <&clk IMX_SC_R_A53 IMX_SC_PM_CLK_CPU>;
        enable-method = "psci";
        next-level-cache = <&A53_L2>;
        operating-points-v2 = <&a53_opp_table>;
        #cooling-cells = <2>;
};

A53_2: cpu@2 {
        device_type = "cpu";
        compatible = "arm,cortex-a53", "arm,armv8";
        reg = <0x0 0x2>;
        clocks = <&clk IMX_SC_R_A53 IMX_SC_PM_CLK_CPU>;
        enable-method = "psci";
        next-level-cache = <&A53_L2>;
        operating-points-v2 = <&a53_opp_table>;
        #cooling-cells = <2>;
};

A53_3: cpu@3 {
        device_type = "cpu";
        compatible = "arm,cortex-a53", "arm,armv8";
        reg = <0x0 0x3>;
        clocks = <&clk IMX_SC_R_A53 IMX_SC_PM_CLK_CPU>;
        enable-method = "psci";
        next-level-cache = <&A53_L2>;
        operating-points-v2 = <&a53_opp_table>;
        #cooling-cells = <2>;
};

A72_0: cpu@100 {
        device_type = "cpu";
        compatible = "arm,cortex-a72", "arm,armv8";
        reg = <0x0 0x100>;
        clocks = <&clk IMX_SC_R_A72 IMX_SC_PM_CLK_CPU>;
        enable-method = "psci";
        next-level-cache = <&A72_L2>;
        operating-points-v2 = <&a72_opp_table>;
        #cooling-cells = <2>;
};
```

```
        A72_1: cpu@101 {
                device_type = "cpu";
                compatible = "arm,cortex-a72", "arm,armv8";
                reg = <0x0 0x101>;
                clocks = <&clk IMX_SC_R_A72 IMX_SC_PM_CLK_CPU>;
                enable-method = "psci";
                next-level-cache = <&A72_L2>;
                operating-points-v2 = <&a72_opp_table>;
                #cooling-cells = <2>;
        };

        A53_L2: l2-cache0 {
                compatible = "cache";
        };

        A72_L2: l2-cache1 {
                compatible = "cache";
        };

              cpu-map{
                cluster0 {
                        core0 {
                                cpu = <&A53_0>;
                        };
                        core1 {
                                cpu = <&A53_1>;
                        };
                        core2 {
                                cpu = <&A53_2>;
                        };
                        core3 {
                                cpu = <&A53_3>;
                        };
                };

                cluster1 {
                        core0 {
                                cpu = <&A72_0>;
                        };
                        core1 {
                                cpu = <&A72_1>;
                        };
                };
         };
};
```

经过parse_dt_topology()解析后得到cpu_topology的值为：

```
CPU0: cluster_id = 0, core_id = 0
CPU1: cluster_id = 0, core_id = 1
CPU2: cluster_id = 0, core_id = 2
CPU3: cluster_id = 0, core_id = 3
CPU4: cluster_id = 1, core_id = 0
CPU5: cluster_id = 1, core_id = 1
```

2.5.3 调度域和调度组

在Linux内核中，调度域使用sched_domain结构表示，调度组使用sched_group结构表示。

调度域sched_domain

```
struct sched_domain {
    struct sched_domain *parent;
    struct sched_domain *child;
    struct sched_group  *groups;
    unsigned long min_interval;
    unsigned longmax_interval;
    ......
};
```

- parent：由于调度域是分层的，上层调度域是下层调度域的父亲，所以这个字段指向的是当前调度域的上层调度域。
- child：如上所述，这个字段用来指向当前调度域的下层调度域。
- groups：每个调度域都拥有一批调度组，所以这个字段指向的是属于当前调度域的调度组列表。
- min_interval/max_interval：做负载均衡也是需要开销的，不能时刻去检查调度域的均衡状态，这两个参数定义了检查该sched domain均衡状态的时间间隔的范围。

sched_domain分为两个等级，底层区域和顶层区域。

调度组sched_group

```
struct sched_group {
    struct sched_group *next;
    unsigned int group_weight;
    ......
    struct sched_group_capacity *sgc;
    unsigned long cpumask[0];
};
```

- next：指向属于同一个调度域的下一个调度组。
- group_weight：该调度组中有多少个CPU。
- sgc：该调度组的算力信息。
- cpumask：用于标记属于当前调度组的CPU列表（每一位表示一个CPU）。

为了减少锁的竞争，每一个CPU都有自己的底层区域、顶层区域及sched_group，并且形成了sched_domain之间的层级结构、sched_group的环形链表结构。CPU对应的调度域和调度组可在设备模型文件/proc/sys/kernel/sched_domain里查看。

具体的sched_domain的初始化代码调用顺序如下：kernel_init() -> kernel_init_freeable() -> sched_init_smp() -> init_sched_domains(cpu_active_mask) -> build_sched_domains(doms_cur[0], NULL)

```
1 static int
2 build_sched_domains(const struct cpumask *cpu_map, struct sched_domain_attr *attr)
3 {
4    enum s_alloc alloc_state;
5    struct sched_domain *sd;
6    structs_data d;
7    inti, ret = -ENOMEM;
8
9    alloc_state = __visit_domain_allocation_hell(&d, cpu_map);
10    if (alloc_state != sa_rootdomain)
11        goto error;
12
13    for_each_cpu(i, cpu_map){
14        struct sched_domain_topology_level *tl;
15
16        sd = NULL;
17        for_each_sd_topology(tl){
18            sd = build_sched_domain(tl, cpu_map, attr, sd, i);
19            if (tl == sched_domain_topology)
20                *per_cpu_ptr(d.sd, i) = sd;
21            if (tl->flags & SDTL_OVERLAP)
22                sd->flags |= SD_OVERLAP;
23        }
24    }
25
26    for_each_cpu(i, cpu_map){
27        for (sd = *per_cpu_ptr(d.sd, i); sd; sd = sd->parent) {
28            sd->span_weight = cpumask_weight(sched_domain_span(sd));
29            if (sd->flags & SD_OVERLAP) {
30                if (build_overlap_sched_groups(sd, i))
```

```
31                    goto error;
32            } else {
33                if (build_sched_groups(sd, i))
34                    goto error;
35            }
36        }
37    }
38 ……
39    rcu_read_lock();
40    for_each_cpu(i, cpu_map){
41        intmax_cpu = READ_ONCE(d.rd->max_cap_orig_cpu);
42        intmin_cpu = READ_ONCE(d.rd->min_cap_orig_cpu);
43
44        sd = *per_cpu_ptr(d.sd, i);
45
46        if ((max_cpu < 0) || (cpu_rq(i)->cpu_capacity_orig >
47        cpu_rq(max_cpu)->cpu_capacity_orig))
48            WRITE_ONCE(d.rd->max_cap_orig_cpu, i);
49
50        if ((min_cpu < 0) || (cpu_rq(i)->cpu_capacity_orig <
51        cpu_rq(min_cpu)->cpu_capacity_orig))
52            WRITE_ONCE(d.rd->min_cap_orig_cpu, i);
53
54        cpu_attach_domain(sd, d.rd, i);
55    }
56    rcu_read_unlock();
57
58    if (!cpumask_empty(cpu_map))
59        update_asym_cpucapacity(cpumask_first(cpu_map));
60
61    ret = 0;
62 error:
63    __free_domain_allocs(&d, alloc_state, cpu_map);
64    return ret;
65 }
```

代码中的第9行表示，在每个tl层次，给每个CPU分配sd、sg、sgc空间。第18行遍历cpu_map里的所有CPU，创建与物理拓扑结构对应的多级调度域。第33行遍历cpu_map里所有CPU，创建调度组。第54行将每个CPU的rq与rd(root_domain)进行绑定。第63行释放掉分配失败或者分配成功多余的内存。

所以，可运行进程队列与调度域和调度组的关系如图2-28所示，其中DIE和MC是两个不同的调度域。

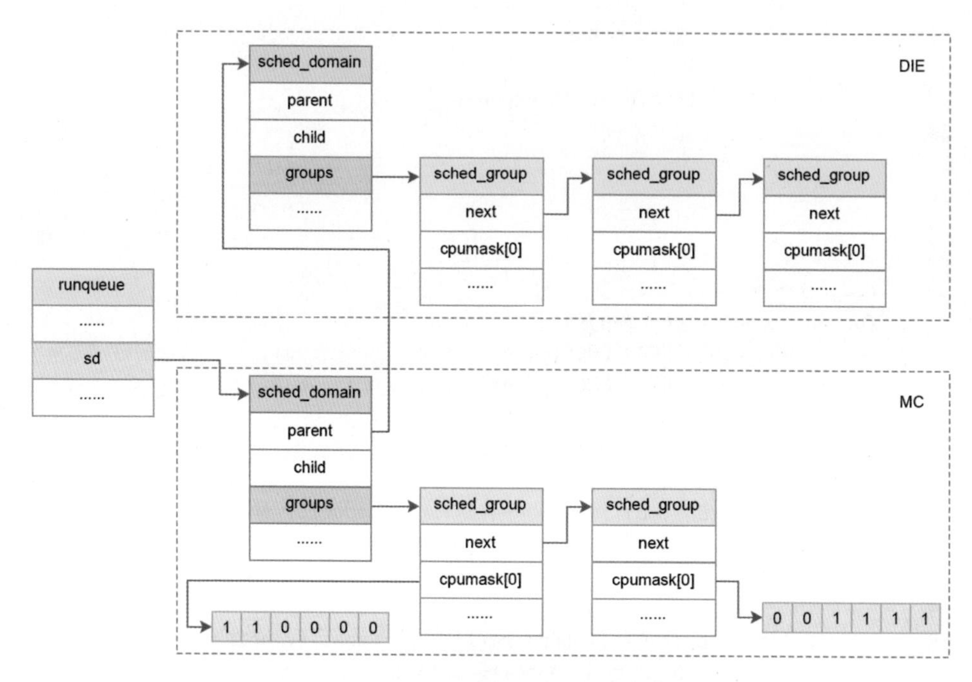

图2-28　队列与调度域和调度组的关系

最后这里用图2-29来总结CPU拓扑、调度域初始化的过程。

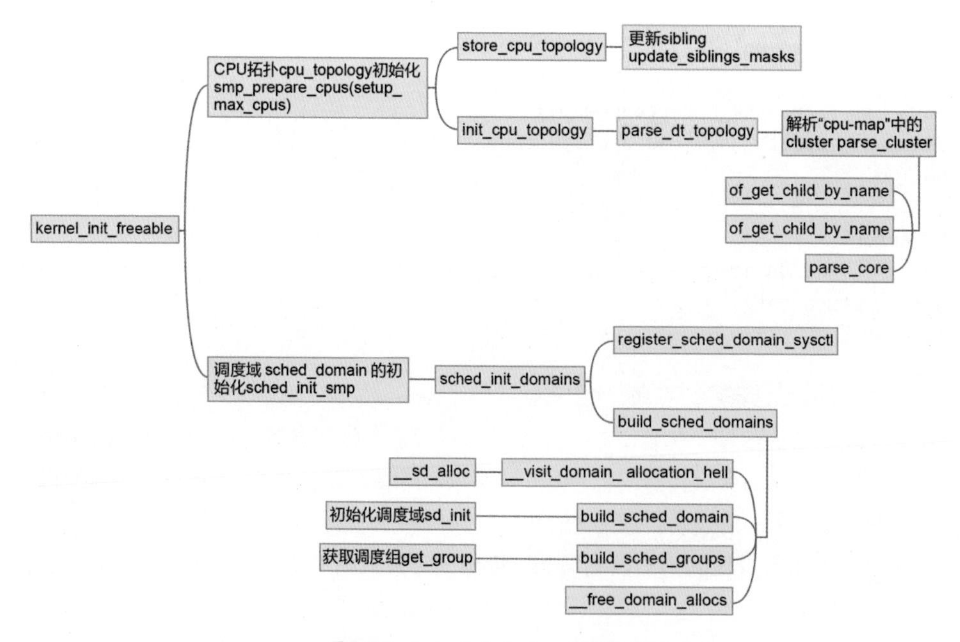

图2-29　kernel_init_freeable流程

根据已经生成的CPU拓扑、调度域和调度组，最终可以生成如图2-30所示的关系图。

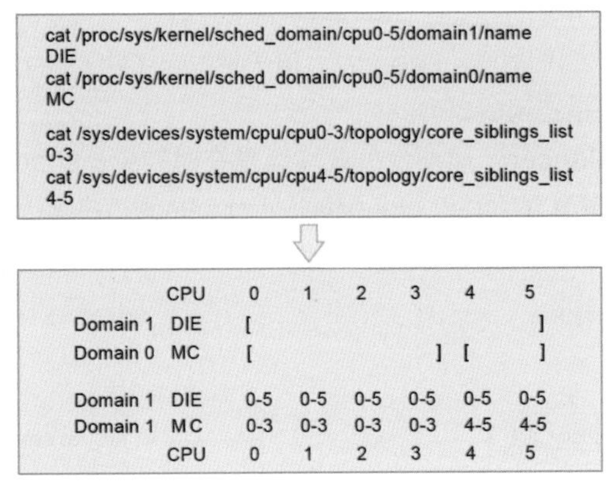

图2-30　CPU拓扑、调度域和调度组的关系

在图2-27的结构中，顶层的DIE domain覆盖了系统中所有的CPU，4个A53是Cluster 0，共享L2 Cache，另外2个A72是Cluster 1，共享L2 Cache。那么每个Cluster可以认为是一个MC调度域，左边的MC调度域中有4个调度组，右边的MC调度域中有2个调度组，每个调度组中只有1个CPU。整个SoC可以被认为是高一级别的DIE调度域，其中有两个调度组，Cluster 0属于一个调度组，Cluster 1属于另一个调度组。跨Cluster的负载均衡是需要清除L2 Cache的，开销很大，因此SoC级别的DIE调度域进行负载均衡的开销比MC调度域更大一些。

到目前为止，我们已经将内核的调度域构建起来了，CFS可以利用sched_domain 来完成多核间的负载均衡了。

2.5.4　何时做负载均衡

CFS 任务的负载均衡器有两种，如图2-31所示。

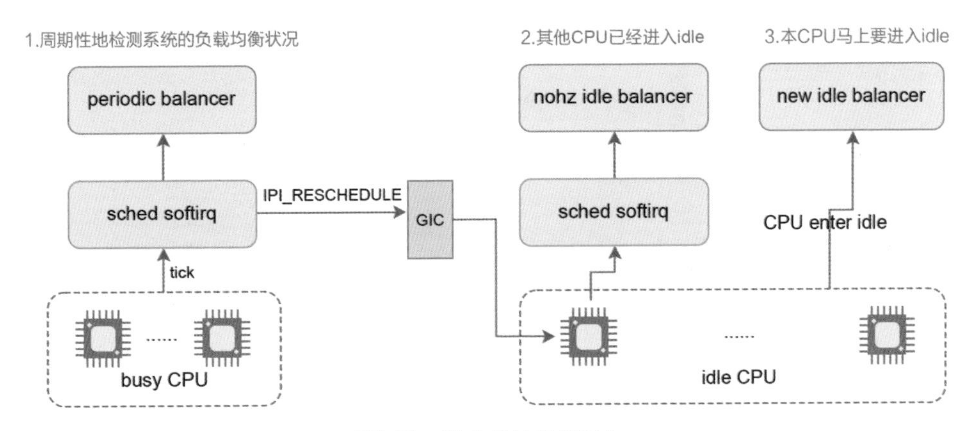

图2-31　做负载均衡的时机

- 一种是针对busy CPU的periodic balancer，用于进程在busy CPU上的均衡。busy CPU是指在运行中的CPU。
- 一种是针对idle CPU的idle balancer，用于把busy CPU上的进程均衡到idle CPU上来。idle CPU是指空闲的CPU。

1. **periodic balancer**：周期性负载均衡是在时钟中断scheduler_tick中，找到该domain中最繁忙的sched group和CPU runqueue，将其上的任务拉（pull）到本CPU，以便让系统的负载处于均衡的状态，如图2-32所示。

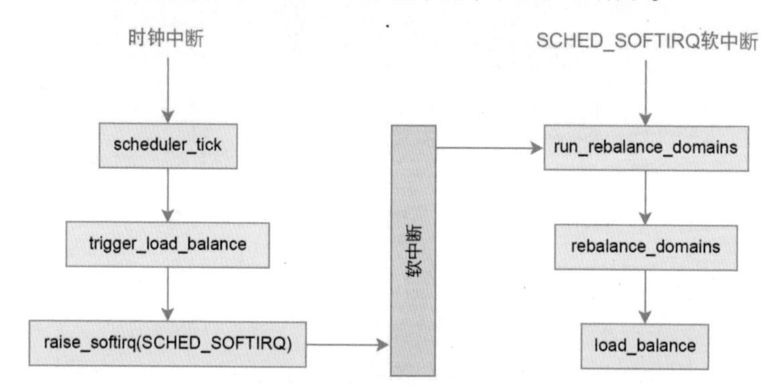

图2-32 周期性负载均衡

2. **nohz idle balancer**：当其他CPU已经进入idle，本CPU任务太重，需要通过IPI（Inter-Processor Interrupt，处理器之间的中断）将其他idle的CPU唤醒来进行负载均衡，如图2-33所示。

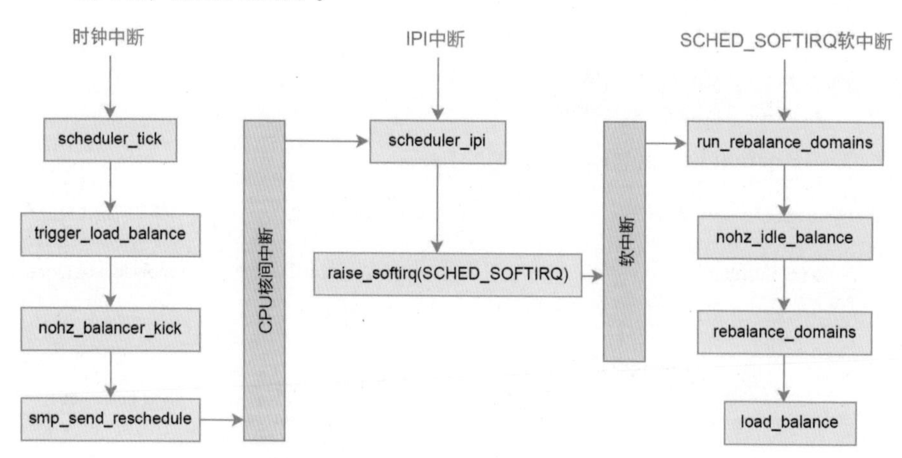

图2-33 nohz idle负载均衡

3. **new idle balancer**：本CPU上没有任务执行，马上要进入idle状态的时候，看看其他CPU是否需要帮忙，来从busy CPU上拉（pull）任务，让整个系统的负载处于均衡状态，如图2-34所示。

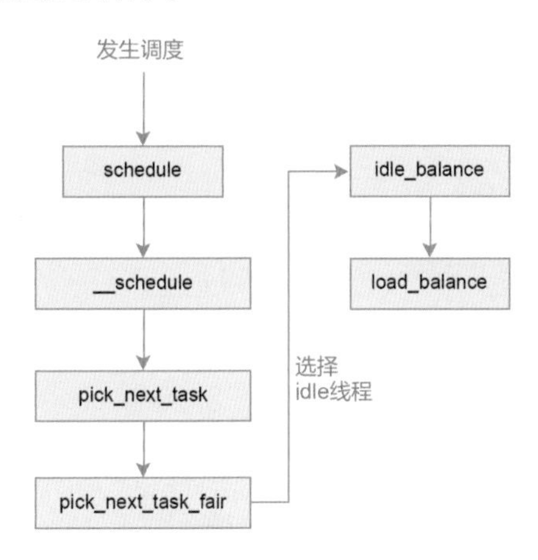

图2-34　new idle负载均衡

2.5.5　负载均衡的基本过程

当在一个CPU上进行负载均衡的时候，总是从base domain 开始，检查其所属sched group之间的负载均衡情况，如果有不均衡情况，那么会在该CPU所属Cluster之间进行迁移，以便维护Cluster内各个CPU的任务负载均衡。

load_balance是处理负载均衡的核心函数，它的处理单元是一个调度域，其中会包含对调度组的处理。

```
1 static int load_balance(int this_cpu, struct rq *this_rq,
2                        struct sched_domain *sd, enum cpu_idle_type idle,
3                        int *continue_balancing)
4 {
5                   ......
6 redo:
7        if (!should_we_balance(&env)) {
8                *continue_balancing = 0;
9                goto out_balanced;
10        }
11
12        group = find_busiest_group(&env);
13        if (!group) {
14                schedstat_inc(sd->lb_nobusyg[idle]);
15                goto out_balanced;
16        }
17
18        busiest = find_busiest_queue(&env, group);
19        if (!busiest) {
```

```
20                      schedstat_inc(sd->lb_nobusyq[idle]);
21                      goto out_balanced;
22              }
23
24              BUG_ON(busiest == env.dst_rq);
25
26              schedstat_add(sd->lb_imbalance[idle], env.imbalance);
27
28              env.src_cpu = busiest->cpu;
29              env.src_rq = busiest;
30
31              ld_moved = 0;
32              if (busiest->nr_running > 1) {
33                      env.flags |= LBF_ALL_PINNED;
34                      env.loop_max  = min(sysctl_sched_nr_migrate, busiest->nr_running);
35
36 more_balance:
37                      rq_lock_irqsave(busiest, &rf);
38                      update_rq_clock(busiest);
39
40                      cur_ld_moved = detach_tasks(&env);
41
42                      rq_unlock(busiest, &rf);
43
44                      if (cur_ld_moved) {
45                              attach_tasks(&env);
46                              ld_moved += cur_ld_moved;
47                      }
48
49                      local_irq_restore(rf.flags);
50
51                      if (env.flags & LBF_NEED_BREAK) {
52                              env.flags &= ~LBF_NEED_BREAK;
53                              goto more_balance;
54                      }
55                      ……
56              }
57                      ……
58 out:
59              return ld_moved;
60 }
```

代码中的第12行用来找到该domain中最繁忙的sched group。第18行表示在这个最繁忙的group中挑选最繁忙的CPU runqueue，作为src。第40行从这个队列中选择任务来迁移，然后把被选中的任务从其所在的runqueue中移除。第45行从最繁忙的CPU runqueue中拉（pull）一些任务到当前可运行队列dst。

以上代码的实现可以用图2-35表示。

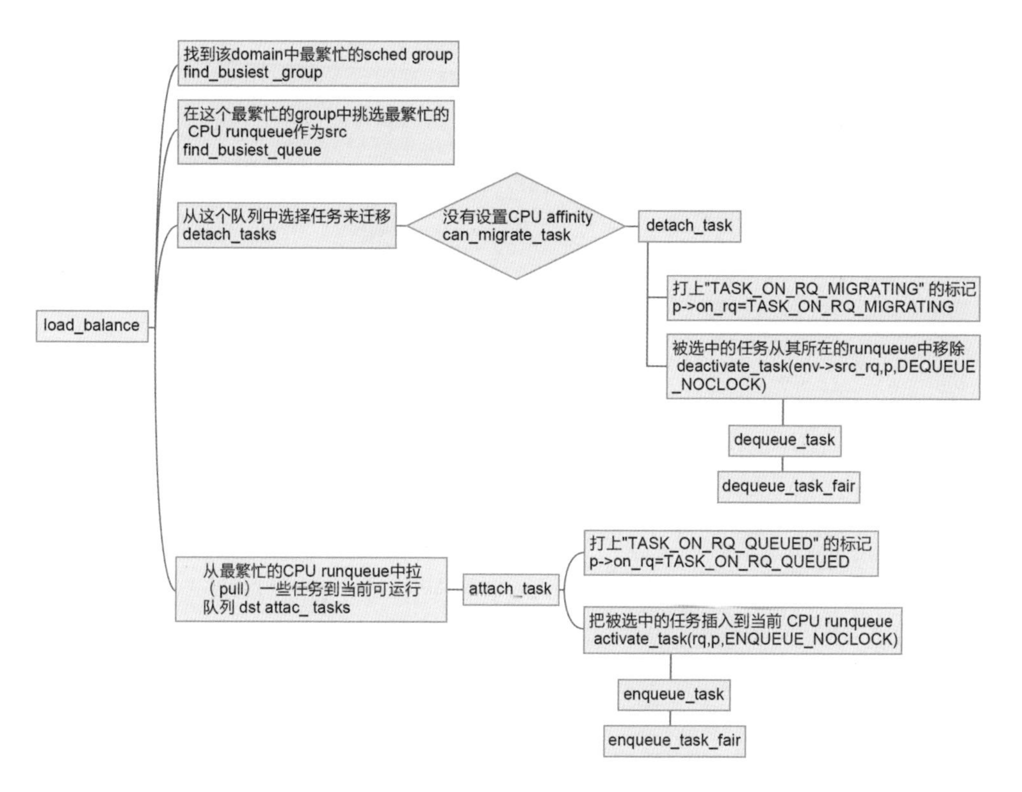

图2-35 load_balance函数的实现

第3章

同步管理

因为现代操作系统是多处理器计算的架构，必然更容易遇到多个进程、多个线程访问共享数据的情况，如图3-1所示。

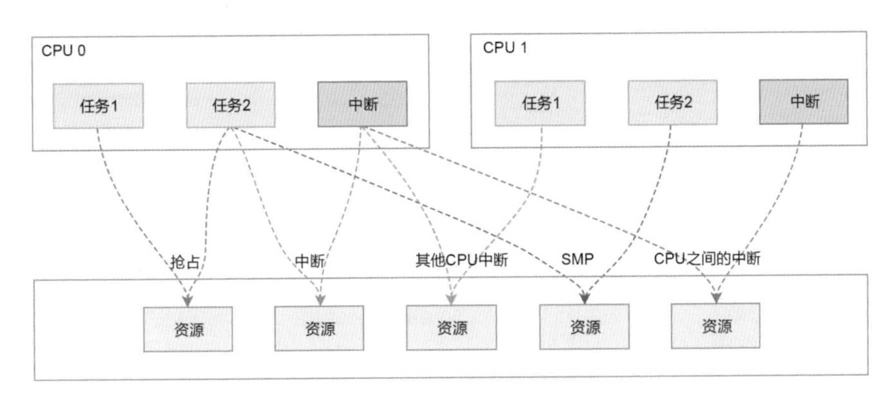

图3-1　多线程访问共同数据

图3-1中每一种颜色代表一种竞态情况，主要归结为三类：

- 进程与进程之间：单核上的抢占、多核上的SMP。
- 进程与中断之间：中断又包含上半部分与下半部分，中断总是能打断进程的执行流。
- 中断与中断之间：外设的中断可以路由到不同的CPU上，它们之间也可能带来竞态。

这时候就需要一种同步机制来保护并发访问的内存数据。在主流的Linux内核中包含了如下这些同步机制：

- 原子操作
- 自旋锁（spin_lock）
- 信号量（semaphore）
- 互斥锁（mutex）
- RCU

3.1　原子操作

原子操作的概念来源于物理概念中的原子定义，指执行结束前不可分割（即不可打断）的操作，是最小的执行单位。原子操作与硬件架构强相关，其API具体的定义均位于对应arch目录下的include/asm/atomic.h文件中，通过汇编语言实现。内核源码根目录下的include/asm-generic/atomic.h则抽象封装了API，该API最后分派的实现来自arch目录下对应的代码。以ARM平台为例，原子操作的API如表3-1所示。

表3-1　原子操作的API

API	说明
int atomic_read(atomic_t *v)	读操作
void atomic_set(atomic_t *v, int i)	设置变量
void atomic_add(int i, atomic_t *v)	增加i
void atomic_sub(int i, atomic_t *v)	减少i
void atomic_inc(atomic_t *v)	加1
void atomic_dec(atomic_t *v)	减1
void atomic_inc_and_test(atomic_t *v)	加1是否为0
void atomic_dec_and_test(atomic_t *v)	减1是否为0
void atomic_add_negative(int i, atomic_t *v)	加i是否为负
void atomic_add_return(int i, atomic_t *v)	增加i返回结果
void atomic_sub_return(int i, atomit_t *v)	减少i返回结果
void atomic_inc_return(int i, atomic_t.*v)	加1返回
void atomic_dec_return(int i, atomic_t *v)	减1返回

原子操作通常是内联函数，往往是通过内嵌汇编指令来实现的，如果某个函数本身就是原子的，它往往被定义成一个宏，例如：

```
#define ATOMIC_OP(op, c_op, asm_op)                    \
static inline void atomic_##op(int i, atomic_t *v)          \
{                                    \
    unsigned long tmp;                       \
    int result;                          \
                                     \
    prefetchw(&v->counter);                     \
    __asm__ __volatile__("@ atomic_" #op "\n"           \
"1: ldrex   %0, [%3]\n"                      \
"   " #asm_op " %0, %0, %4\n"                   \
"   strex   %1, %0, [%3]\n"                     \
"   teq %1, #0\n"                        \
"   bne 1b"                          \
    : "=&r" (result), "=&r" (tmp), "+Qo" (v->counter)        \
    : "r" (&v->counter), "Ir" (i)                  \
    : "cc");                             \
}
```

可见原子操作的原子性依赖于ldrex与strex实现，ldrex读取数据时会进行独占标记，防止其他内核路径访问，直至调用 strex完成写入后清除标记。自然strex也不能写入被别的内核路径独占的内存，若是写入失败则循环至成功写入。

ldrex与strex指令，将单纯的更新内存的原子操作分成了两个独立的步骤：

1. ldrex用来读取内存中的值，并标记对该段内存的独占访问：

```
ldrex Rx, [Ry]
```

读取寄存器Ry指向的4字节内存值，将其保存到Rx寄存器中，同时标记对Ry指向内存区域的独占访问。如果执行ldrex指令的时候发现已经被标记为独占访问了，并不会对指令的执行产生影响。

2. strex 在更新内存数值时，会检查该段内存是否已经被标记为独占访问，并以此来决定是否更新内存中的值：

```
strex Rx, Ry, [Rz]
```

如果执行这条指令的时候发现已经被标记为独占访问了，则将寄存器Ry中的值更新到寄存器Rz指向的内存，并将寄存器Rx设置为0。指令执行成功后，会将独占访问标记位清除。如果执行这条指令的时候发现没有设置独占标记，则不会更新内存，且将寄存器Rx的值设置为1。

ARM内部的实现架构如图3-2所示，这里不再赘述。

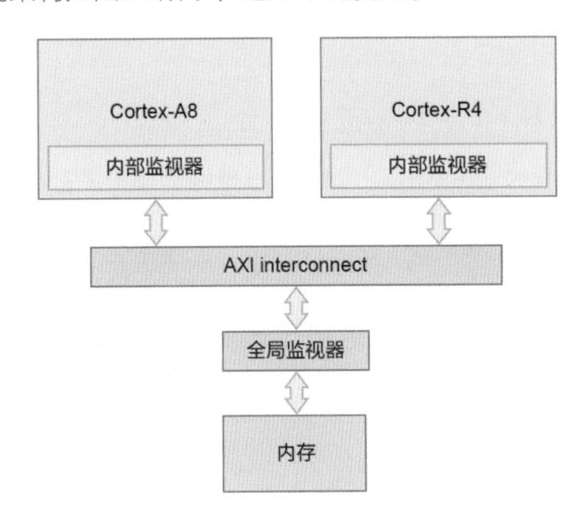

图3-2　同步访问的ARM内部架构

3.2 自旋锁

Linux内核中最常见的锁是自旋锁，自旋锁最多只能被一个可执行线程持有。若自旋锁已被别的执行者持有，调用者就会原地循环等待并检查该锁的持有者是否已经释放锁（即进入自旋状态），若释放则调用者开始持有该锁。自旋锁被持有期间不可被抢占。

另一种处理锁争用的方式为：让等待线程睡眠，直到锁重新可用时再唤醒它，这样处理器不必循环等待，可以去执行其他代码，但是这会有两次明显的上下文切换的开销，**信号量**便提供了这种锁机制。

自旋锁的使用接口如表3-2所示。

表3-2 自旋锁的使用接口

API	说明
spin_lock()	获取指定的自旋锁
spin_lock_irq()	禁止本地中断并获取指定的锁
spin_lock_irqsave()	释放指定的锁
spin_unlock()	保存本地中断当前状态，禁止本地中断，获取指定的锁
spin_unlock_irq()	释放指定的锁，并激活本地中断
spin_unlock_irqrestore()	释放指定的锁，并让本地中断恢复以前状态
spin_lock_init()	动态初始化指定的锁
spin_trylock()	试图获取指定的锁，成功返回0，否则返回非0
spin_is_locked()	测试指定的锁是否已被占用，已被占用返回非0，否则返回0

以 spin_lock这个获取指定自旋锁的函数为例，看看它的用法：

```
DEFINE_SPINLOCK(mr_lock);
spin_lock(&mr_lock);
/* 临界区 */
spin_unlock(&mr_lock);
```

函数spin_lock的流程如图3-3所示，spin_lock最终会调用函数arch_spin_lock。

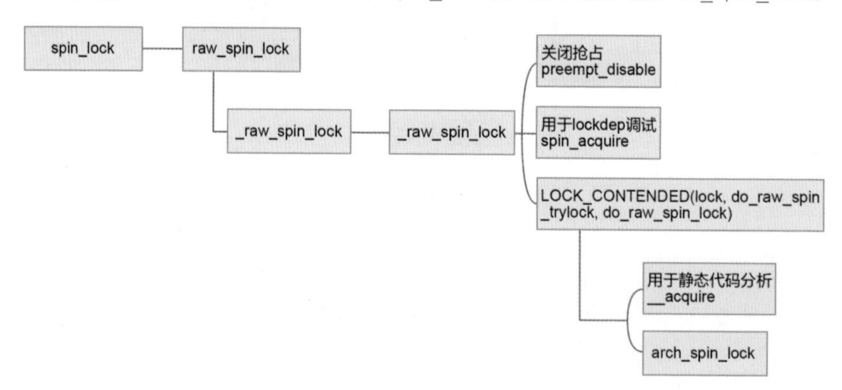

图3-3 函数spin_lock的流程图

接下来我们看看调用的arch_spin_lock函数的细节：

```
static inline void arch_spin_lock(arch_spinlock_t *lock)
{
    unsigned int tmp;
    arch_spinlock_t lockval, newval;

    asm volatile(
    ARM64_LSE_ATOMIC_INSN(
    /* LL/SC */
"   prfm    pstl1strm, %3\n"
```

```
"1: ldaxr   %w0, %3\n"
"   add %w1, %w0, %w5\n"
"   stxr    %w2, %w1, %3\n"
"   cbnz    %w2, 1b\n",
    /* LSE atomics */
"   mov %w2, %w5\n"
"   ldadda  %w2, %w0, %3\n"
    __nops(3)
    )

"   eor %w1, %w0, %w0, ror #16\n"
"   cbz %w1, 3f\n"
"   sevl\n"
"2: wfe\n"
"   ldaxrh  %w2, %4\n"
"   eor %w1, %w2, %w0, lsr #16\n"
"   cbnz    %w1, 2b\n"
"3:"
    : "=&r" (lockval), "=&r" (newval), "=&r" (tmp), "+Q" (*lock)
    : "Q" (lock->owner), "I" (1 << TICKET_SHIFT)
    : "memory");
}

static inline void arch_spin_unlock(arch_spinlock_t *lock)
{
    unsigned long tmp;

    asm volatile(ARM64_LSE_ATOMIC_INSN(
    /* LL/SC */
    "   ldrh    %w1, %0\n"
    "   add %w1, %w1, #1\n"
    "   stlrh   %w1, %0",
    /* LSE atomics */
    "   mov %w1, #1\n"
    "   staddlh %w1, %0\n"
    __nops(1))
    : "=Q" (lock->owner), "=&r" (tmp)
    :
    : "memory");
}
```

以上代码的核心逻辑在于，asm volatile()内联汇编中，有很多独占的操作指令，只有基于指令的独占操作，才能保证软件上的互斥。可以看出，Linux中针对每一个spin_lock有两个计数，分别是next与owner（初始值为0）。进程A申请锁时，会判断next与owner的值是否相等。如果相等就代表锁可以申请成功，否则原地自旋。直到next与owner的值相等才会退出自旋。

3.3 信号量

信号量是在多线程环境下使用的一种措施，它负责协调各个进程，以保证它们能够正确、合理地使用公共资源。它和spin_lock最大的不同之处在于：无法获取信号量的进程可以睡眠，因此会导致系统调度。

信号量的定义如下：

```
struct semaphore {
    raw_spinlock_t      lock;         //利用自旋锁同步
    unsigned int        count;        //用于资源计数
    struct list_head    wait_list;    //等待队列
};
```

信号量在创建时设置一个初始值 count，用于表示当前可用的资源数。一个任务要想访问共享资源，必须先得到信号量，获取信号量的操作为count - 1。若当前count为负数，表明无法获得信号量，该任务必须挂起在该信号量的等待队列；若当前count为非负数，表示可获得信号量，因而可立刻访问被该信号量保护的共享资源。

当任务访问完被信号量保护的共享资源后，必须释放信号量，释放信号量的操作是count + 1，如果加1后的count为非正数，表明有任务等待，则唤醒所有等待该信号量的任务。

了解了信号量的结构与定义，接下来我们看看常用的信号量接口，如表3-3所示。

表3-3 常用的信号量接口

API	说明
DEFINE_SEMAPHORE(name)	声明信号量并初始化为1
void sema_init(struct semaphore *sem, int val)	声明信号量并初始化为val
down	获得信号量，task不可被中断，除非是致命信号
up	释放信号量

这里我们看看两个核心实现：**down函数和up函数。**

- down函数

down函数用于调用者获得信号量，若count大于0，说明资源可用，将其减1即可。

```
void down(struct semaphore *sem)
{
    unsigned long flags;

    raw_spin_lock_irqsave(&sem->lock, flags);
    if (likely(sem->count > 0))
```

```
        sem->count--;
    else
        __down(sem);
    raw_spin_unlock_irqrestore(&sem->lock, flags);
}
EXPORT_SYMBOL(down);
```

若count<0，调用函数down()，**将task加入等待队列，并进入等待队列，进入调度循环等待，直至其被**up函数唤醒，或者因超时被移出等待队列。

```
static inline int __sched __down_common(struct semaphore *sem, long state,
                                long timeout)
{
    struct semaphore_waiter waiter;

    list_add_tail(&waiter.list, &sem->wait_list);
    waiter.task = current;
    waiter.up = false;

    for (;;) {
        if (signal_pending_state(state, current))
            goto interrupted;
        if (unlikely(timeout <= 0))
            goto timed_out;
        __set_current_state(state);
        raw_spin_unlock_irq(&sem->lock);
        timeout = schedule_timeout(timeout);
        raw_spin_lock_irq(&sem->lock);
        if (waiter.up)
            return 0;
    }

 timed_out:
    list_del(&waiter.list);
    return -ETIME;

 interrupted:
    list_del(&waiter.list);
    return -EINTR;
}
```

- up函数

up函数用于调用者释放信号量，若waitlist为空，说明无等待任务，count + 1，该信号量可用。

```
void up(struct semaphore *sem)
{
    unsigned long flags;
```

```
    raw_spin_lock_irqsave(&sem->lock, flags);
    if (likely(list_empty(&sem->wait_list)))
        sem->count++;
    else
        __up(sem);
    raw_spin_unlock_irqrestore(&sem->lock, flags);
}
EXPORT_SYMBOL(up);
```

若waitlist非空，将task从等待队列移除，并唤醒该task。

```
static noinline void __sched __up(struct semaphore *sem)
{
    struct semaphore_waiter *waiter = list_first_entry(&sem->wait_list,
                        struct semaphore_waiter, list);
    list_del(&waiter->list);
    waiter->up = true;
    wake_up_process(waiter->task);
}
```

3.4 互斥锁

Linux 内核中还有一种类似信号量的同步机制叫作互斥锁。互斥锁类似于count 等于1的信号量。所以说信号量是在多个进程/线程访问某个公共资源的时候，进行保护的一种机制。而互斥锁是单个进程/线程访问某个公共资源的一种保护机制，属于互斥操作。

互斥锁有一个特殊的地方：只有持锁者才能解锁，如图3-4所示。

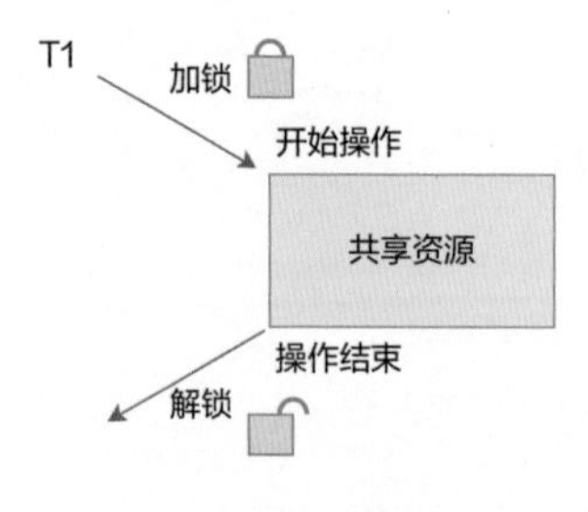

图3-4 互斥锁的使用

用一句话来讲信号量和互斥锁的区别就是，**信号量用于线程的同步，互斥锁用于线程的互斥**。

互斥锁的结构体定义如下：

```
struct mutex {
    atomic_long_t       owner;  //互斥锁的持有者
```

```
    spinlock_t      wait_lock;  //利用自旋锁同步
#ifdef CONFIG_MUTEX_SPIN_ON_OWNER
    struct optimistic_spin_queue osq; /* Spinner MCS lock */
#endif
    struct list_head    wait_list;  //等待队列
......
};
```

互斥锁的常用接口如表3-4所示。

表3-4　互斥锁的常用接口

API	说明
DEFINE_MUTEX(name)	静态声明互斥锁并初始化解锁状态
mutex_init(mutex)	动态声明互斥锁并初始化解锁状态
void mutex_destroy(struct mutex *lock)	销毁该互斥锁
bool mutex_is_locked(struct mutex *lock)	判断互斥锁是否被锁住
mutex_lock	获得锁，task不可被中断
mutex_unlock	解锁
mutex_trylock	尝试获得锁，不能加锁则立刻返回
mutex_lock_interruptible	获得锁，task可以被中断
mutex_lock_killable	获得锁，task可以被信号杀死
mutex_lock_io	获得锁，在该task等待锁时，它会被调度器标记为io等待状态

上面讲的自旋锁、信号量和互斥锁的实现，都使用了原子操作指令。由于原子操作会处于lock状态，当线程在多个CPU上争抢进入临界区的时候，都会操作那个在多个CPU之间共享的数据。CPU 0调用了lock，为了数据的一致性，会导致其他CPU的L1中的锁操作变成invalid，在随后的来自其他CPU对锁的访问会导致L1 cache miss（更准确地说是communication cache miss），必须从下一个等级的cache中获取。

这就会使缓存一致性变得很糟，导致性能下降。所以Linux内核提供了一种新的同步方式：RCU（读-复制-更新）。

3.5　RCU

RCU是读写锁的高性能版本，它的核心理念是读者访问的同时，写者可以更新访问对象的副本，但写者需要等待所有读者完成访问之后，才能删除老对象。读者没有任何同步开销，而写者的同步开销则取决于使用的写者间同步机制。

RCU适用于需要频繁地读取数据，而相应修改数据并不多的情景。例如在文件系统中，经常需要查找定位目录，而对目录的修改相对来说并不多，这就是RCU发挥作用的最佳场景。

RCU常用的接口如表3-5所示。

表3-5 RCU常用的接口

API	说明
rcu_read_lock	标记读者进入读端临界区
rcu_read_unlock	标记读者退出临界区
synchronize_rcu	同步RCU，即所有的读者已经完成读端临界区，写者才可以继续下一步操作，由于该函数将阻塞写者，只能在进程上下文中使用
call_rcu	把回调函数func注册到RCU回调函数链上，然后立即返回
rcu_assign_pointer	用于RCU指针赋值
rcu_dereference	用于RCU指针取值
list_add_rcu	向RCU注册一个链表结构
list_del_rcu	从RCU移除一个链表结构

为了更好地理解，在剖析RCU之前先看一个例子：

```
#include <linux/kernel.h>
#include <linux/module.h>
#include <linux/init.h>
#include <linux/slab.h>
#include <linux/spinlock.h>
#include <linux/rcupdate.h>
#include <linux/kthread.h>
#include <linux/delay.h>
struct foo {
        int a;
        struct rcu_head rcu;
};
static struct foo *g_ptr;
static int myrcu_reader_thread1(void *data) //读者线程1
{
        struct foo *p1 = NULL;
        while (1) {
                if(kthread_should_stop())
                        break;
                msleep(20);
                rcu_read_lock();
                mdelay(200);
                p1 = rcu_dereference(g_ptr);
                if (p1)
                        printk("%s: read a=%d\n", __func__, p1->a);
                rcu_read_unlock();
        }
        return 0;
}
static int myrcu_reader_thread2(void *data) //读者线程2
{
        struct foo *p2 = NULL;
        while (1) {
                if(kthread_should_stop())
                        break;
```

```
                msleep(30);
                rcu_read_lock();
                mdelay(100);
                p2 = rcu_dereference(g_ptr);
                if (p2)
                        printk("%s: read a=%d\n", __func__, p2->a);
                rcu_read_unlock();
        }

        return 0;
}
static void myrcu_del(struct rcu_head *rh) //回收处理操作
{
        struct foo *p = container_of(rh, struct foo, rcu);
        printk("%s: a=%d\n", __func__, p->a);
        kfree(p);
}
static int myrcu_writer_thread(void *p) //写者线程
{
        struct foo *old;
        struct foo *new_ptr;
        int value = (unsigned long)p;
        while (1) {
                if(kthread_should_stop())
                        break;
                msleep(250);
                new_ptr = kmalloc(sizeof (struct foo), GFP_KERNEL);
                old = g_ptr;
                *new_ptr = *old;
                new_ptr->a = value;
                rcu_assign_pointer(g_ptr, new_ptr);
                call_rcu(&old->rcu, myrcu_del);
                printk("%s: write to new %d\n", __func__, value);
                value++;
        }
        return 0;
}
static struct task_struct *reader_thread1;
static struct task_struct *reader_thread2;
static struct task_struct *writer_thread;
static int __init my_test_init(void)
{
        int value = 5;
        printk("figo: my module init\n");
        g_ptr = kzalloc(sizeof (struct foo), GFP_KERNEL);
        reader_thread1 = kthread_run(myrcu_reader_thread1, NULL, "rcu_reader1");
        reader_thread2 = kthread_run(myrcu_reader_thread2, NULL, "rcu_reader2");
          writer_thread = kthread_run(myrcu_writer_thread, (void *)(unsigned
long)value, "rcu_writer");

        return 0;
}
```

```
static void __exit my_test_exit(void)
{
        printk("goodbye\n");
        kthread_stop(reader_thread1);
        kthread_stop(reader_thread2);
        kthread_stop(writer_thread);
        if (g_ptr)
                kfree(g_ptr);
}
MODULE_LICENSE("GPL");
module_init(my_test_init);
module_exit(my_test_exit);
```

执行结果是：

```
myrcu_reader_thread2: read a=0\
myrcu_reader_thread1: read a=0\
myrcu_reader_thread2: read a=0\
myrcu_writer_thread: write to new 5\
myrcu_reader_thread2: read a=5\
myrcu_reader_thread1: read a=5\
myrcu_del: a=0
```

从上面的例子可以看出，RCU可以很好地完成读和写的同步。下面我们看一下RCU的工作原理。

可以用图3-5来总结，当写线程myrcu_writer_thread 写完后，会更新到另外两个读线程 myrcu_reader_thread1与myrcu_reader_thread2。读线程像是订阅者，一旦写线程对临

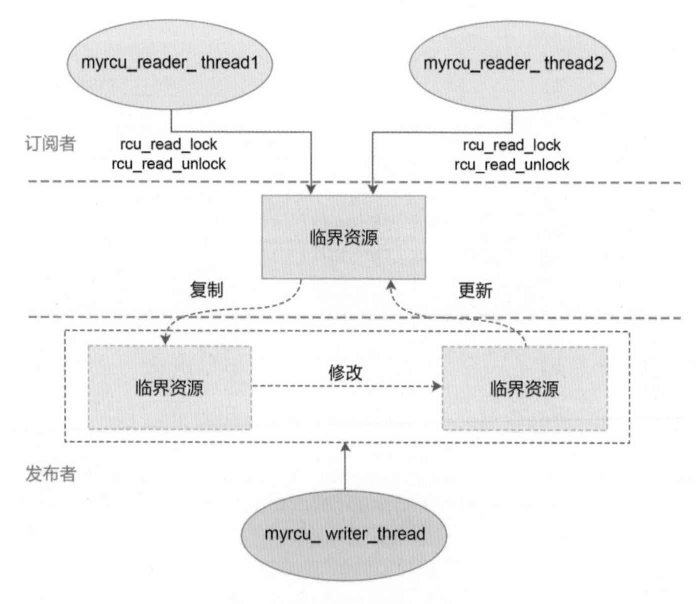

图3-5　写时复制的流程

界区有更新，写线程就像发布者一样通知到订阅者那里。

写时复制在副本修改后进行更新时，首先把旧的临界资源数据移除（**Removal**）；然后把旧的数据进行回收（**Reclamation**）。结合API实现就是，首先使用**rcu_assign_pointer**来移除旧的指针指向，转而指向更新后的临界资源；然后使用**synchronize_rcu**或**call_rcu**启动Reclaimer，对旧的临界资源进行回收（其中synchronize_rcu表示同步等待回收，call_rcu表示异步回收）。

因为rcu_read_lock与rcu_read_unlock 分别是关闭抢占和打开抢占，如下所示：

```
static inline void __rcu_read_lock(void)
{
    preempt_disable();
}

static inline void __rcu_read_unlock(void)
{
    preempt_enable();
}
```

所以发生抢占，就说明不在rcu_read_lock与rcu_read_unlock之间，即已经完成访问或者还未开始访问。

表3-6总结了这几种同步方式的区别和使用场景。

表3-6　几种同步方式的区别和使用场景

机制	等待机制	优缺点	场景
原子操作	无;ldrex与 strex 实现内存独占访问	性能相当高；场景受限	资源计数
自旋锁	忙等待;唯一持有	多处理器下性能优异;临界区时间长会浪费	中断上下文
信号量	睡眠等待（阻塞）；多数持有	相对灵活，适用于复杂情况；耗时长	情况复杂且耗时长的情景，比如内核与用户空间的交互
互斥锁	睡眠等待（阻塞）；优先自旋等待；唯一持有	较信号量高效，适用于复杂场景；存在若干限制条件	满足使用条件下，互斥锁优先于信号量
RCU		绝大部分为读而只有极少部分为写的情况下，它是非常高效的；但延后释放内存会造成内存开销，写者阻塞比较严重	读多写少的情况下，对内存消耗不敏感的情况下，满足RCU条件的情况下，优先于读写锁使用；对于动态分配数据结构这类引用计数的机制，也有高性能的表现

第4章

文件系统

在Linux系统中，文件系统如同一座功能强大的图书馆，它不仅是数据的存储仓库，更提供了精细的分类、索引和检索机制。通过层次化的目录结构，我们可以迅速找到并访问所需文件。同时，文件系统还提供了严格的访问控制和权限管理功能，确保数据的安全性和完整性。此外，文件系统还具备可扩展性和灵活性，能够适应不断增长的数据存储需求。因此，文件系统在Linux系统中扮演着至关重要的角色，为我们提供了高效、安全和便捷的数据管理服务。

4.1 磁盘

4.1.1 磁盘类型

按工作原理分为机械硬盘和固态硬盘，如图4-1所示。

- 机械硬盘即传统普通硬盘，主要由盘片、磁头、盘片转轴及控制电机、磁头控制器、数据转换器、接口、缓存等几部分组成。
- 固态驱动器（Solid State Disk或Solid State Drive，简称SSD），俗称固态硬盘。固态硬盘是用固态电子存储芯片阵列制成的硬盘。

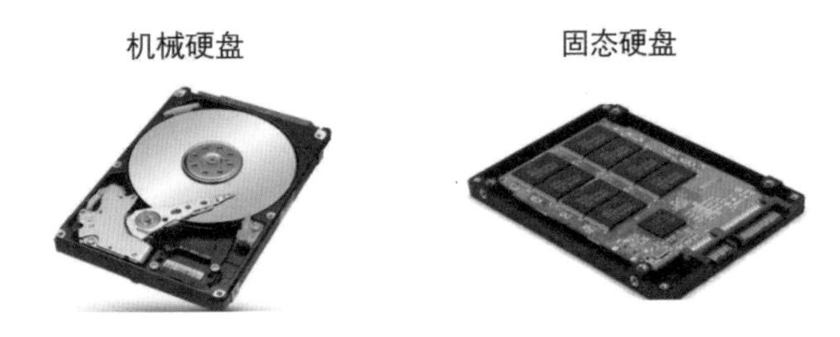

图4-1 机械硬盘和固态硬盘

4.1.2 磁盘读写数据所花费的时间

在磁盘上读取和写入数据所花费的时间可分为三部分：

- 首先磁头径向移动来寻找数据所在的磁道，这部分时间叫寻道时间。
- 找到目标磁道后通过盘面旋转，将目标扇区移动到磁头的正下方。
- 从目标扇区读取或者向目标扇区写入数据。

到此为止，一次磁盘I/O完成。

故单次磁盘I/O时间 = 寻道时间 + 旋转延迟 + 存取时间。

4.2 磁盘的分区

分区是操作系统对磁盘进行管理的第一步，也是一个重要环节，将一个磁盘分成若干个逻辑区域，能够把连续的磁盘区块当作一个独立的磁盘分开使用。之所以要对磁盘进行分区，主要基于以下几个原因：

- 防止数据丢失：如果系统只有一个分区，那么假如这个分区损坏，用户将会丢失所有数据。
- 增加磁盘空间使用效率：可以用不同的区块大小来格式化分区，如果有很多1KB的文件，而磁盘分区区块大小为4KB，那么每存储一个文件将会浪费3KB空间。这时需要取这些文件大小的平均值进行区块大小的划分。
- 将用户数据和系统数据分开，可以避免用户数据填满整个磁盘引起的系统挂起。

在Linux中对磁盘分区有两个方案：MBR分区和GPT分区。

主引导记录（Master Boot Record，MBR）分区和全局唯一标识分区列表（GUID Partition Table，GPT）分区是磁盘的两种分区方式，它们各自占据了从磁盘的0磁道0扇区开始的不同字节数大小，这两种不同分区方式也决定了磁盘的各种特性，是计算机启动之前最先加载的程序。

在MBR磁盘的第一个扇区内保存着启动代码和硬盘分区表。启动代码的作用是指引计算机从活动分区引导启动操作系统，也可以叫作Bootloader；硬盘分区表的作用是记录硬盘的分区信息。如图4-2所示，在MBR中，分区表的大小是固定的，一共可容纳4个主分区信息。最后是磁盘有效标志，它是磁盘分区的校验位。

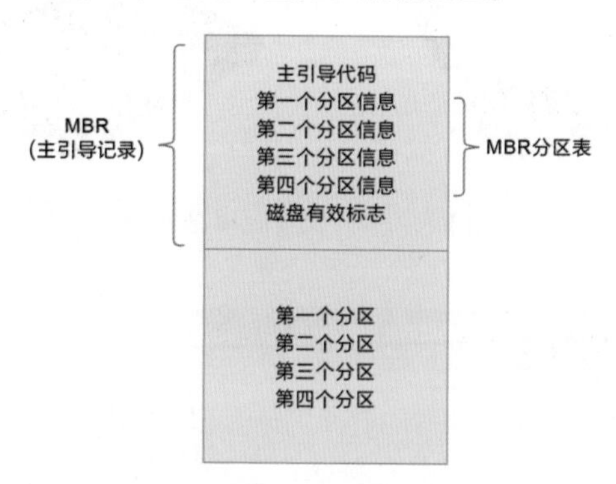

图4-2　MBR分区

在GPT磁盘的第一个扇区中同样有一个与MBR（主引导记录）类似的标记，叫作PMBR。PMBR的作用是当使用不支持GPT的分区工具时，整个硬盘将显示为一个受保护的分区，以防止分区表及硬盘数据遭到破坏。而其中存储的内容和MBR一样，如图4-3所示。

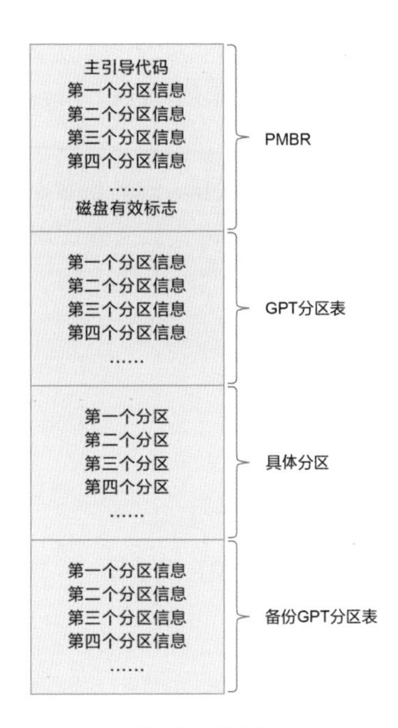

图4-3　PMBR

4.3　磁盘上数据的分布

磁盘上分为一个个数据块，一个块的大小通常是4KB，磁盘又把大量的数据块分为有限的块组。在每个块组中，有GDT、块位图、inode位图、inode表和不均匀超级块等，如图4-4所示。

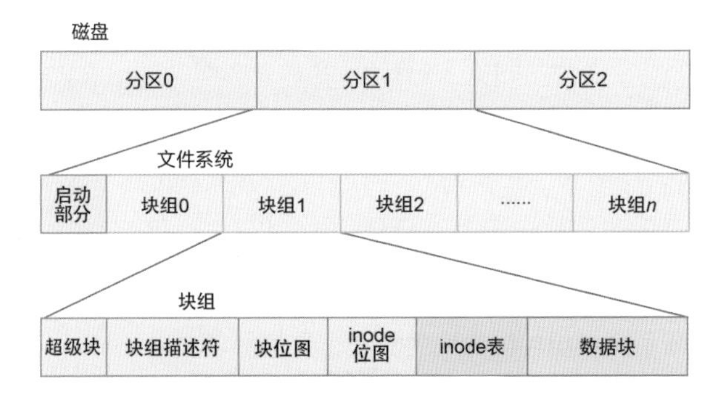

图4-4　磁盘上的数据块

关于各个数据块存储的信息，做以下简要介绍：

- 启动部分：前面已经介绍过，里面存储的是MBR或者GDT等系统启动的程序。
- 超级块：记录着磁盘上所有数据块组的信息以及数据块的大小、inode大小……一旦损坏，数据丢失，需备份多次。
- GDT：存储着每个块组的磁盘块的数量，需备份多次。
- 块位图：是磁盘块上数据块的索引，是加快查找inode的一种非常重要的数据结构。
- inode位图：作用和块位图相似。
- inode表：遍历inode位图。

4.4 查看文件系统的文件

前面介绍了分区的内部结构，为了更加直观地理解，这里把图4-4重新解释一下，如图4-5所示。

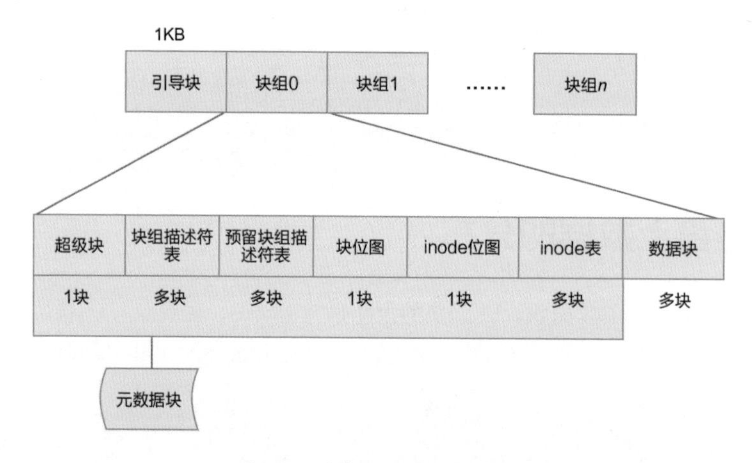

图4-5 磁盘上的数据块中文

- 引导块（Boot sector）：前面已经介绍过，里面存储的是MBR或者GDT等系统启动的程序。
- 超级块（Super block）：记录着磁盘上所有数据块组的信息以及数据块的大小、inode大小……一旦损坏，数据丢失，需备份多次。
- GDT：存储着每个块组的磁盘块的数量，需备份多次。
- 块位图（Block bitmap）：是磁盘块上数据块的索引，是加快查找inode的一种非常重要的数据结构。
- inode位图：作用同块位图。
- inode表：遍历inode位图。

- ext4文件系统中只有0号块组的超级块和块组描述符表的位置是固定的，其他都不固定。其中，超级块总是开始于偏移位置1024字节，占据1024字节，块组描述符表紧随超级块后面，占用的大小不定。

4.4.1 文件系统对象结构

磁盘中的文件系统对象结构在内核的`fs/ext4/ext4.h`文件中定义。

磁盘超级块定义如下：

```
struct ext4_super_block {
        __le32  s_inodes_count;
        __le32  s_blocks_count;
        __le32  s_r_blocks_count;
        __le32  s_free_blocks_count;
        __le32  s_free_inodes_count;
        __le32  s_first_data_block;
        __le32  s_log_block_size;
        __le32  s_log_frag_size;
        __le32  s_blocks_per_group;
        __le32  s_frags_per_group;
        __le32  s_inodes_per_group;
  ……
}
```

磁盘块组描述符定义如下：

```
struct ext4_group_desc
{
        __le32  bg_block_bitmap;
        __le32  bg_inode_bitmap;
        __le32  bg_inode_table;
        __le16  bg_free_blocks_count;
        __le16  bg_free_inodes_count;
        __le16  bg_used_dirs_count;
        __le16  bg_pad;
        __le32  bg_reserved[3];
};
```

磁盘inode定义如下：

```
struct ext4_inode {
        __le16  i_mode;
        __le16  i_uid;
        __le32  i_size;
        __le32  i_atime;
        __le32  i_ctime;
        __le32  i_mtime;
```

```
        __le32  i_dtime;
        __le16  i_gid;
        __le16  i_links_count;
        __le32  i_blocks;
    ......
    __le32  i_block[EXT4_N_BLOCKS];
    ......
};
```

磁盘目录项定义如下：

```
struct ext2_dir_entry_2 {
        __le32  inode;
        __le16  rec_len;
        __u8    name_len;
        __u8    file_type;
        char    name[];
};
```

4.4.2 查看分区信息

相信现在你已经对分区所包含的内容有所了解，现在让我们用命令实践，巩固对分区的掌握。

```
$ dumpe2fs /dev/sda1
Filesystem volume name:   <none>
Last mounted on:          /boot
Filesystem UUID:          acbf5a3d-8059-4b70-9cbe-1a51a7db73b9
Filesystem magic number:  0xEF53
Filesystem revision #:    1 (dynamic)
Filesystem features:      has_journal ext_attr resize_inode dir_index filetype
needs_recovery extent 64bit flex_bg sparse_super large_file huge_file dir_nlink
extra_isize metadata_csum
Filesystem flags:         signed_directory_hash
Default mount options:    user_xattr acl
Filesystem state:         clean
Errors behavior:          Continue
Filesystem OS type:       Linux
Inode count:              319272
Block count:              1298432
Reserved block count:     64918
Free blocks:              1027376
Free inodes:              318949
First block:              1
Block size:               1024
Fragment size:            1024
Group descriptor size:    64
Reserved GDT blocks:      248
```

```
Blocks per group:          8192
Fragments per group:       8192
Inodes per group:          2008
Inode blocks per group:    251
Flex block group size:     16
…………
Group 0: (Blocks 1-8192) csum 0x5100 [ITABLE_ZEROED]     //组0：(1~8192块)
  Primary superblock at 1, Group descriptors at 2-11    //超级块块编号为1，块组
描述符块编号为2~11
  Reserved GDT blocks at 12-259
  Block bitmap at 260 (+259), csum 0xf56e8238        //位图块编号为260
  Inode bitmap at 276 (+275), csum 0xf10d64b5        //inode位图块编号为276
  Inode table at 292-542 (+291)                      //inode表位于292至542块
  3851 free blocks, 1685 free inodes, 6 directories, 1404 unused inodes
  Free blocks: 4342-8192
  Free inodes: 14, 28-300, 308-309, 312-313, 319, 322-323, 605-2008
……
```

我们可以看到创建的文件系统的总体信息：

- Filesystem magic number：0xEF53

  表示为ext2文件系统。
- Inode count：319272

  表示文件系统inode个数为319272。
- Block count：1298432

  表示文件系统块个数为1298432。
- Free blocks：1027376

  表示文件系统空闲块个数为1027376。
- Free inodes：318949

  表示文件系统空闲inode个数为318949。
- First block：1

  表示第一个数据块编号为1（编号0保留为引导块）。
- Block size：1024

  表示文件系统块大小为1KB。
- Blocks per group：8192

  表示每个块组8192个块。
- Inodes per group：2008

  表示每个块组2008个inode。
- Inode blocks per group：251

  表示每个块组251个inode块。

- First inode：11

  表示分配的第一个inode号为11（除根inode外，根inode号为2）
- Inode size：128

  表示inode大小128B。

下面让我们再一起看下，如何通过裸数据查看**超级块**和**块组描述符**的详细内容，这样的方式会让我们深入理解其本质。

4.4.3 查看超级块

通过命令hexdump可以查看分区的裸数据：

```
hexdump -s 1024 -n 1024 -C /dev/sda1
```

查看结果如图4-6所示。

```
00000400  28 df 04 00 00 d0 13 00  96 fd 00 00 30 ad 0f 00  |(...........0...|
00000410  e5 dd 04 00 01 00 00 00  00 00 00 00 00 00 00 00  |................|
00000420  00 20 00 00 00 20 00 00  d8 07 00 00 3c 5b cd 63  |. ... ......<[.c|
00000430  e3 c2 e2 63 15 00 ff ff  53 ef 01 00 01 00 00 00  |...c....S.......|
00000440  73 33 98 5e 00 00 00 00  00 00 00 00 01 00 00 00  |s3.^............|
00000450  00 00 00 00 0b 00 00 00  80 00 00 00 3c 00 00 00  |............<...|
00000460  c6 02 00 00 6b 04 00 00  ac bf 5a 3d 80 59 4b 70  |....k.....Z=.YKp|
00000470  9c be 1a 51 a7 db 73 b9  00 00 00 00 00 00 00 00  |...Q..s.........|
00000480  00 00 00 00 00 00 00 00  2f 62 6f 6f 74 00 00 00  |......../boot...|
00000490  00 00 00 00 00 00 00 00  00 00 00 00 00 00 00 00  |................|
*
000004c0  00 00 00 00 00 00 00 00  00 00 00 00 00 00 f8 00  |................|
000004d0  00 00 00 00 00 00 00 00  00 00 00 00 00 00 00 00  |................|
000004e0  08 00 00 00 00 00 00 00  00 00 00 00 ca 5f e7 90  |............._..|
000004f0  51 11 49 52 95 4d 73 52  54 a7 dc 01 01 01 40 00  |Q.IR.MsRT.....@.|
00000500  0c 00 00 00 00 00 00 00  95 27 1b 5d 0a f3 01 00  |.........'.]....|
00000510  04 00 00 00 00 00 00 00  00 00 00 00 00 10 00 00  |................|
00000520  01 c0 01 00 00 00 00 00  00 00 00 00 00 00 00 00  |................|
00000530  00 00 00 00 00 00 00 00  00 00 00 00 00 00 00 00  |................|
00000540  00 00 00 00 00 00 00 00  00 00 00 00 00 00 40 00  |..............@.|
00000550  00 00 00 00 00 00 00 00  00 00 00 00 00 00 00 00  |................|
00000560  01 00 00 00 00 00 00 00  00 00 00 00 00 00 00 00  |................|
00000570  00 00 00 00 04 01 00 00  60 af 29 00 00 00 00 00  |........`.).....|
00000580  00 00 00 00 00 00 00 00  00 00 00 00 00 00 00 00  |................|
*
000007f0  00 00 00 00 00 00 00 00  00 00 00 00 e5 49 57 47  |.............IWG|
00000800
```

图4-6 分区的裸数据

按图4-6中红色框标记，找到0号块组起始块号、块大小、每块组所含块数、每块组inode节点数、第一个非保留inode节点、每个inode节点大小。

- 0x438~0x439是ext系列文件系统的签名标志：“53 ef”。
- 0x414~0x417是0号块组起始块号：0x01，说明超级块前面有一个块为保留块，用来存储引导程序。
- 0x418~0x41b是块大小：0x00，这里的值指的是将1024字节左移的位数，移动0位也就是1024字节，左移一位相当于乘以2，就是2048字节。
- 0x420~0x423是每块组所含块数：0x2000（十进制8192）。

- 0x428~0x42b是每块组所含inode节点数：0x07d8（十进制2008）。
- 0x454~0x457是第一个非保留inode节点号：0x0b（11），一般为lost+found 目录。
- 0x458~0x459是每个inode节点结构的大小：0x80（十进制128），也就是每个inode节点表项占用128字节。

4.4.4 查看块组描述符

用同样的命令查看块组描述符的裸数据：

```
hexdump -s 2048 -n 1024 -C /dev/sda1
```

查看结果如图4-7所示。

```
00000800  04 01 00 00 14 01 00 00  24 01 00 00 0b 0f 94 06  |........$.......|
00000810  06 00 04 00 00 00 00 00  38 82 4e f0 7c 05 ca c0  |........8.N.|...|
00000820  00 00 00 00 00 00 00 00  00 00 00 00 00 00 00 00  |................|
00000830  00 00 00 00 00 00 00 00  6e f5 58 4e 00 00 00 00  |........n.XN....|
00000840  05 01 00 00 15 01 00 00  1f 02 00 00 fa 11 d8 07  |................|
00000850  00 00 05 00 00 00 00 00  37 91 00 00 d8 07 bc c4  |........7.......|
00000860  00 00 00 00 00 00 00 00  00 00 00 00 00 00 00 00  |................|
00000870  00 00 00 00 00 00 00 00  ce 74 00 00 00 00 00 00  |.........t......|
00000880  06 01 00 00 16 01 00 00  1a 03 00 00 e8 04 d8 07  |................|
00000890  00 00 05 00 00 00 00 00  43 8f 00 00 d8 07 59 1c  |........C.....Y.|
000008a0  00 00 00 00 00 00 00 00  00 00 00 00 00 00 00 00  |................|
000008b0  00 00 00 00 00 00 00 00  2c 2e 00 00 00 00 00 00  |........,.......|
000008c0  07 01 00 00 17 01 00 00  15 04 00 00 f6 16 d8 07  |................|
000008d0  00 00 05 00 00 00 00 00  e9 3e 00 00 d8 07 3c 69  |.........>....<i|
000008e0  00 00 00 00 00 00 00 00  00 00 00 00 00 00 00 00  |................|
000008f0  00 00 00 00 00 00 00 00  c6 76 00 00 00 00 00 00  |.........v......|
00000900  08 01 00 00 18 01 00 00  10 05 00 00 c6 01 d8 07
```

图4-7 块的裸数据

按图4-7中红色框所标，找到块位图块、inode节点位图块、inode节点表起始块号、块组目录数。

因为块组描述符表中每个块组使用32字节来描述，因此第一个32字节描述的就是0号块组。

- 0x800~0x804是块位图起始块号：0x0104。
- 0x805~0x807是inode节点位图块起始块号：0x0114。
- 0x808~0x80b是inode节点表起始块号：0x0124。
- 0x810~0x811是该块组的目录数：0x06。

这里获取的起始块号是逻辑块号（将文件系统所有的块从0开始递增编号），因此在计算偏移量时可以直接乘以每块字节数（0x400，也就是十进制的1024）。

可以看出用hexdump和用dumpe2fs分析的结果是一致的。接下来我们一起看看如何查找文件系统中的文件。

4.5 ext4文件系统

Linux的拓展文件系统，从第一代ext为人们所熟知，经过ext2、ext3、ext4发展，逐步成为Linux上首选的文件系统，目前比较常用的是ext3和ext4，ext3的用户也将慢慢升级到ext4。本节主要介绍ext4这个文件系统。

4.5.1 磁盘布局

在了解文件系统前，先简单回顾磁盘是怎样布局的。磁盘都会进行逻辑空间划分，分为一个个分区，有GPT和MBR两种划分机制，本节介绍MBR机制，磁盘被分成最多4个分区；如图4-8所示，一个磁盘被分为3个主分区和1个拓展分区，每个分区包含boot block部分；拓展分区拓展了区域，称为逻辑分区；MBR部分是整个系统的开始部分，包括引导程序（boot code）和分区表信息。

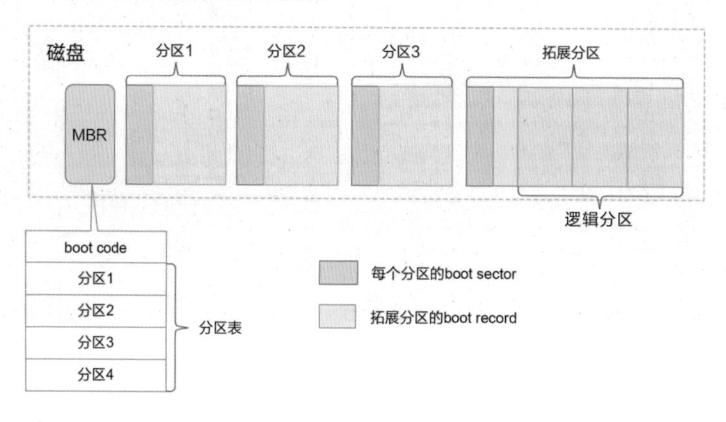

图4-8 磁盘的分区

MBR引导程序通过分区表找到一个活动的分区表，将活动分区的启动程序从设备加载到RAM并且执行，该程序负责进一步的操作系统的加载和启动。一个文件系统使用一个独立的分区，不同的分区可以使用不同的文件系统，Linux只有一个根目录“/”，其他分区需要挂在根目录的某个目录下才能使用。

4.5.2 ext3布局

磁盘分好区之后，就能在分区上创建文件系统了。一个分区格式化成ext3文件系统，磁盘的布局如图4-9所示。

文件系统最前面有一个引导块，这个引导块可以安装启动管理程序，这是个非常重要的设计，因为如此一来我们就能够将不同的启动管理程序安装到某个文件系统的最前端，而不用覆盖唯一的MBR。

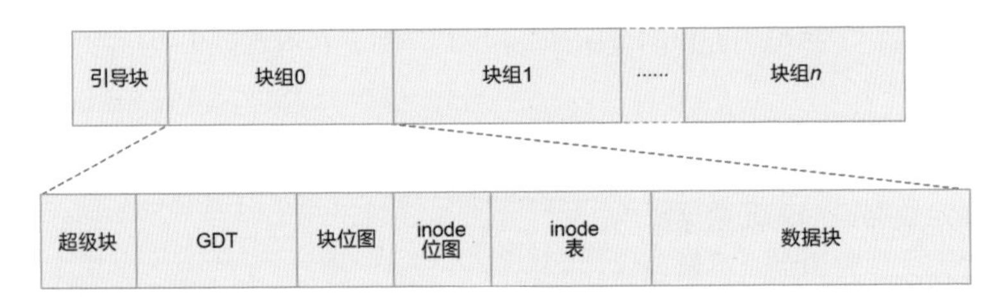

图4-9 ext3的布局

- 超级块：大小为1KB，超级块是记录整个文件系统相关信息的地方，超级块位于每个块组的最前面，每个块组包含超级块的内容是相同的（超级块在每个块组的开头都有一份副本）。图4-10是超级块的内容。

	0 1	2 3	4 5	6 7
0	inode数		块数	
8	保留块数		空闲块数	
16	空闲inode数		第一个数据块块号	
24	块长度		片长度	
32	每组块数		每组片数	
40	每组inode数		安装时间	
48	最后写入时间		安装计数	最大安装数
56	署名	状态	出错动作	改版标志
64	最后检测时间		最大检测间隔	
72	操作系统		版本标志	
80	UID	GID		

图4-10 超级块的内容

- GDT：块组描述符表，由很多块组描述符组成，Linux块组描述符为32字节，整个分区分成多少个块组就对应有多少个块组描述符；和超级块类似，块组描述符表在每个块组的开头也都有一份副本，具有相同内容的组描述符表放在每个块组中作为备份，这些信息是非常重要的。
- 块位图：用来描述本块组中数据块的使用状况，它本身占一个数据块。
- inode位图：和块位图类似，本身占一个块，其中每一位（bit）表示一个inode是否空闲可用。
- inode表：存储本块组的inode序号和inode保存的位置。
- 数据块：存放数据的地方。

ext4的基本磁盘布局和ext3的差不多，都是以块组管理，但增加了一些特性。

1. Flexible块组

如果开启flex_bg特性，在一个flex_bg中，几个块组在一起组成一个逻辑块组flex_

bg。flex_bg的第一个块组中的位图空间和inode表空间扩大为包含了flex_bg中其他块组上的位图和inode表。

Flexible块组的作用：

- 聚集元数据，加速元数据载入。
- 使得大文件在磁盘上尽量连续。

最终目的都是减少磁盘寻道时间。

2. 元块组（Meta Block Groups）

以ext4为例，一个块组的大小默认为127MB，ext4的块组描述符大小按64字节计算，文件系统中最多只能有221个块组，也就是说文件系统最大为256TB。如果打开META_BG选项，ext4文件系统将被分为多个元块组。每个元块组是块组的集合。对于块大小为4KB的ext4文件系统，一个元块组包含64个块组=8GB，GDT将存储在元块组的第一个块组中，并且在元块组的第二和最后一个块组中做备份。这种方式即可消除256TB的限制，大致可达到512PB。

4.5.3 ext4中的inode

ext4中很重要的概念inode的数据结构如下所示：

```
#define EXT4_NDIR_BLOCKS        12
#define EXT4_IND_BLOCK          EXT4_NDIR_BLOCKS
#define EXT4_DIND_BLOCK         (EXT4_IND_BLOCK + 1)
#define EXT4_TIND_BLOCK         (EXT4_DIND_BLOCK + 1)
#define EXT4_N_BLOCKS           (EXT4_TIND_BLOCK + 1)

struct ext4_inode {
    __le16  i_mode;
    __le16  i_uid;
    __le32  i_size_lo;
    __le32  i_atime;
    __le32  i_ctime;
    __le32  i_mtime;
    __le32  i_dtime;
    __le16  i_gid;
    __le16  i_links_count;
    __le32  i_blocks_lo;
    __le32  i_flags;
    union {
        struct {
            __le32  l_i_version;
        } linux1;
        struct {
            __u32  h_i_translator;
```

```
        } hurd1;
        struct {
            __u32  m_i_reserved1;
        } masix1;
    } osd1;
    __le32  i_block[EXT4_N_BLOCKS];
    __le32  i_generation;
    __le32  i_file_acl_lo;
    __le32  i_size_high;
    __le32  i_obso_faddr;
    union {
        struct {
            __le16  l_i_blocks_high;
            __le16  l_i_file_acl_high;
            __le16  l_i_uid_high;
            __le16  l_i_gid_high;
            __u32   l_i_reserved2;
        } linux2;
        struct {
            __le16  h_i_reserved1;
            __u16   h_i_mode_high;
            __u16   h_i_uid_high;
            __u16   h_i_gid_high;
            __u32   h_i_author;
        } hurd2;
        struct {
            __le16  h_i_reserved1;
            __le16  m_i_file_acl_high;
            __u32   m_i_reserved2[2];
        } masix2;
    } osd2;
    __le16  i_extra_isize;
    __le16  i_pad1;
    __le32  i_ctime_extra;
    __le32  i_mtime_extra;
    __le32  i_atime_extra;
    __le32  i_crtime;
    __le32  i_crtime_extra;
    __le32  i_version_hi;
};
```

ext4_inode定义于/fs/ext4/ext4.h，ext4_inode的大小为256字节，通过前文可以看出该文件系统的块大小为1024字节，故可以保存4个inode，如图4-11所示。

- i_size_lo：该文件大小。
- i_block[EXT4_N_BLOCKS]：因为一个i_block的大小是4字节，EXT4_N_BLOCKS=15，所以i_block[EXT4_N_BLOCKS]的大小为60字节。前12字节为extent

头，为extent的基本信息，后48字节可以保存4个extent节点，每个extent节点为12字节大小。

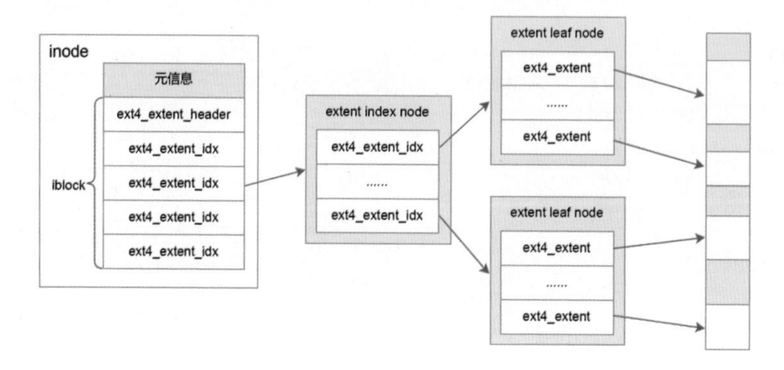

图4-11　ext4中的inode信息

4.5.4　ext4文件寻址

ext3采用间接索引映射，在操作大文件时，效率极其低下。比如一个100MB大小的文件，在ext3中要建立25 600个数据块（每个数据块大小为4KB）的映射表。而ext4引入了现代文件系统中流行的区段extent概念，每个extent为一组连续的数据块，上述文件则表示为“该文件数据保存在接下来的25 600个数据块中”，效率提高了不少。

4.6　查找文件test的过程

表面上，用户通过文件名打开文件，实际上，系统内部将这个过程分为三步：

1. 系统找到这个文件名对应的inode号码。
2. 通过inode号码，获取inode信息。
3. 根据inode信息，找到文件数据所在的块，读出数据。

我们在分区/dev/sda1下创建一个新的文件test，内容如下：

```
$ cat test
I am Peter!
```

该文件的inode号码通过以下命令可以获取，为29：

```
$ ls -lai /boot/test
29 -rw-r--r-- 1 root root 12 Feb  8 07:54 /boot/test
```

接下来通过命令dumpe2fs来看分区/dev/sda1中更详细的内容，如图4-12所示。

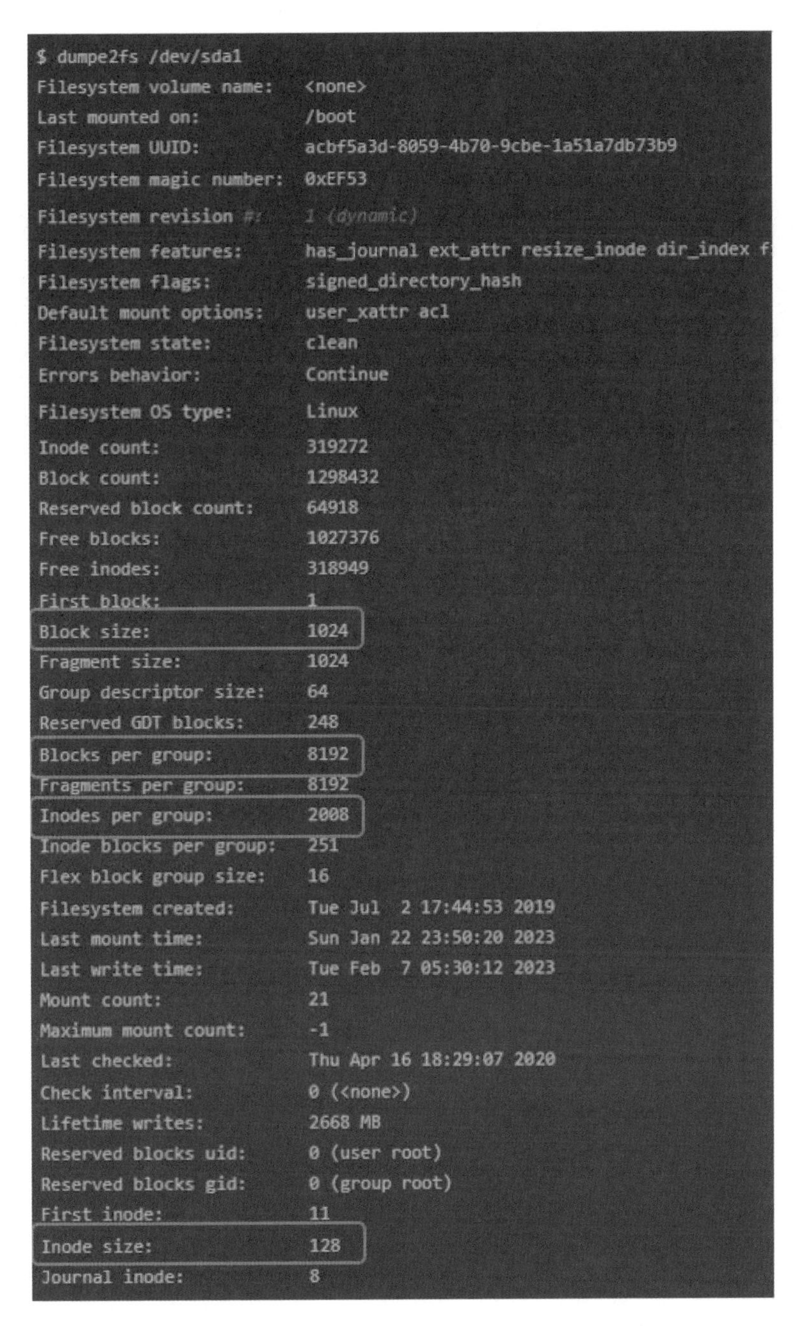

```
$ dumpe2fs /dev/sda1
Filesystem volume name:   <none>
Last mounted on:          /boot
Filesystem UUID:          acbf5a3d-8059-4b70-9cbe-1a51a7db73b9
Filesystem magic number:  0xEF53
Filesystem revision #:    1 (dynamic)
Filesystem features:      has_journal ext_attr resize_inode dir_index f
Filesystem flags:         signed_directory_hash
Default mount options:    user_xattr acl
Filesystem state:         clean
Errors behavior:          Continue
Filesystem OS type:       Linux
Inode count:              319272
Block count:              1298432
Reserved block count:     64918
Free blocks:              1027376
Free inodes:              318949
First block:              1
Block size:               1024
Fragment size:            1024
Group descriptor size:    64
Reserved GDT blocks:      248
Blocks per group:         8192
Fragments per group:      8192
Inodes per group:         2008
Inode blocks per group:   251
Flex block group size:    16
Filesystem created:       Tue Jul  2 17:44:53 2019
Last mount time:          Sun Jan 22 23:50:20 2023
Last write time:          Tue Feb  7 05:30:12 2023
Mount count:              21
Maximum mount count:      -1
Last checked:             Thu Apr 16 18:29:07 2020
Check interval:           0 (<none>)
Lifetime writes:          2668 MB
Reserved blocks uid:      0 (user root)
Reserved blocks gid:      0 (group root)
First inode:              11
Inode size:               128
Journal inode:            8
```

图4-12　dumpe2fs查看分区的信息

可以看出，块大小(block size)为1024字节，每8192个块组成一个块组，每个块组包含2008个inode，其中，一个inode代表一个文件。每个inode结构的大小为128字节，故一个块可以保存1024/128=8个inode。

test的inode为29，根据上面计算得到，此inode位于块组0中，第29个inode。第29个inode位于本块组第4个块内，是其中的第5个inode。

我们看看块组0的信息，如图4-13所示。

```
Group 0: (Blocks 1-8192) csum 0x5100 [ITABLE_ZEROED] //组 0: (块 1-8192)
  Primary superblock at 1, Group descriptors at 2-11  //超级块块编号为 1,块组描述符块编号为 2-11
  Reserved GDT blocks at 12-259
  Block bitmap at 260 (+259), csum 0xf56e8238 //位图块编号为 260
  Inode bitmap at 276 (+275), csum 0xf10d64b5  //inode 位图块编号为 276
  Inode table at 292-542 (+291)                //inode 表位于 292 和 542 块
  3851 free blocks, 1685 free inodes, 6 directories, 1404 unused inodes
  Free blocks: 4342-8192
  Free inodes: 14, 28-300, 308-309, 312-313, 319, 322-323, 605-2008
```

图4-13　块组0的信息

块组0从292块开始保存文件数据，因此test位于292+(4-1)=295块内，test的inode在磁盘上的偏移为：295×**1024+(5-1)**×128=302592。

查看磁盘上的数据，如图4-14所示。

```
$ hexdump -s 302592 -n 256 -C /dev/sda1
00049e00  a4 81 00 00 0c 00 00 00  a9 70 e8 63 af e4 e2 63  |.........p.c...c|
00049e10  af e4 e2 63 00 00 00 00  00 00 01 00 02 00 00 00  |...c............|
00049e20  00 00 08 00 01 00 00 00  0a f3 01 00 04 00 00 00  |................|
00049e30  00 00 00 00 00 00 00 00  01 00 00 00 03 24 00 00  |.............$..|
00049e40  00 00 00 00 00 00 00 00  00 00 00 00 00 00 00 00  |................|
*
00049e60  00 00 00 00 98 48 15 3c  00 00 00 00 00 00 00 00  |.....H.<........|
00049e70  00 00 00 00 00 00 00 00  00 00 00 00 b6 e9 00 00  |................|
00049e80  00 00 00 00 00 00 00 00  00 00 00 00 00 00 00 00  |................|
*
00049f00
```

图4-14　寻找extent entry

第一个红框为文件大小：0x0c字节，即12字节；第二个红框为文件extent entry所在位置：0x2403=9219。extent entry在磁盘内的偏移为：9219×1024=9440256，查看其内容：

```
$ hexdump -s 9440256 -n 256 -C /dev/sda1
00900c00  49 20 61 6d 20 50 65 74  65 72 21 0a 00 00 00 00  |I am Peter!.....|
00900c10  00 00 00 00 00 00 00 00  00 00 00 00 00 00 00 00  |................|
*
00900d00
```

没错，和我们刚开始看到的内容一样。

4.7 虚拟文件系统

在UNIX的世界里，有一句很经典的话：一切对象皆是文件。这句话的意思是，可以将UNIX操作系统中所有的对象都当成文件，然后使用操作文件的接口来操作它们。Linux作为一个类UNIX操作系统，也努力实现这个目标。

为了实现“一切对象皆是文件”这个目标，Linux内核提供了一个中间层：虚拟文件系统（Virtual File System，VFS）。VFS既是向下的接口（所有文件系统都必须实现该接口），同时也是向上的接口（用户进程通过系统调用最终能够访问文件系统功能），如图4-15所示。

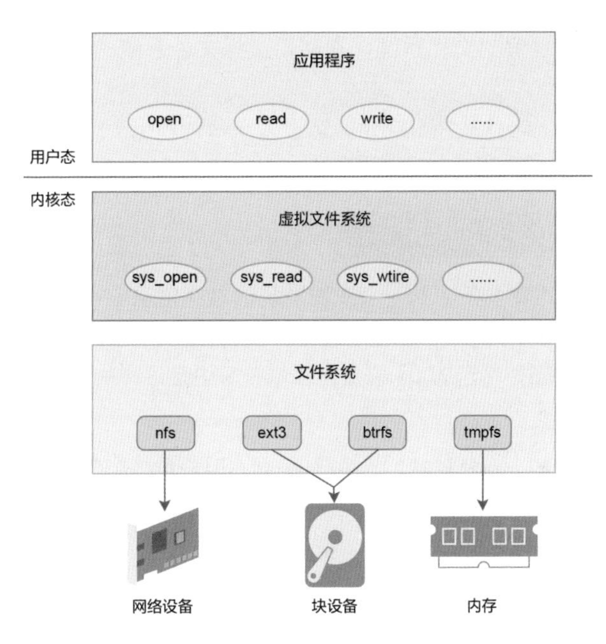

图4-15 虚拟文件系统的位置

VFS抽象了几个数据结构来组织和管理不同的文件系统，分别为：超级块（super_block）、索引节点（inode）、目录结构（dentry）和文件结构（file），要理解VFS就必须先了解这些数据结构的定义和作用。

4.7.1 文件系统类型（file_system_type）

这个结构描述一种文件系统类型，一般情况下具体的文件系统会定义这个结构，然后注册到系统中；定义了具体文件系统的挂载和卸载方法，文件系统挂载时调用其挂载方法构建超级块、根dentry等实例。

```
struct file_system_type {
```

```
    const char *name;
    int fs_flags;
    struct super_block *(*read_super) (struct super_block *, void *, int);
//读取设备中文件系统超级块的方法
    ......
};
```

文件系统分为以下几种：

- 磁盘文件系统：文件在非易失性存储介质上（如硬盘、flash），掉电文件不丢失，如ext2、ext4和xfs。
- 内存文件系统：文件在内存上，掉电丢失，如tmpfs。
- 伪文件系统：是假的文件系统，它利用虚拟文件系统的接口，如proc、sysfs、sockfs和bdev。
- 网络文件系统：这种文件系统允许访问另一台计算机上的数据，该计算机通过网络连接到本地计算机，如nfs文件系统。

4.7.2 超级块（super_block）

超级块，用于描述块设备上的一个文件系统的总体信息（如文件块大小、最大文件大小、文件系统魔数等），一个块设备上的文件系统可以被挂载多次，但是内存中只能由一个super_block来描述（至少对于磁盘文件系统来说是这样的）。

```
struct super_block {
    struct list_head    s_list;     /* Keep this first */
    kdev_t              s_dev;              // 设备号
    unsigned long       s_blocksize;        // 数据块大小
    unsigned char       s_blocksize_bits;
    unsigned char       s_lock;
    unsigned char       s_dirt;             // 是否脏
    struct file_system_type *s_type;        // 文件系统类型
    struct super_operations *s_op;          // 超级块相关的操作列表
    struct dquot_operations *dq_op;
    unsigned long       s_flags;
    unsigned long       s_magic;            // 魔数
    struct dentry       *s_root;            // 挂载的根目录
    wait_queue_head_t   s_wait;

    struct list_head    s_dirty;
    struct list_head    s_files;

    struct block_device *s_bdev;
    struct list_head    s_mounts;
    struct quota_mount_options s_dquot;

    union {
```

```
        struct minix_sb_info    minix_sb;
        struct ext2_sb_info ext2_sb;
        ……
    } u;
    ……
};

struct super_operations {
    void (*read_inode) (struct inode *);      // 把磁盘中的inode数据读入内存
    void (*write_inode) (struct inode *, int);  // 把inode的数据写入磁盘
    void (*put_inode) (struct inode *);         // 释放inode占用的内存
    void (*delete_inode) (struct inode *);      // 删除磁盘中的一个inode
    void (*put_super) (struct super_block *);   // 释放超级块占用的内存
    void (*write_super) (struct super_block *); // 把超级块写入磁盘
    ……
};
```

- s_dev：用于保存设备的设备号。
- s_blocksize：用于保存文件系统的数据块大小（文件系统是以数据块为单位的）。
- s_type：文件系统的类型（提供了读取设备中文件系统超级块的方法）。
- s_op：超级块相关的操作列表。
- s_root：挂载的根目录。

4.7.3 目录项（dentry）

目录项对象，用于描述文件的层次结构，从而构建文件系统的目录树，文件系统将目录当作文件，目录的数据由目录项组成，而每个目录项存储一个目录或文件的名称和索引节点号等内容。每当进程访问一个目录项就会在内存中创建目录项对象。

```
struct dentry {
    ……
    struct inode  * d_inode;    // 目录项对应的inode
    struct dentry * d_parent;   // 当前目录项对应的父目录
    ……
    struct qstr d_name;         // 目录的名字
    unsigned long d_time;
    struct dentry_operations  *d_op; // 目录项的辅助方法
    struct super_block * d_sb;       // 所在文件系统的超级块对象
    ……
    unsigned char d_iname[DNAME_INLINE_LEN]; // 当目录名不超过16个字符时使用
};

struct dentry_operations {
    int (*d_revalidate)(struct dentry *, int);
    int (*d_hash) (struct dentry *, struct qstr *);
```

```
    int (*d_compare) (struct dentry *, struct qstr *, struct qstr *);
    int (*d_delete)(struct dentry *);
    void (*d_release)(struct dentry *);
    void (*d_iput)(struct dentry *, struct inode *);
};
```

当打开文件/usr/local/lib/libc.so文件时，内核会为文件路径中的每个目录创建一个dentry结构，如图4-16所示。

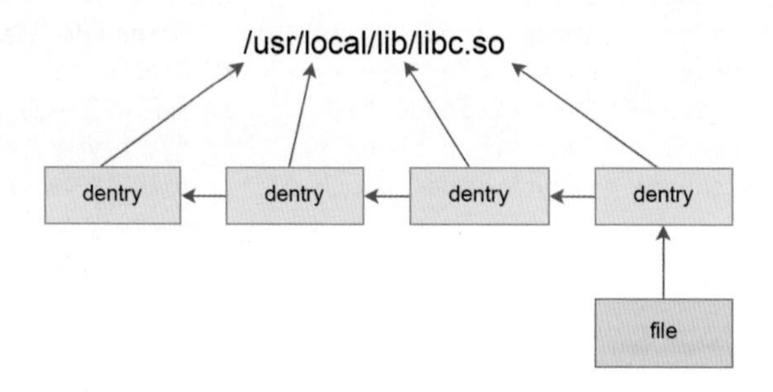

图4-16 目录项的创建

4.7.4 索引节点（inode）

索引节点（inode）是VFS中最为重要的一个结构，用于描述一个文件的元（meta）信息，其包含诸如文件的大小、拥有者、创建时间、磁盘位置等和文件相关的信息，所有文件都有一个对应的inode结构，如图4-17所示。

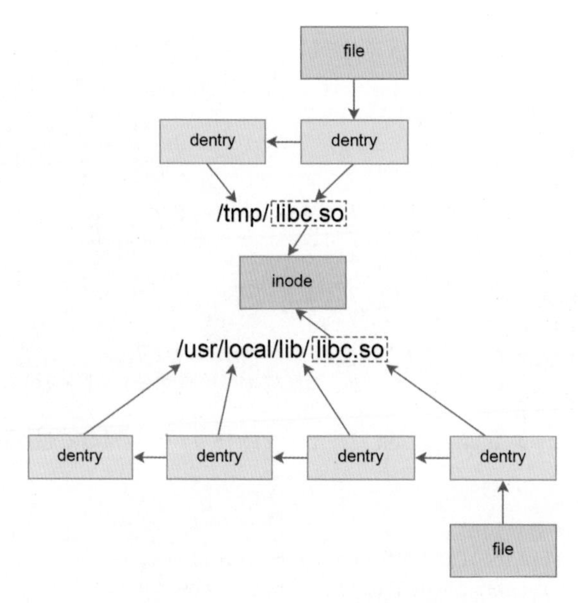

图4-17 索引节点的创建

接下来我们来看inode的数据结构：

```
struct inode {
    ......
    unsigned long          i_ino;
    atomic_t               i_count;
    kdev_t                 i_dev;
    umode_t                i_mode;
    nlink_t                i_nlink;
    uid_t                  i_uid;        //文件所属的用户
    gid_t                  i_gid;        //文件所属的组
    kdev_t                 i_rdev;       //文件所在的设备号
    loff_t                 i_size;       //文件的大小
    time_t                 i_atime;      //文件的最后访问时间
    time_t                 i_mtime;      //文件的最后修改时间
    time_t                 i_ctime;      //文件的创建时间
    ......
    struct inode_operations *i_op;       //inode相关的操作列表
    struct file_operations  *i_fop;      //文件相关的操作列表
    struct super_block      *i_sb;       //文件所在文件系统的超级块
    ......
    union {
        struct minix_inode_info     minix_i;
        struct ext2_inode_info      ext2_i;
        ......
    } u;
};

struct inode_operations {
    int (*create) (struct inode *,struct dentry *,int);
    struct dentry * (*lookup) (struct inode *,struct dentry *);
    int (*link) (struct dentry *,struct inode *,struct dentry *);
    int (*unlink) (struct inode *,struct dentry *);
    int (*symlink) (struct inode *,struct dentry *,const char *);
    ......
};

struct file_operations {
    struct module *owner;
    loff_t (*llseek) (struct file *, loff_t, int);
    ssize_t (*read) (struct file *, char *, size_t, loff_t *);
    ssize_t (*write) (struct file *, const char *, size_t, loff_t *);
    ......
};
```

重点关注i_op和i_fop这两个成员。i_op成员定义对目录相关的操作方法列表，例如mkdir()系统调用会触发inode->i_op->mkdir()方法，而link()系统调用会触发inode->i_op->link()方法。而i_fop成员则定义了打开文件后对文件的操作方法列表，例如read()系统调用会触发inode->i_fop->read()方法，而write()系统调用会触发inode->i_fop->write()方法。

4.7.5 文件对象（file）

文件对象，描述进程打开的文件，当进程打开文件时会创建文件对象并加入到进程的文件打开表，通过文件描述符来索引文件对象，后面读写等操作都通过文件描述符进行（一个文件可以被多个进程打开，会由多个文件对象加入到各个进程的文件打开表，但是inode只有一个）。

```
struct file {
    struct list_head         f_list;
    struct dentry           *f_dentry;  // 文件所属的dentry结构
    struct file_operations  *f_op;      // 文件的操作列表
    atomic_t                 f_count;   // 计数器（表示有多少个用户打开此文件）
    unsigned int             f_flags;   // 标识位
    mode_t                   f_mode;    // 打开模式
    loff_t                   f_pos;     // 读写偏移量
    unsigned long            f_reada, f_ramax, f_raend, f_ralen, f_rawin;
    struct fown_struct       f_owner;   // 所属者信息
    unsigned int             f_uid, f_gid;  // 打开的用户id和组id
    int                      f_error;
    unsigned long            f_version;

    /* needed for tty driver, and maybe others */
    void                    *private_data;
};

struct file_operations {
    ......
    loff_t (*llseek) (struct file *, loff_t, int);
    ssize_t (*read) (struct file *, char __user *, size_t, loff_t *);
    ssize_t (*write) (struct file *, const char __user *, size_t, loff_t *);
    ......
    int (*open) (struct inode *, struct file *);
    ......
};
```

在file结构中，最为重要的一个字段就是f_op，其类型为file_operations结构。从file_operations结构的定义可以隐约看到接口的影子，所以可以猜测出，如果实现了file_operations结构中的方法，应该就能接入虚拟文件系统。

在Linux内核中，file结构代表着一个被打开的文件。所以，只需将file结构的f_op字段设置成不同文件系统实现好的方法集，就能使用不同文件系统的功能。以read为例，调用过程如图4-18所示。

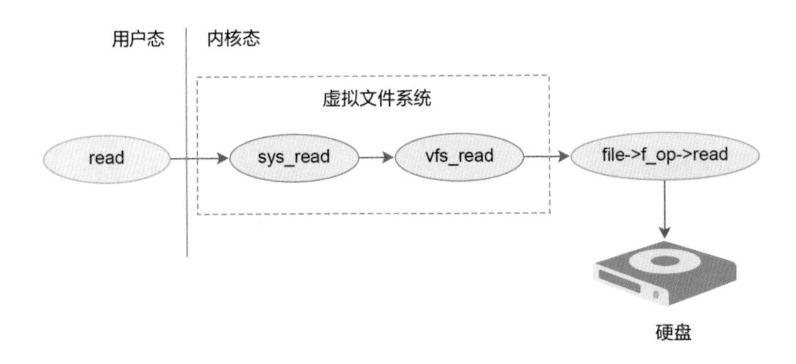

图4-18　读取硬盘的过程

最后用一张图描述各个数据结构之间的关系，如图4-19所示。

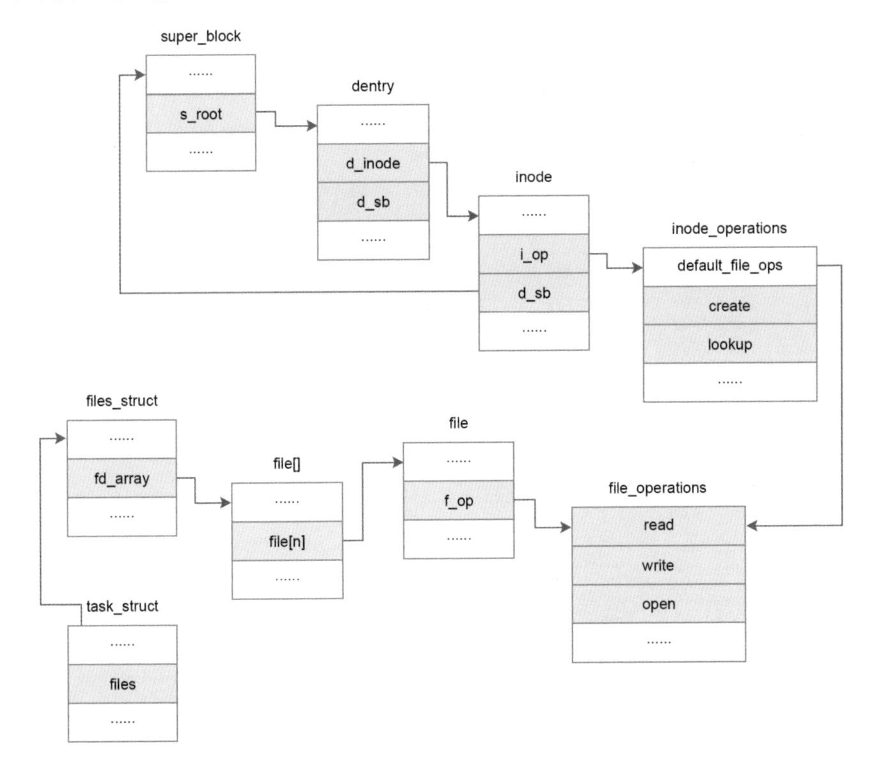

图4-19　文件系统相关的数据结构

本章主要介绍了虚拟文件系统的基本原理，从分析中可以发现，虚拟文件系统使用了类似于面向对象编程语言中的接口的概念。正是有了虚拟文件系统，Linux才能支持各种各样的文件系统。

第5章

系统调用

系统调用在Linux操作系统中扮演着至关重要的角色，它就像一座坚固而精细的桥梁，巧妙地连接着用户空间与内核空间这两个截然不同的世界。用户空间是应用程序的乐园，而内核空间则是操作系统管理硬件和软件资源的核心区域。由于内核空间拥有对系统硬件的直接访问权限和对系统资源的完全控制权，用户空间的应用程序需要通过系统调用来间接访问这些功能和资源。系统调用不仅是用户空间与内核空间之间的通信接口，更是确保系统安全和稳定的关键机制。通过系统调用，应用程序能够安全地请求操作系统执行底层操作，如文件读写、网络通信、进程管理等，而无须直接操作硬件或干预系统核心。这样，系统调用不仅促进了用户空间与内核空间的和谐共处，也极大地提高了系统的灵活性和可扩展性。

5.1 系统调用的定义

Linux系统调用是操作系统所实现的应用编程接口（Application Programming Interface，API），说简单点就是Linux内核对外提供的接口函数，对外就是指对一个个进程而言，进程通过系统调用完成自身所需的全部功能。

系统调用在每个平台的实现方式都不相同，ARM通过指令svc实现。之后会详细介绍系统调用流程，现在先以open为例讲讲系统调用的定义：

```
/* __ARCH_WANT_SYSCALL_NO_AT */
asmlinkage long sys_open(const char __user *filename,
                int flags, umode_t mode);
```

如果要在内核中增加一个系统调用，需先定义一个函数声明。如上所示，声明在open前面加上sys_以组成系统调用sys_open的声明。此函数声明看似简单，只是一个带有三个参数的普通函数，可是如果不知道系统调用辅助宏，用grep是永远也找不到sys_open的具体实现的。

所以先来看看与系统调用相关的辅助宏定义：

```
#define SYSCALL_DEFINE1(name, ...) SYSCALL_DEFINEx(1, _##name, __VA_ARGS__)
#define SYSCALL_DEFINE2(name, ...) SYSCALL_DEFINEx(2, _##name, __VA_ARGS__)
#define SYSCALL_DEFINE3(name, ...) SYSCALL_DEFINEx(3, _##name, __VA_ARGS__)
#define SYSCALL_DEFINE4(name, ...) SYSCALL_DEFINEx(4, _##name, __VA_ARGS__)
```

这里，SYSCALL_DEFINE3宏用于定义带有3个参数的系统调用。在下面的代码里，__SYSCALL_DEFINEx把定义拆解成数字参数及参数列表，并定义与此系统调用相关的函数及编译选项。

```
#ifndef __SYSCALL_DEFINEx
#define __SYSCALL_DEFINEx(x, name, ...)                          \
    __diag_push();                                  \
```

```
    __diag_ignore(GCC, 8, "-Wattribute-alias",              \
            "Type aliasing is used to sanitize syscall arguments");\
    asmlinkage long sys##name(__MAP(x,__SC_DECL,__VA_ARGS__))    \
        __attribute__((alias(__stringify(__se_sys##name))));    \
    ALLOW_ERROR_INJECTION(sys##name, ERRNO);                 \
    static inline long __do_sys##name(__MAP(x,__SC_DECL,__VA_ARGS__));\
    asmlinkage long __se_sys##name(__MAP(x,__SC_LONG,__VA_ARGS__));    \
    asmlinkage long __se_sys##name(__MAP(x,__SC_LONG,__VA_ARGS__))    \
    {                                   \
        long ret = __do_sys##name(__MAP(x,__SC_CAST,__VA_ARGS__));\
        __MAP(x,__SC_TEST,__VA_ARGS__);                    \
        __PROTECT(x, ret,__MAP(x,__SC_ARGS,__VA_ARGS__));    \
        return ret;                             \
    }                                   \
    __diag_pop();                               \
    static inline long __do_sys##name(__MAP(x,__SC_DECL,__VA_ARGS__))
#endif /* __SYSCALL_DEFINEx */
```

知道了系统调用的辅助宏，再来看看最终open的具体定义：

```
SYSCALL_DEFINE3(open, const char __user *, filename, int, flags, umode_t,
mode)
{
    if (force_o_largefile())
        flags |= O_LARGEFILE;
    return do_sys_open(AT_FDCWD, filename, flags, mode);
}
```

接着看do_sys_open，这就是open系统调用的具体实现：

```
long do_sys_open(int dfd, const char __user *filename, int flags, umode_t
mode)
{
    struct open_how how = build_open_how(flags, mode);
    return do_sys_openat2(dfd, filename, &how);
}

static long do_sys_openat2(int dfd, const char __user *filename,
               struct open_how *how)
{
    struct open_flags op;
    //检查并包装传递进来的标志位
    int fd = build_open_flags(how, &op);
    struct filename *tmp;

    if (fd)
        return fd;

    //将用户空间的路径名复制到内核空间
```

```
    tmp = getname(filename);
    if (IS_ERR(tmp))
        return PTR_ERR(tmp);

    //获取一个未使用的fd文件描述符
    fd = get_unused_fd_flags(how->flags);
    if (fd >= 0) {
    //调用do_filp_open完成对路径的搜寻和文件的打开
        struct file *f = do_filp_open(dfd, tmp, &op);
        if (IS_ERR(f)) {
        //如果发生了错误，释放已分配的fd文件描述符
            put_unused_fd(fd);
        //释放已分配的struct file数据
            fd = PTR_ERR(f);
        } else {
            fsnotify_open(f);
        //绑定fd与f
            fd_install(fd, f);
        }
    }
    //释放已分配的filename结构体
    putname(tmp);
    return fd;
}
```

fd是一个整数，它其实是一个数组的下标，用来获取指向file描述符的指针，每个进程都有一个task_struct描述符来描述进程相关的信息，其中有个files_struct类型的files字段，里面有一个保存了当前进程所有已打开文件描述符的数组，而通过fd就可以找到具体的文件描述符，其间的关系可以参考图5-1。

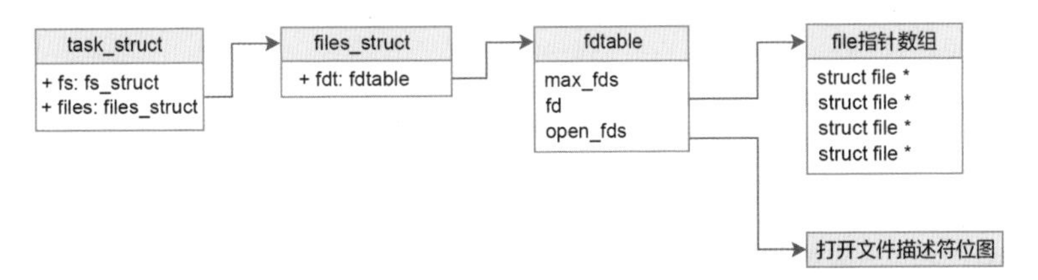

图5-1　文件数据结构之间的关系

以上就是一个系统调用所要实现的全部代码，但这样还不够，还要把系统调用函数写进全局的系统调用列表里，此列表的定义如下：

```
const syscall_fn_t sys_call_table[__NR_syscalls] = {
      [0 ... __NR_syscalls - 1] = __arm64_sys_ni_syscall,
#include <asm/unistd.h>
};
```

可以看出，定义全局系统调用列表sys_call_table，以4KB对齐，最后还包含了系统调用列表项的具体定义，如下所示：

```
#define __NR_openat2 437
__SYSCALL(__NR_openat2, sys_openat2)
```

这样，sys_openat2 系统调用的入口就写入 sys_call_table 列表里了。至此，系统调用的定义部分的源码就分析完了，之后是系统调用的处理流程。

5.2 系统调用的处理流程

Linux系统调用是内核提供服务的接口函数，进程通过它完成自身所需的全部功能，每个平台都有自己的实现方式。我们以ARMv8为例讲解此调用的过程，包括程序调用C库的open函数，C库执行svc进入CPU异常模式，然后内核找到系统调用函数并执行它，最后返回到用户空间的一个过程。

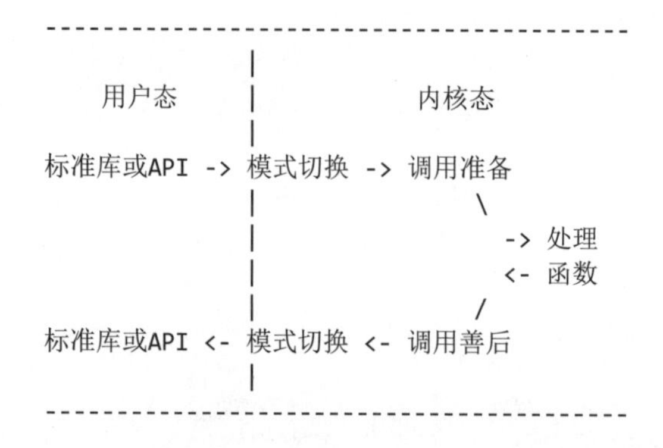

Linux系统调用是基于ARMv8的异常模式来实现的，说是异常模式，其实就是4种程序运行的等级，分别是：

- EL0-User，一般的应用程序运行在此级别。
- EL1-Supervisor，操作系统运行在此级别，Linux内核、设备驱动等都运行在此级别。
- EL2-Hypervisor，虚拟机系统运行在此级别，在此级别Guest客户机的虚拟内存需要做多一层Stage2的地址转换。
- EL3-Secure monitor，安全级别。

除EL0没有异常向量表外，其他级别都有一个VBAR_ELx寄存器保存异常向量表的基地址，也就是说ARMv8一共支持3个异常向量表，但Linux内核平常只用到了VBAR_EL1，如果运行了虚拟机则会额外用到VBAR_EL2。

由图5-2可知，每个异常向量表分为4组情形，每组情形又有4个向量入口地址，分别处理4种不同类型的异常。每个向量入口空间128字节，也就是说，在这个空间里可以放入32条指令（每条指令4字节）。举个例子，如果一个设备发出了一个异步IRQ中断，这时CPU自动把VBAR_EL1的地址和第二组向量的IRQ类型的偏移量相加（VBAR_EL1+0x280），得出向量入口地址，然后跳转到那里，执行里面的第一条指令。

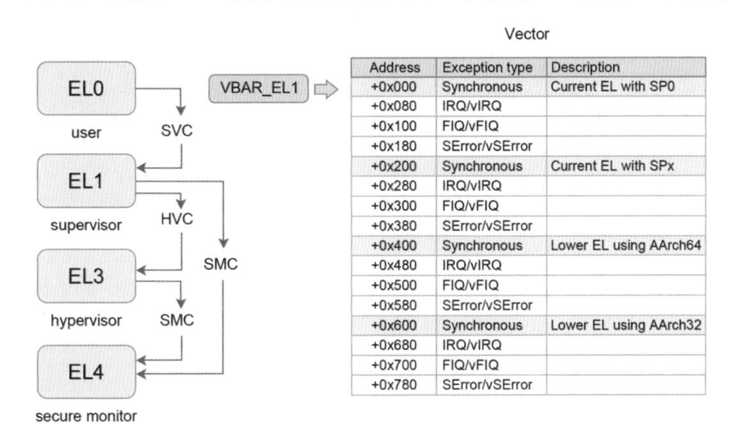

Address	Exception type	Description
+0x000	Synchronous	Current EL with SP0
+0x080	IRQ/vIRQ	
+0x100	FIQ/vFIQ	
+0x180	SError/vSError	
+0x200	Synchronous	Current EL with SPx
+0x280	IRQ/vIRQ	
+0x300	FIQ/vFIQ	
+0x380	SError/vSError	
+0x400	Synchronous	Lower EL using AArch64
+0x480	IRQ/vIRQ	
+0x500	FIQ/vFIQ	
+0x580	SError/vSError	
+0x600	Synchronous	Lower EL using AArch32
+0x680	IRQ/vIRQ	
+0x700	FIQ/vFIQ	
+0x780	SError/vSError	

图5-2　异常向量表

5.2.1 用户态的处理

用户态的处理最终会陷入内核态，由内核完成真正的系统调用。如何陷入内核态呢？主要是通过同步异常来实现。ARM64专门定义了svc指令，用于进入同步异常，也就是说，一旦执行了svc指令，CPU立即跳转到同步异常入口地址处，从这个地址进入内核态。

下面以glic里面的系统调用为例，简单看看处理过程，ARM64相关的代码主要在sysdeps/unix/sysv/linux/aarch64。比如常用的glibc库函数ioctl()，在ARM64下，glibc的实现如下：

```
ENTRY(__ioctl)
    mov x8, #__NR_ioctl
    sxtw    x0, w0
    svc #0x0
    cmn x0, #4095
    b.cs    .Lsyscall_error
    ret
PSEUDO_END (__ioctl)
```

其中#__NR_ioctl对应ioctl的系统调用号，其定义在sysdeps/unix/sysv/linux/aarch64/arch-syscall.h中，如下所示：

```
......

#define __NR_io_uring_setup 425
#define __NR_ioctl 29   //////
#define __NR_ioprio_get 31

......
```

这个系统调用号(29)就是上层标准库（API）与内核联系的桥梁，和内核中的定义是对应的（arm64: include/uapi/asm-generic/unistd.h）：

```
......

/* fs/ioctl.c */
#define __NR_ioctl 29
__SC_COMP(__NR_ioctl, sys_ioctl, compat_sys_ioctl)

......
```

所以用户态的基本流程大致为：

1. 将系统调用号存放在x8寄存器中。
2. 执行svc指令，陷入异常，并且从el0切换到el1。

5.2.2 内核态的处理

当用户态进入同步异常，便会跳转到同步异常入口地址，从而触发内核相应的处理动作。在内核中，ARM64对应的异常向量表为（arch/arm64/kernel/entry.S）：

```
/*
 * Exception vectors.
 */
    .pushsection ".entry.text", "ax"

    .align  11
SYM_CODE_START(vectors)
    kernel_ventry   1, t, 64, sync
    kernel_ventry   1, t, 64, irq
    kernel_ventry   1, t, 64, fiq
    kernel_ventry   1, t, 64, error

    kernel_ventry   1, h, 64, sync
    kernel_ventry   1, h, 64, irq
    kernel_ventry   1, h, 64, fiq
    kernel_ventry   1, h, 64, error

    kernel_ventry   0, t, 64, sync
```

```
    kernel_ventry   0, t, 64, irq
    kernel_ventry   0, t, 64, fiq
    kernel_ventry   0, t, 64, error

    kernel_ventry   0, t, 32, sync
    kernel_ventry   0, t, 32, irq
    kernel_ventry   0, t, 32, fiq
    kernel_ventry   0, t, 32, error
SYM_CODE_END(vectors)
```

以64位模式的系统调用为例，展开kernel_ventry, kernel_ventry(arch/arm64/kernel/entry.S)是一个宏，通过.macro和.endm组合定义：

```
.macro kernel_ventry, el:req, ht:req, regsize:req, label:req

......

b   el\el\ht\()_\regsize\()_\label
.endm
```

函数kernel_ventry里面会跳转到el\el\ht()\regsize()\label：

```
SYM_CODE_START_LOCAL(el\el\ht\()_\regsize\()_\label)
    kernel_entry \el, \regsize
    mov x0, sp
    bl  el\el\ht\()_\regsize\()_\label\()_handler
    .if \el == 0
    b   ret_to_user
    .else
    b   ret_to_kernel
    .endif
SYM_CODE_END(el\el\ht\()_\regsize\()_\label)
```

- kernel_entry：保存现场是一个汇编宏代码，做进入系统调用前的准备工作，包括保存程序执行的现场，载入与CPU核相关的线程数据，保存异常返回地址等。
- el\el\ht()\regsize()\label()_handler函数：中断处理，通过解析，sync的处理对应的就是 el0t_64_sync_handler()函数。
- ret_to_user：恢复现场。

本节重点讲解中断处理的过程，el0t_64_sync_handler的定义如下：

```
asmlinkage void noinstr el0t_64_sync_handler(struct pt_regs *regs)
{
    unsigned long esr = read_sysreg(esr_el1);

    switch (ESR_ELx_EC(esr)) {
    case ESR_ELx_EC_SVC64:
```

```
            el0_svc(regs);
            break;
        case ESR_ELx_EC_DABT_LOW:
            el0_da(regs, esr);
            break;
    ......
        }
}
```

- 读取系统寄存器esr_el1的值。不单单系统调用会触发异常，内存缺页、指令错误等也会触发，因此，esr_el1[26:31]就保存了异常发生的原因。
- ARM定义系统调用的原因为 ESR_ELx_EC_SVC64，故系统调用会进入函数el0_svc。

跟踪代码，该函数的处理流程如下：

```
el0t_64_sync_handler() [arch/arm64/kernel/entry-common.c]
    -> el0_svc()
        -> do_el0_svc() [arch/arm64/kernel/syscall.c]
            -> el0_svc_common()
                -> invoke_syscall()
                    -> __invoke_syscall()
```

其中最主要的流程在el0_svc()函数中，这个函数的代码如下：

```
static void noinstr el0_svc(struct pt_regs *regs)
{
    enter_from_user_mode(regs);
    cortex_a76_erratum_1463225_svc_handler();
    do_el0_svc(regs);
    exit_to_user_mode(regs);
}
```

最终会调用到invoke_syscall()，该函数会根据传入的系统调用号，在sys_call_table中找到对应的系统调用函数并执行：

```
static void invoke_syscall(struct pt_regs *regs, unsigned int scno,
               unsigned int sc_nr,
               const syscall_fn_t syscall_table[])
{
    long ret;

    add_random_kstack_offset();

    if (scno < sc_nr) {
        syscall_fn_t syscall_fn;
        syscall_fn = syscall_table[array_index_nospec(scno, sc_nr)];
        ret = __invoke_syscall(regs, syscall_fn);
```

```
    } else {
        ret = do_ni_syscall(regs, scno);
    }

    syscall_set_return_value(current, regs, 0, ret);

    choose_random_kstack_offset(get_random_int() & 0x1FF);
}
```

sys_call_table的定义如下所示：

```
/// arch/arm64/kernel/sys.c

asmlinkage long __arm64_sys_ni_syscall(const struct pt_regs *__unused)
{
    return sys_ni_syscall();
}

#define __arm64_sys_personality     __arm64_sys_arm64_personality

#undef __SYSCALL
#define __SYSCALL(nr, sym)  asmlinkage long __arm64_##sym(const struct pt_
regs *);
#include <asm/unistd.h>

#undef __SYSCALL
#define __SYSCALL(nr, sym)  [nr] = __arm64_##sym,

const syscall_fn_t sys_call_table[__NR_syscalls] = {
    [0 ... __NR_syscalls - 1] = __arm64_sys_ni_syscall,
#include <asm/unistd.h>
};
```

首先会将sys_call_table初始化为sys_ni_syscall()，这里使用了GCC的扩展语法：指定初始化sys_ni_syscall()为一个空函数，未做任何操作：

```
/// kernel/sys_ni.c

asmlinkage long sys_ni_syscall(void)
{
    return -ENOSYS;
}
```

然后包含asm/unistd.h，进行逐项初始化，asm/unistd.h最终会包含到uapi/asm-generic/unistd.h头文件：

```
......

#ifdef __SYSCALL_COMPAT
```

```
#define __SC_COMP(_nr, _sys, _comp) __SYSCALL(_nr, _comp)
#define __SC_COMP_3264(_nr, _32, _64, _comp) __SYSCALL(_nr, _comp)
#else
#define __SC_COMP(_nr, _sys, _comp) __SYSCALL(_nr, _sys)
#define __SC_COMP_3264(_nr, _32, _64, _comp) __SC_3264(_nr, _32, _64)
#endif

#define __NR_io_setup 0
__SC_COMP(__NR_io_setup, sys_io_setup, compat_sys_io_setup)
#define __NR_io_destroy 1
__SYSCALL(__NR_io_destroy, sys_io_destroy)
#define __NR_io_submit 2
__SC_COMP(__NR_io_submit, sys_io_submit, compat_sys_io_submit)
#define __NR_io_cancel 3
__SYSCALL(__NR_io_cancel, sys_io_cancel)

......
```

内核中具体的系统调用实现使用SYSCALL_DEFINEx来定义，其中x代表传入参数的个数，5.1节已经介绍了SYSCALL_DEFINEx的定义，这里再次进行说明：

```
/// arch/arm64/include/asm/syscall_wrapper.h

#define __SYSCALL_DEFINEx(x, name, ...)                              \
    asmlinkage long __arm64_sys##name(const struct pt_regs *regs);       \
    ALLOW_ERROR_INJECTION(__arm64_sys##name, ERRNO);                  \
    static long __se_sys##name(__MAP(x,__SC_LONG,__VA_ARGS__));       \
    static inline long __do_sys##name(__MAP(x,__SC_DECL,__VA_ARGS__));  \
    asmlinkage long __arm64_sys##name(const struct pt_regs *regs)        \
    {                                                    \
        return __se_sys##name(SC_ARM64_REGS_TO_ARGS(x,__VA_ARGS__));    \
    }                                                    \
    static long __se_sys##name(__MAP(x,__SC_LONG,__VA_ARGS__))        \
    {                                                    \
        long ret = __do_sys##name(__MAP(x,__SC_CAST,__VA_ARGS__));  \
        __MAP(x,__SC_TEST,__VA_ARGS__);                        \
        __PROTECT(x, ret,__MAP(x,__SC_ARGS,__VA_ARGS__));          \
        return ret;                                      \
    }                                                    \
    static inline long __do_sys##name(__MAP(x,__SC_DECL,__VA_ARGS__))
```

由以上代码可以看出，SYSCALL_DEFINEx定义的函数和sys_call_table中由**SYSCALL确定的函数对应了，即**arm64_sys##name。

最后，让我们看一下整个系统调用的流程，如图5-3所示。

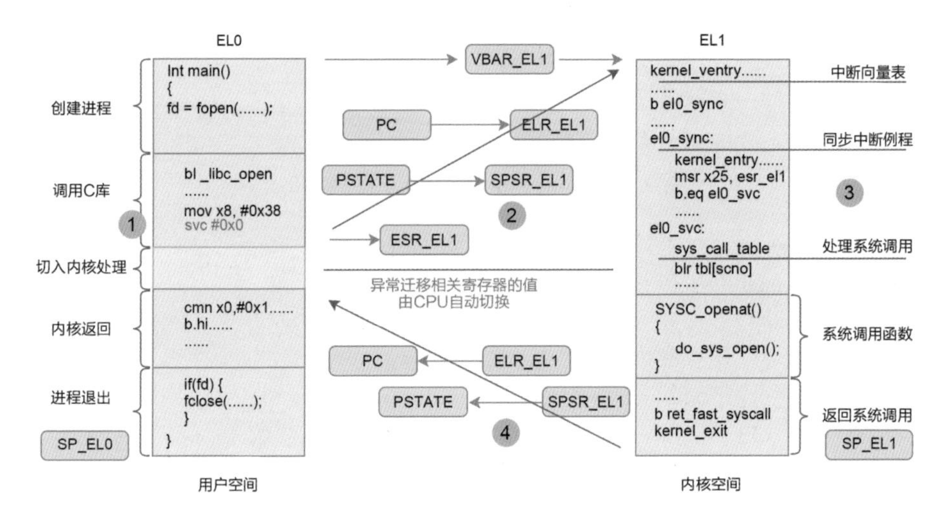

图5-3　系统调用的流程

1. 当程序调用C库打开一个文件的时候，把系统调用的参数放入x1~x6寄存器（系统调用最多用到6个参数），把系统调用号放在x8寄存器里，然后执行SVC指令，CPU进入EL1。
2. CPU把当前程序指针寄存器PC放入ELR_EL1里，把PSTATE放入SPSR_EL1里，把系统调用的原因放在ESR_EL1里，然后通过VBAR_EL1加上偏移量取得异常向量的入口地址，接着开始执行入口的第一行代码。这一过程是CPU自动完成的，不需要程序干预。
3. 内核保存异常发生时程序的执行现场，然后通过异常的原因及系统调用号找到系统调用的具体函数，接着执行函数，把返回值放入x0寄存器里。这一过程是内核实现的，每种操作系统可以有不同的实现。
4. 系统调用完成后，程序需要主动设置ELR_EL1和SPSR_EL1的值，原因是异常会发生嵌套，一旦发生异常嵌套，ELR_EL1和SPSR_EL1的值就会随之改变，所以当系统调用返回时，需要恢复之前保存的ELR_EL1和SPSR_EL1的值。最后内核调用ERET命令，CPU自动把ELR_EL1写回PC，把SPSR_EL1写回PSTATE，并返回到EL0里。这时程序就返回到用户态继续运行了。

第6章 SoC启动

SoC，即System on a Chip（系统级芯片），是一种高度集成的电路芯片，它将多个功能模块如中央处理器（CPU）、存储器、GPU、NPU等外设接口集成在一个单一的芯片上。这种设计不仅实现了通信、计算和控制等多种功能，而且具有紧凑、低功耗、高集成度等优点。SoC的出现极大地简化了电子系统的设计和生产，使得各种电子设备和系统能够更加小巧、高效和节能。

SoC与操作系统之间存在着密切的关系。首先，操作系统（如Linux）需要运行在硬件平台上，而SoC正是这样的硬件平台之一。操作系统通过管理SoC上的各种资源，为用户提供各种服务。其次，SoC与操作系统之间也存在协同工作的关系。SoC为操作系统提供了必要的硬件支持，而操作系统则通过软件的方式对硬件资源进行管理和调度，使得SoC能够充分发挥其性能。操作系统通过驱动程序与SoC上的各种外设接口进行通信，实现对外部设备的管理和控制。这种协同工作的关系使得SoC和操作系统能够共同为用户提供更加高效、稳定、丰富的计算体验。

6.1 Uboot启动前的工作

在系统上电后，内置的BootROM代码会执行一个关键任务，即将启动所需的二进制（bin）文件加载到片上RAM（OCRAM）中执行。然而，OCRAM由于其设计特性，通常容量非常有限，只有4KB或更小，这使得直接在其中运行像Uboot这样的复杂引导加载器变得不现实。

为了突破这一限制，引入了二级程序加载器（Secondary Program Loader，SPL）。SPL是一个精简至极的二进制文件，其大小足以适配OCRAM，并能在其中成功运行。一旦SPL在OCRAM中成功启动，它会进一步执行一个关键步骤：将Uboot引导加载器加载到外部动态随机存取存储器（DDR）中执行。DDR作为主存储区域，其容量远超OCRAM，使得Uboot可以不受空间限制地运行，从而执行更复杂的操作。

Uboot在DDR中运行时，可以支持多种功能，包括但不限于读取不同文件系统中的内核镜像、执行脚本、加载多种操作系统等。其中一项核心任务是读取存储设备中的内核（Kernel）映像，进行必要的解析和配置，并最终跳转到内核执行，从而启动整个操作系统，如图6-1所示。

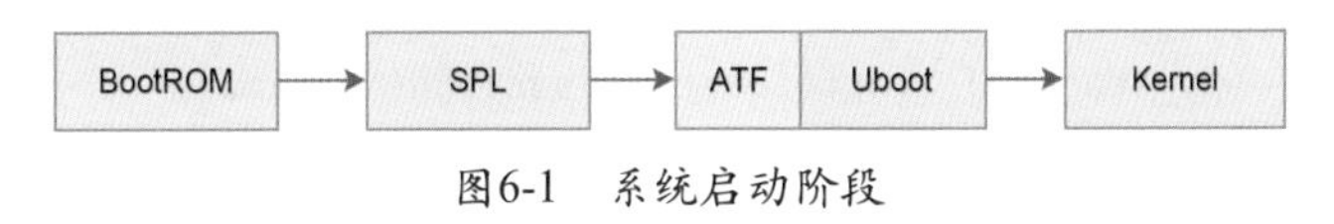

图6-1 系统启动阶段

6.1.1 链接脚本和程序入口

先从spl-uboot的链接脚本入手，分析整个spl-uboot的镜像结构。ARMv8架构的spl-uboot的链接脚本如下，接下来便针对该链接脚本的每一部分进行解释和说明。

```
MEMORY { .sram : ORIGIN = IMAGE_TEXT_BASE,
        LENGTH = IMAGE_MAX_SIZE }
MEMORY { .sdram : ORIGIN = CONFIG_SPL_BSS_START_ADDR,
        LENGTH = CONFIG_SPL_BSS_MAX_SIZE }
```

脚本的开始定义了两段内存空间，分别为sram和sdram的起始地址和长度。一般来说，这两段空间对应的就是CPU内部的sram和单板外部的sdram如ddr。以i.MX93为例，其定义如下：

```
#define CONFIG_SPL_TEXT_BASE 0x2049A000
#define CONFIG_SPL_MAX_SIZE 0x26000             //152KB
#define CONFIG_SPL_BSS_START_ADDR 0x2051a000
#define CONFIG_SPL_BSS_MAX_SIZE 0x2000          //8KB
```

可以看到对于i.MX93来说其定义的spl-uboot两段空间，一段是从0x2049A000开始的152KB空间。而从0x2051a000开始的8KB空间则是用来存放未初始化的全局变量和未初始化的静态局部变量的BSS数据段的。

紧接着便是指定输出的格式，对于ARMv8来说，默认输出的格式就是小端aarch64。Entry用于指定入口地址，注意这里使用的是代码中定义的_start符号，该符号定义在start.S arch\arm\cpu\armv8最上方，也就是整个spl-uboot的入口，后面会详细描述这部分的内容。

```
OUTPUT_FORMAT("elf64-littleaarch64", "elf64-littleaarch64", "elf64-littleaarch64")
OUTPUT_ARCH(aarch64)
ENTRY(_start)
```

我们继续向下看：

```
.text : {
    . = ALIGN(8);
    __image_copy_start = .;
    CPUDIR/start.o (.text*)
    *(.text*)
} >.sram
```

上面这段定义了一段代码段，并指示连接器将其放入到上面定义的.sram内存区域中。其中.ALIGN(8)说明首地址8字节对齐。紧接着存放.__image_copy_start段，该段存放了什么内容呢？我们来看看。

```
//arch/arm/lib/sections.c
char __image_copy_start[0] __attribute__((section(".__image_copy_start")));
```

从上面这段代码可以看到，定义了一个0长度也就是不占存储空间的字符数组，并将其放置到.__image_copy_start段中，注意该段位于.text段之前。紧接着便是start.o的代码段以及所有其他文件的.text段。这里之所以要将start.o的代码段单独拎出来，主要的目的在于确保start.s文件编译后的代码段位于最终生成spl-uboot文件代码段的最前面。

```
.rodata : {
    . = ALIGN(8);
```

```
    *(SORT_BY_ALIGNMENT(SORT_BY_NAME(.rodata*)))
} >.sram
```

.rodata段用于存放只读数据段。通常，链接器会把匹配的文件和段按照发现的顺序放置，此外可以使用关键字按照一定规则进行顺序修改。其中SORT_BY_ALIGNMENT对段的对齐需求使用降序方式排序放入输出文件中，大的对齐被放在小的对齐前面，这样可以减少为了对齐需要的额外空间。而SORT_BY_NAME关键字则会让链接器将文件或者段的名字按照上升顺序排序后放入输出文件。这里SORT_BY_ALIGNMENT(SORT_BY_NAME(wildcard section pattern)). 先按对齐方式排，再按名字排。

```
.data : {
    . = ALIGN(8);
    *(.data*)
} >.sram
```

.data数据段主要用于存放全局已初始化的数据段和已初始化的局部静态变量。

```
__u_boot_list : {
    . = ALIGN(8);
    KEEP(*(SORT(__u_boot_list*)));
} >.sram
```

u_boot_list段用于存放所有的uboot命令，后面在SPL将uboot搬到外部sdram时，注册的搬运函数方法也存放在这个段里面，我们暂时只看看添加uboot命令宏具体是怎么展开的。

```
#define U_BOOT_CMD(_name, _maxargs, _rep, _cmd, _usage, _help)       \
    U_BOOT_CMD_COMPLETE(_name, _maxargs, _rep, _cmd, _usage, _help, NULL)

#define U_BOOT_CMD_COMPLETE(_name, _maxargs, _rep, _cmd, _usage, _help, _comp) \
    ll_entry_declare(struct cmd_tbl, _name, cmd) =           \
        U_BOOT_CMD_MKENT_COMPLETE(_name, _maxargs, _rep, _cmd,  \
                    _usage, _help, _comp);

#define ll_entry_declare(_type, _name, _list)                 \
    _type _u_boot_list_2_##_list##_2_##_name __aligned(4)       \
            __attribute__((unused))               \
            __section("__u_boot_list_2_"#_list"_2_"#_name)

#define U_BOOT_CMD_MKENT_COMPLETE(_name, _maxargs, _rep, _cmd,       \
                _usage, _help, _comp)             \
        { #_name, _maxargs,                          \
         _rep ? cmd_always_repeatable : cmd_never_repeatable,    \
         _cmd, _usage, _CMD_HELP(_help) _CMD_COMPLETE(_comp) }
```

这里以命令bootm为例：

```
U_BOOT_CMD(
    bootm,  CONFIG_SYS_MAXARGS, 1,  do_bootm,
```

```
    "boot application image from memory", bootm_help_text
);
```

根据上面的定义将命令bootm拓展开来就是：

```
cmd_tbl_t  _u_boot_list_2_cmd_2_bootm  __aligned(4)  __attribute__((unused,       \
     section(".u_boot_list_2_cmd_2_bootm))) =  {"bootm",  CONFIG_SYS_MAXARGS,
1,  do_bootm, "boot application image from memory",  bootm_help_text,  NULL}
```

从以上代码可以看到，实际上定义了一个cmd_tbl_t结构体变量，并将该变量存放在.u_boot_list_2_cmd_2_bootm段中，也就是上面链接脚本指定的u_boot_list段处。

接下来与**image_copy_start对应，同样定义一个不占空间的空字符数组**image_copy_end，用于表示副本的结尾地址。

```
.image_copy_end : {
    . = ALIGN(8);
    *(.__image_copy_end)
} >.sram

.end : {
    . = ALIGN(8);
    *(.__end)
} >.sram

_image_binary_end = .;
```

最后将.bss段规划到外部存储sdram中，并同样定义了两个空字符数组变量**bss_start**
和bss_end指定其起始和结束地址。

```
.bss_start (NOLOAD) : {
    . = ALIGN(8);
    KEEP(*(.__bss_start));
} >.sdram

.bss (NOLOAD) : {
    *(.bss*)
     . = ALIGN(8);
} >.sdram

.bss_end (NOLOAD) : {
    KEEP(*(.__bss_end));
} >.sdram
```

最后有几个特殊的输出section，名为/DISCARD/，名为/DISCARD/的任何section将不会出现在输出文件内。

```
/DISCARD/ : { *(.rela*) }
/DISCARD/ : { *(.dynsym) }
/DISCARD/ : { *(.dynstr*) }
```

```
/DISCARD/ : { *(.dynamic*) }
/DISCARD/ : { *(.plt*) }
/DISCARD/ : { *(.interp*) }
/DISCARD/ : { *(.gnu*) }
```

在前面分析spl-uboot lds链接脚本的时候，提到了start符号是整个程序的入口，链接器在链接时会查找目标文件中的start符号代表的地址，把它设置为整个程序的入口地址。并且我们也知道，start.S的代码段也是位于整个spl-uboot代码段开始的位置，而_start符号对于ARMv8架构来说位于arch/arm/cpu/armv8/start.S文件内。

6.1.2 镜像容器

uboot和kernel等都是以image（镜像）为单位存储在image container（镜像容器）里的，至于存在哪里、大小是多少等信息都可以在image container拿到。所以了解image container是了解系统启动的基础。以i.MX93为例，它的image是放在image container里的，其结构如图6-2所示。

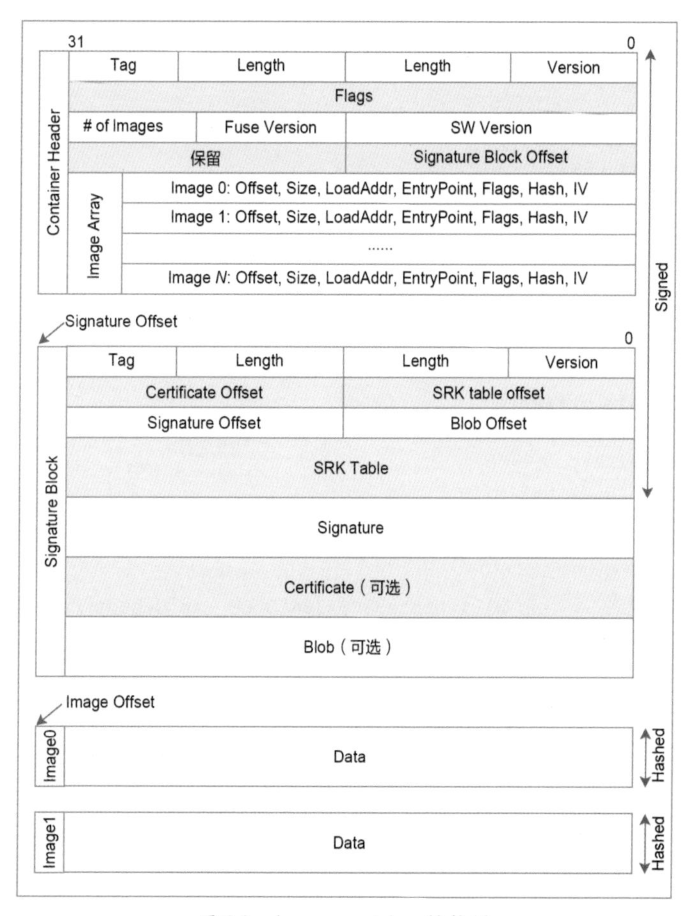

图6-2 image container结构图

对应的结构体如下所示：

```
struct container_hdr {
    u8 version;
    u8 length_lsb;
    u8 length_msb;
    u8 tag;
    u32 flags;
    u16 sw_version;
    u8 fuse_version;
    u8 num_images;
    u16 sig_blk_offset;
    u16 reserved;
} __packed;

struct boot_img_t {
    u32 offset;
    u32 size;
    u64 dst;
    u64 entry;
    u32 hab_flags;
    u32 meta;
    u8 hash[HASH_MAX_LEN];
    u8 iv[IV_MAX_LEN];
} __packed;

struct signature_block_hdr {
    u8 version;
    u8 length_lsb;
    u8 length_msb;
    u8 tag;
    u16 srk_table_offset;
    u16 cert_offset;
    u16 blob_offset;
    u16 signature_offset;
    u32 reserved;
} __packed;
```

```
mkimage -soc IMX9 -c -ap bl31.bin a35 0x204E0000 -ap u-boot-hash.bin a35
0x80200000 -out u-boot-atf-container.img
```

上面是一条命令，用于生成一个包含特定组件的镜像文件。具体解释如下：

- mkimage：该命令是一个工具，用于创建和操作各种类型的镜像文件。
- -soc IMX9：指定生成的镜像文件适用于IMX9芯片。
- -c：表示创建容器镜像。
- -ap bl31.bin a35 0x204E0000：向容器镜像中添加一个a35处理器的组件（bl31.bin），并将其加载到0x204E0000的内存地址。

- -ap u-boot-hash.bin a35 0x80200000：向容器镜像中添加另一个a35处理器的组件（u-boot-hash.bin），并将其加载到0x80200000内存地址。
- -out u-boot-atf-container.img：指定生成的镜像文件的文件名为u-boot-atf-container.img。

简而言之，该命令的目的是将两个组件（bl31.bin和u-boot-hash.bin）添加到一个容器镜像中，并生成名为u-boot-atf-container.img的镜像文件。SPL的工作就是把这个image从eMMC复制到内存，然后从内存指定地址开始启动。

6.1.3 SPL的启动

可以说SPL是启动系统的关键，一个系统的启动可以没有Uboot，但一定要有SPL，下面来看SPL具体都做了什么。

```
//board/freescale/imx93_evk/spl.c
void board_init_f(ulong dummy)
{
    int ret;

    memset(__bss_start, 0, __bss_end - __bss_start);

    timer_init();

    arch_cpu_init();

    board_early_init_f();

    spl_early_init();

    preloader_console_init();

    ret = arch_cpu_init_dm();
    if (ret) {
        printf("Fail to init Sentinel API\n");
    } else {
        printf("SOC: 0x%x\n", gd->arch.soc_rev);
        printf("LC: 0x%x\n", gd->arch.lifecycle);
    }

    power_init_board();

    if (!IS_ENABLED(CONFIG_IMX9_LOW_DRIVE_MODE))
        set_arm_core_max_clk();

    soc_power_init();

    trdc_init();

    spl_dram_init();
```

```
    ret = m33_prepare();
    if (!ret)
        printf("M33 prepare ok\n");

    board_init_r(NULL, 0);
}
```

这里用一张图总结SPL的所有过程，如图6-3所示。

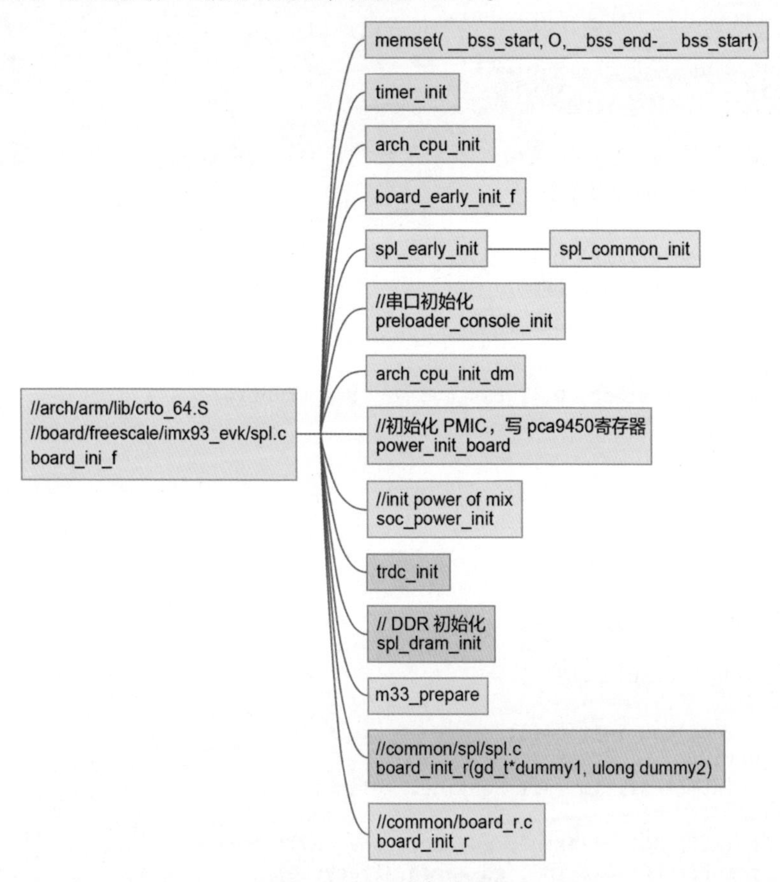

图6-3　SPL的启动流程

SPL主要工作包括：初始化timer、clock、uart、pmic、ddr，然后调用SPL的board_init_r函数，从eMMC/SD中加载ATF和Uboot，接着在ATF中执行Uboot，最后将控制权移交给Uboot，即函数**board_init_r**：

```
//common/spl/spl.c
void board_init_r(gd_t *dummy1, ulong dummy2)
{
    ......
```

```
    if (!(gd->flags & GD_FLG_SPL_INIT)) {
        if (spl_init())
            hang();
    }

#if CONFIG_IS_ENABLED(BOARD_INIT)
    spl_board_init();
#endif

#if defined(CONFIG_SPL_WATCHDOG) && CONFIG_IS_ENABLED(WDT)
    initr_watchdog();
#endif

    if (IS_ENABLED(CONFIG_SPL_OS_BOOT) || CONFIG_IS_ENABLED(HANDOFF) ||
        IS_ENABLED(CONFIG_SPL_ATF))
        dram_init_banksize();
    ......
    board_boot_order(spl_boot_list);

    ret = boot_from_devices(&spl_image, spl_boot_list,
                ARRAY_SIZE(spl_boot_list));
    ......
    spl_board_prepare_for_boot();
    jump_to_image_no_args(&spl_image);
}
```

为了便于理解，我们把函数board_init_r的内容用图6-4表示。

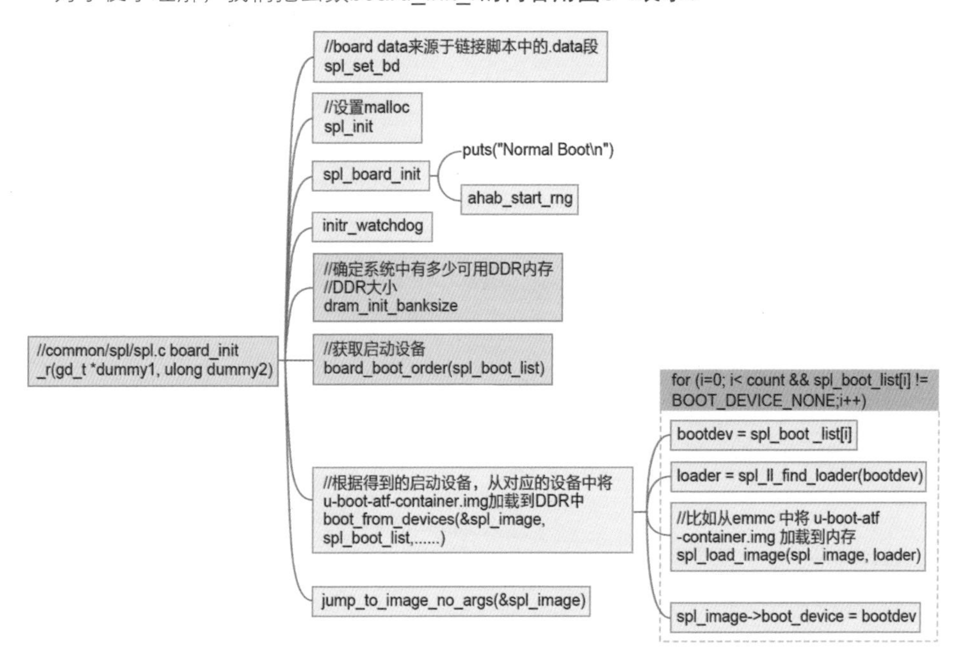

图6-4　board_init_r函数流程图

函数**board_init_r**的主要作用就是获取启动设备，然后从启动设备中将u-boot-atf-container.img（包含ATF和Uboot）加载到内存。等加载完后，去调用jump_to_image_no_args跳转到ATF。至此SPL的流程就走完了，接下来就是走ATF的流程。

6.1.4 ATF的启动

加载ATF后通过函数jump_to_image_no_args跳转到Uboot的世界。为了便于理解，图6-5列出了内部实现的流程。

图6-5 ATF的启动流程

上面是Uboot启动前的所有步骤，为了便于理解整个过程，我们看看它的启动日志。

```
U-Boot SPL 2022.04-dirty (Oct 13 2023 - 19:44:35 +0800)
SOC: 0xa1009300
LC: 0x2040010

M33 prepare ok

Normal Boot

Trying to boot from BOOTROM

Boot Stage: Primary boot

image offset 0x0, pagesize 0x200, ivt offset 0x0

Load image from 0x43000 by ROM_API

NOTICE:  BL31: v2.8(release):android-13.0.0_2.2.0-rc1-0-g1a3beeab6
NOTICE:  BL31: Built : 11:39:38, Aug  7 2023
```

6.2 Uboot的初始化过程

现在我们知道了SPL和ATF的初始化，接下来就是Uboot的初始化。

6.2.1 Uboot的启动

board_init_r是执行Uboot的关键函数，该函数定义在common/board_r.c中，主要作用是进行一些必要的初始化，然后根据相关的配置情况，读取Uboot，并启动它。

```
void board_init_r(gd_t *new_gd, ulong dest_addr)
{
……
#ifdef CONFIG_NEEDS_MANUAL_RELOC
        int i;
#endif
……
        gd->flags &= ~GD_FLG_LOG_READY;

#ifdef CONFIG_NEEDS_MANUAL_RELOC
        for (i = 0; i < ARRAY_SIZE(init_sequence_r); i++)
                init_sequence_r[i] += gd->reloc_off;
#endif

        if (initcall_run_list(init_sequence_r))
                hang();
```

```
        hang();
}
```

init_sequence_r中存储着一系列的初始化函数，initcall_run_list确保了各系统初始化的顺序运行。根据CONFIG_XX来使能相应的驱动，最后run_main_loop进入循环。过程如下：

```
static init_fnc_t init_sequence_r[] = {
        ……
        initr_barrier,
        //初始化gd中与malloc相关的成员
        initr_malloc,
        //log初始化
        log_init,
        initr_bootstage,
        ……
#ifdef CONFIG_DM
        //初始化驱动模型相关
        initr_dm,
#endif
#ifdef CONFIG_ADDR_MAP
        initr_addr_map,
#endif
#if defined(CONFIG_ARM) || defined(CONFIG_NDS32) || defined(CONFIG_RISCV) || \
        defined(CONFIG_SANDBOX)
        //板子初始化
        board_init,
#endif
        ……
        initr_dm_devices,
        stdio_init_tables,
        //串口初始化
        serial_initialize,
        initr_announce,
#if CONFIG_IS_ENABLED(WDT)
        //看门狗初始化
        initr_watchdog,
#endif
        ……
        //上电
        power_init_board,
        ……
#ifdef CONFIG_MMC
        //mmc初始化
        initr_mmc,
#endif
        ……
        //串口
        console_init_r,
```

```
#ifdef CONFIG_DISPLAY_BOARDINFO_LATE
        console_announce_r,
        //打印板子信息
        show_board_info,
#endif
        ……
        interrupt_init,
#if defined(CONFIG_MICROBLAZE) || defined(CONFIG_M68K)
        //定时器
        timer_init,
#endif
#if defined(CONFIG_LED_STATUS)
        //led
        initr_status_led,
#endif
#ifdef CONFIG_CMD_NET
        //网络
        initr_ethaddr,
#endif
        ……
        run_main_loop,
};
```

6.2.2 Uboot驱动的初始化

从上面的代码可以知道，init_sequence_r会根据宏定义初始化相应的功能，这里列出主要的几个函数，如图6-6所示。

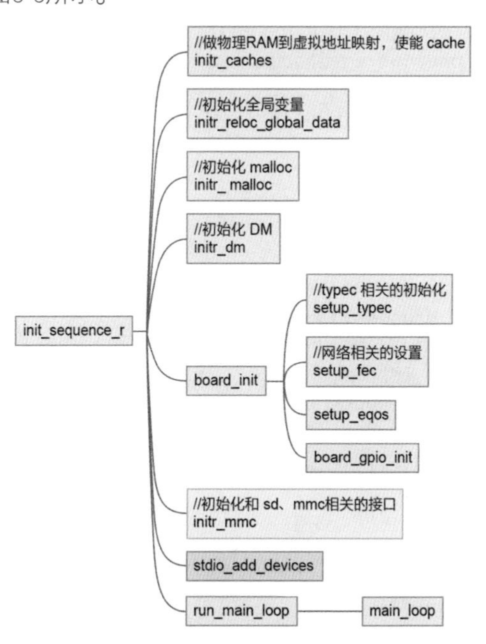

图6-6 init_sequence_r初始化流程

这里我们重点关注mmc和net驱动的初始化。

6.2.3 Uboot的交互原理

Uboot通过run_main_loop进入交互状态。

```
static int run_main_loop(void)
{
#ifdef CONFIG_SANDBOX
        sandbox_main_loop_init();
#endif
        for (;;)
                main_loop();
        return 0;
}

void main_loop(void)
{
        const char *s;

        bootstage_mark_name(BOOTSTAGE_ID_MAIN_LOOP, "main_loop");

        if (IS_ENABLED(CONFIG_VERSION_VARIABLE))
                env_set("ver", version_string);

      //hush shell初始化
        cli_init();

        if (IS_ENABLED(CONFIG_USE_PREBOOT))
                run_preboot_environment_command();

        if (IS_ENABLED(CONFIG_UPDATE_TFTP))
                update_tftp(0UL, NULL, NULL);

        if (IS_ENABLED(CONFIG_EFI_CAPSULE_ON_DISK_EARLY))
                efi_launch_capsules();

      //处理延时参数
        s = bootdelay_process();
      //若启动延时结束前，用户输入任意按键打断启动过程，则返回
        if (cli_process_fdt(&s))
                cli_secure_boot_cmd(s);
      //否则启动
        autoboot_command(s);

      //cli_loop返回，说明用户一段时间都没有任何输入
      //循环读取控制台输入的字符
        cli_loop();
        panic("No CLI available");
}
```

为了更容易理解，我们把上面的代码用图6-7的流程图来表示。

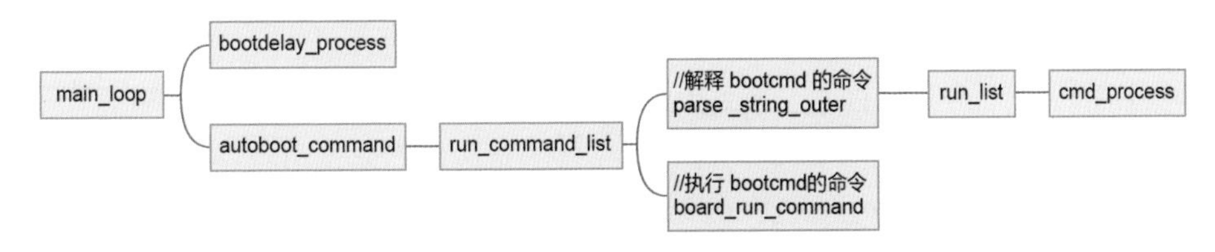

图6-7　main_loop流程图

Uboot中有一个小巧的命令解释器hush shell，run_command_list只是对hush shell中的函数parse_string_outer进行了一层封装。parse_string_outer函数调用了bush_shell的命令解释器parse_stream_outer函数来解释bootcmd的命令，而环境变量bootcmd的启动命令用来设置Kernel必要的启动环境，board_run_command执行命令。

通过图6-7可以知道，parse_string_outer最终会调用cmd_process处理命令。Uboot的每一个命令都是通过U_BOOT_CMD宏定义的。

```
#define U_BOOT_CMD(name,maxargs,rep,cmd,usage,help) \

cmd_tbl_t __u_boot_cmd_##name Struct_Section = {#name, maxargs, rep, cmd, usage}
```

其中：

- name：命令的名字，它不是一个字符串，不能用双引号括起来。
- maxargs：最大的参数个数。
- command：对应的函数指针。
- usage：一个字符串，简短的使用说明。
- help：一个字符串，比较详细的使用说明。

以启动参数中的booti命令为例：

```
U_BOOT_CMD(
    booti,  CONFIG_SYS_MAXARGS, 1,  do_booti,
    "boot Linux kernel 'Image' format from memory", booti_help_text
);
```

bootm_headers结构体存储了os image信息、os的入口、ramdisk的起始地址、设备树地址和长度、cmdline的起始位置（传给内核）。

```
typedef struct bootm_headers {

    image_header_t  *legacy_hdr_os;      /* image header pointer */
    image_header_t  legacy_hdr_os_copy; /* header copy */
    ulong        legacy_hdr_valid;

    image_info_t    os;      /* os image info */
```

```
    ulong       ep;     /* os入口 */

    ulong       rd_start, rd_end;/* ramdisk开始和结束位置 */

    char        *ft_addr;   /*设备树地址 */
    ulong       ft_len;     /*设备树长度 */

    ulong       initrd_start; /* initrd开始位置 */
    ulong       initrd_end; /* initrd结束位置 */
    ulong       cmdline_start; /* cmdline开始位置 */
    ulong       cmdline_end; /* cmdline结束位置 */
    struct bd_info      *kbd;

} bootm_headers_t;
```

image_info头信息存储kernel image的起始地址和长度。

```
typedef struct image_info {
 ulong start, end;/* blob开始和结束位置*/
 ulong image_start, image_len;/* 镜像起始地址（包括blob）和长度 */
 ulong load;/* 系统镜像加载地址*/
 uint8_t comp, type, os;/* 镜像压缩、类型、OS类型 */
 uint8_t arch;/* CPU架构 */
 } image_info_t;
```

i.MX9的启动参数和启动脚本如下：

```
"scriptaddr=0x43500000\0" \
    "kernel_addr_r=" __stringify(CONFIG_LOADADDR) "\0" \
    "bsp_script=boot.scr\0" \
    "image=Image\0" \
    "splashimage=0x50000000\0" \
    "console=ttymxc1,115200\0" \
    "fdt_addr_r=0x43000000\0"           \
    "fdt_addr=0x43000000\0"         \
    "boot_fdt=try\0" \
    "fdt_high=0xffffffffffffffff\0"     \
    "boot_fit=no\0" \
    "fdtfile=" CONFIG_DEFAULT_FDT_FILE "\0" \
    "bootm_size=0x10000000\0" \
    "mmcdev="__stringify(CONFIG_SYS_MMC_ENV_DEV)"\0" \
    "mmcpart=" __stringify(CONFIG_SYS_MMC_IMG_LOAD_PART) "\0" \
    "mmcroot=" CONFIG_MMCROOT " rootwait rw\0" \
    "mmcautodetect=yes\0" \
    "mmcargs=setenv bootargs ${jh_clk} console=${console} root=${mmcroot}\0 " \
    "loadbootscript=fatload mmc ${mmcdev}:${mmcpart} ${loadaddr} ${bsp_
script};\0" \
    "bootscript=echo Running bootscript from mmc ...; " \
        "source\0" \
    "loadimage=fatload mmc ${mmcdev}:${mmcpart} ${loadaddr} ${image}\0" \
    "loadfdt=fatload mmc ${mmcdev}:${mmcpart} ${fdt_addr_r} ${fdtfile}\0" \
```

```
    "mmcboot=echo Booting from mmc ...; " \
        "run mmcargs; " \
        "if test ${boot_fit} = yes || test ${boot_fit} = try; then " \
            "bootm ${loadaddr}; " \
        "else " \
            "if run loadfdt; then " \
                "booti ${loadaddr} - ${fdt_addr_r}; " \
            "else " \
                "echo WARN: Cannot load the DT; " \
            "fi; " \
        "fi;\0" \
    "netargs=setenv bootargs ${jh_clk} console=${console} " \
        "root=/dev/nfs " \
        "ip=dhcp nfsroot=${serverip}:${nfsroot},v3,tcp\0" \
    "netboot=echo Booting from net ...; " \
        "run netargs;  " \
        "if test ${ip_dyn} = yes; then " \
            "setenv get_cmd dhcp; " \
        "else " \
            "setenv get_cmd tftp; " \
        "fi; " \
        "${get_cmd} ${loadaddr} ${image}; " \
        "if test ${boot_fit} = yes || test ${boot_fit} = try; then " \
            "bootm ${loadaddr}; " \
        "else " \
            "if ${get_cmd} ${fdt_addr_r} ${fdtfile}; then " \
                "booti ${loadaddr} - ${fdt_addr_r}; " \
            "else " \
                "echo WARN: Cannot load the DT; " \
            "fi; " \
        "fi;\0" \
    "bsp_bootcmd=echo Running BSP bootcmd ...; " \
        "mmc dev ${mmcdev}; if mmc rescan; then " \
           "if run loadbootscript; then " \
               "run bootscript; " \
           "else " \
               "if run loadimage; then " \
                   "run mmcboot; " \
               "else run netboot; " \
               "fi; " \
           "fi; " \
      "fi;"
```

eMMC启动脚本启动的第一步，加载kernel image，然后执行mmcboot函数。

```
"if run loadimage; then " \
                   "run mmcboot; " \
```

loadimage和loadfdt是从eMMC的指定位置读取image和dtb，image地址存入变量loadaddr，dtb地址存入变量fdt_addr_r。

```
loadimage=fatload mmc ${mmcdev}:${mmcpart} ${loadaddr} ${image}
loadfdt=fatload mmc ${mmcdev}:${mmcpart} ${fdt_addr_r} ${fdtfile}
```

mmcboot函数的定义如下，由于定义了boot_fit=no，所以loadfdt会先从eMMC加载dtb，然后通过booti启动kernel image。

```
int do_booti(struct cmd_tbl *cmdtp, int flag, int argc, char *const argv[])
{
    int ret;

    argc--; argv++;

    if (booti_start(cmdtp, flag, argc, argv, &images))
        return 1;

    //关闭中断
    bootm_disable_interrupts();
    images.os.os = IH_OS_LINUX;
    images.os.arch = IH_ARCH_ARM64;

    ret = do_bootm_states(cmdtp, flag, argc, argv,
                  BOOTM_STATE_OS_PREP | BOOTM_STATE_OS_FAKE_GO |
                  BOOTM_STATE_OS_GO,
                  &images, 1);

    return ret;
}

static int booti_start(struct cmd_tbl *cmdtp, int flag, int argc,
               char *const argv[], bootm_headers_t *images)
{
    int ret;
    ulong ld;
    ulong relocated_addr;
    ulong image_size;
    uint8_t *temp;
    ulong dest;
    ulong dest_end;
    unsigned long comp_len;
    unsigned long decomp_len;
    int ctype;
    //调用函数do_bootm_states，执行BOOTM_STATE_START阶段
    ret = do_bootm_states(cmdtp, flag, argc, argv, BOOTM_STATE_START,
                  images, 1);

  //设置images的ep成员变量，也就是系统镜像的入口点，使用booti命令启动系统时就会设置
  //系统在DRAM中的存储位置，这个存储位置就是系统镜像的入口点，因此是images->ep
    if (!argc) {
        ld = image_load_addr;
```

```
        debug("*  kernel: default image load address = 0x%08lx\n",
                image_load_addr);
    } else {
        ld = hextoul(argv[0], NULL);
        debug("*  kernel: cmdline image address = 0x%08lx\n", ld);
    }

    temp = map_sysmem(ld, 0);
    ctype = image_decomp_type(temp, 2);
    if (ctype > 0) {
        dest = env_get_ulong("kernel_comp_addr_r", 16, 0);
        comp_len = env_get_ulong("kernel_comp_size", 16, 0);
        if (!dest || !comp_len) {
            puts("kernel_comp_addr_r or kernel_comp_size is not provided!\n");
            return -EINVAL;
        }
        if (dest < gd->ram_base || dest > gd->ram_top) {
            puts("kernel_comp_addr_r is outside of DRAM range!\n");
            return -EINVAL;
        }

        debug("kernel image compression type %d size = 0x%08lx address = 0x%08lx\n",
            ctype, comp_len, (ulong)dest);
        decomp_len = comp_len * 10;
    //解压内核
        ret = image_decomp(ctype, 0, ld, IH_TYPE_KERNEL,
                (void *)dest, (void *)ld, comp_len,
                decomp_len, &dest_end);
        if (ret)
            return ret;
        /* dest_end包含未解压的Image大小*/
        memmove((void *) ld, (void *)dest, dest_end);
    }
    unmap_sysmem((void *)ld);
    //调用bootz_setup函数，此函数会判断当前的系统镜像文件是否为Linux的镜像文件，
    //并且会打印出镜像相关信息
    ret = booti_setup(ld, &relocated_addr, &image_size, false);
    if (ret != 0)
        return 1;

    /* 处理BOOTM_STATE_LOADOS */
    if (relocated_addr != ld) {
        printf("Moving Image from 0x%lx to 0x%lx, end=%lx\n", ld,
               relocated_addr, relocated_addr + image_size);
        memmove((void *)relocated_addr, (void *)ld, image_size);
    }
  //打印内核重定位信息
    images->ep = relocated_addr;
    images->os.start = relocated_addr;
```

```
    images->os.end = relocated_addr + image_size;

    lmb_reserve(&images->lmb, images->ep, le32_to_cpu(image_size));

    //调用函数bootm_find_images查找ramdisk和设备树(dtb)文件，但是我们没有用到
    //ramdisk，因此此函数在这里仅用于查找设备树（dtb）文件，此函数稍后也会讲解
    if (bootm_find_images(flag, argc, argv, relocated_addr, image_size))
        return 1;

    return 0;
}
```

最终通过armv8_switch_to_el2函数，实现Uboot到Kernel的跳转。寄存器x0存的是images->ft_addr，x4存的是mages->ep，即Kernel的入口。如以下代码所示，通过指令br x4跳转到image->ep这个地址执行。

```
ENTRY(armv8_switch_to_el2)
        switch_el x6, 1f, 0f, 0f
0:
        cmp x5, #ES_TO_AARCH64
        b.eq 2f

        bl armv8_el2_to_aarch32
2:

        br x4
1:      armv8_switch_to_el2_m x4, x5, x6
ENDPROC(armv8_switch_to_el2)
```

6.3 kernel的初始化过程

image->ep中存放着内核代码段的起始地址，现在已经进入了内核的世界，下面从功能的角度分阶段进入内核的启动过程。

1. **硬件环境准备**——汇编函数_head，在kernel/arch/arm64/kernel/head.S中：
   - 创建临时页表。
   - 开启MMU。
2. **软件环境准备**——C函数start_kernel()，在kernel/init/main.c中：
   - 多种初始化，比如：lock、irq/exception、clock/timer、memory、dts、vfs、scheduler等。
   - 这里函数都是用__init标记放在init.section段中的，将来会被释放掉。
3. **单线程变多线程**——C函数rest_init()，在kernel/init/main.c中：
   - 启动另外2个线程：kernel_init、kthreadd。

- 激活调度器。
- 自身变为idle线程。

4. 单核变多核——C函数kernel_init()/kernel_init_freeable()，在kernel/init/main.c中：

- 启动SMP多核。
- 激活SMP调度。
- 初始化外设驱动。
- 打开/dev/console。
- 创建用户态init进程。

图6-8简单描述了各个阶段和完成的核心功能。

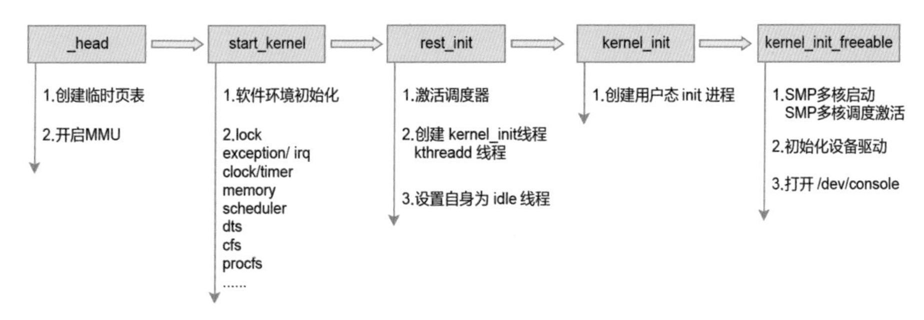

图6-8　内核各个阶段的初始化

内核中各个阶段的初始化非常重要，涉及内容很多，比如内存管理、进程管理、文件系统、中断管理和时钟管理等。

6.3.1　内核运行的第一行代码

启动Linux会启动内核编译后的文件vmlinux。vmlinux是一个ELF文件，按照./arch/arm64/kernel/vmlinux.lds设定的规则进行链接，vmlinux.lds是vmlinux.lds.S编译之后生成的。所以为了确定vmlinux内核的起始地址，先通过vmlinux.lds.S链接脚本进行分析：

```
$ readelf -h vmlinux
ELF Header:
  Magic:   7f 45 4c 46 02 01 01 00 00 00 00 00 00 00 00 00
  Class:                             ELF64
  Data:                              2’s complement, little endian
  Version:                           1 (current)
  OS/ABI:                            UNIX - System V
  ABI Version:                       0
  Type:                              DYN (Shared object file)
  Machine:                           AArch64
  Version:                           0x1
  Entry point address:               0xffff800010000000
  Start of program headers:          64 (bytes into file)
```

```
  Start of section headers:          494679672 (bytes into file)
  Flags:                             0x0
  Size of this header:               64 (bytes)
  Size of program headers:           56 (bytes)
  Number of program headers:         5
  Size of section headers:           64 (bytes)
  Number of section headers:         38
  Section header string table index: 37

$ readelf -l vmlinux

Elf file type is DYN (Shared object file)
Entry point 0xffff800010000000
There are 5 program headers, starting at offset 64

Program Headers:
  Type           Offset             VirtAddr           PhysAddr
                 FileSiz            MemSiz              Flags  Align
  LOAD           0x0000000000010000 0xffff800010000000 0xffff800010000000
                 0x0000000001beacdc 0x0000000001beacdc  RWE    10000
  LOAD           0x0000000001c00000 0xffff800011c00000 0xffff800011c00000
                 0x00000000000c899c 0x00000000000c899c  R E    10000
  LOAD           0x0000000001cd0000 0xffff800011cd0000 0xffff800011cd0000
                 0x0000000000876200 0x0000000000905794  RW     10000
  NOTE           0x0000000001bfaca0 0xffff800011beaca0 0xffff800011beaca0
                 0x000000000000003c 0x000000000000003c  R      4
  GNU_STACK      0x0000000000000000 0x0000000000000000 0x0000000000000000
                 0x0000000000000000 0x0000000000000000  RW     10

 Section to Segment mapping:
  Segment Sections...
   00     .head.text .text .got.plt .rodata .pci_fixup __ksymtab __ksymtab_gpl
__ksymtab_strings __param __modver __ex_table .notes
   01     .init.text .exit.text .altinstructions
   02     .init.data .data..percpu .hyp.data..percpu .rela.dyn .data __bug_
table .mmuoff.data.write .mmuoff.data.read .pecoff_edata_padding .bss
   03     .notes
   04
```

通过上面的查询可知，此vmlinux为一个AArch64架构平台的ELF可执行文件，其程序的入口地址为0xffff800010000000，此段对应的section为.head.text .text .got.plt……所以vmlinux的入口在**.head.text**文本段。

.head.text文本段

通过vmlinux.lds.S找到vmlinux的入口函数：

```
#define RO_EXCEPTION_TABLE_ALIGN        8
#define RUNTIME_DISCARD_EXIT
```

```
#include <asm-generic/vmlinux.lds.h>
#include <asm/cache.h>
#include <asm/hyp_image.h>
#include <asm/kernel-pgtable.h>
#include <asm/memory.h>
#include <asm/page.h>

#include "image.h"

OUTPUT_ARCH(aarch64)
ENTRY(_text)
```

根据链接脚本语法可以知道，OUTPUT_ARCH关键字指定了链接之后的输出文件的体系结构是aarch64。ENTRY关键字指定了输出文件vmlinux的入口地址是_text，因此只需找到_text的定义就可以知道vmlinux的入口函数。接下来的代码如图6-9所示。

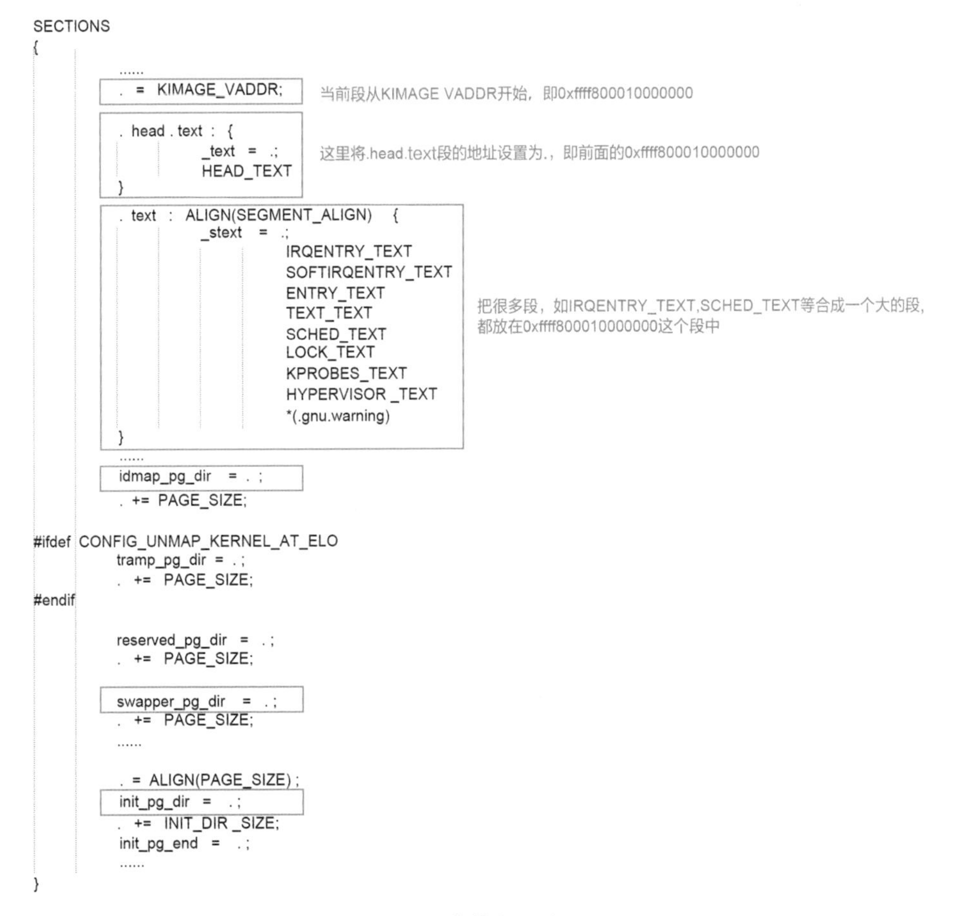

图6-9　内核起始代码

- 图6-9中的宏HEAD_TEXT定义在文件include/asm-generic/vmlinux.lds.S中，其定义为.head.text文本段。
- 图6-9中的idmap_pg_dir、init_pg_dir是页表映射，idmap_pg_dir是identity mapping用到的页表，init_pg_dir是kernel_image_mapping用到的页表。

```
/* include/asm-generic/vmlinux.lds.h文件 */
#define HEAD_TEXT KEEP(*(.head.text))

/* include/linux/init.h文件*/
#define __HEAD .section ".head.text","ax"
```

故转向arch/arm64/kernel/head.S继续执行。

```
        __HEAD
_head:
#ifdef CONFIG_EFI
        add     x13, x18, #0x16
        b       primary_entry
#else
        b       primary_entry
        .long   0
#endif
```

6.3.2 head.S的执行过程

head.S是进入内核的初始代码，下面进入正式的初始化流程：

```
SYM_CODE_START(primary_entry)
        bl      preserve_boot_args
        bl      el2_setup
        adrp    x23, __PHYS_OFFSET
        and     x23, x23, MIN_KIMG_ALIGN - 1
        bl      set_cpu_boot_mode_flag
        bl      __create_page_tables

        bl      __cpu_setup
        b       __primary_switch
SYM_CODE_END(primary_entry)
```

SYM_CODE_START宏定义如下：

```
#define SYM_CODE_START(name)                            \
SYM_START(name, SYM_L_GLOBAL, SYM_A_ALIGN)

#define SYM_L_GLOBAL(name)                      .globl name
#define SYM_A_ALIGN                             ALIGN

#define SYM_START(name, linkage, align...)              \
```

```
        SYM_ENTRY(name, linkage, align)
#define SYM_ENTRY(name, linkage, align...)                  \
        linkage(name) ASM_NL                                \
        align ASM_NL                                        \
        name:
#define ASM_NL           ;
```

因此SYM_CODE_START(primary_entry)可以转换为：

```
.globl primary_entry; ALIGN ;primary_entry:
```

下面我们来看看primary_entry的执行流程：

1. preserve_boot_args：将bootloader传递的x0、x1、x2、x3保存到boot_args数组中，其中x0保存了FDT的地址，x1、x2、x3为0。
2. el2_setup：设定core启动状态，根据当前CPU处于EL1还是EL2，对CPU进行设置，主要设置了端模式、VHE、GIC、定时器开启等。
3. **PHYS_OFFSET**：将PHYS_OFFSET也就是kernel的入口链接地址_text保存到x23中。
4. set_cpu_boot_mode_flag：将CPU启动的模式保存到全局变量__boot_cpu_mode中。
5. **create_page_tables：我们知道idmap_pg_dir是identity mapping用到的页表，init_pg_dir是kernel_image_mapping用到的页表。这里通过**create_page_tables来填充这两个页表。执行完__create_page_tables后得到地址映射关系如下：

```
SYM_FUNC_START_LOCAL(__create_page_tables)
    mov x28, lr
  ......

    adrp    x0, idmap_pg_dir
    adrp    x3, __idmap_text_start      // __pa(__idmap_text_start)
  ......
  adrp  x5, __idmap_text_end
  ......

    adrp    x0, init_pg_dir
    mov_q   x5, KIMAGE_VADDR
    add x5, x5, x23
    mov x4, PTRS_PER_PGD
    adrp    x6, _end
    adrp    x3, _text
    sub x6, x6, x3
    add x6, x6, x5
  ......
SYM_FUNC_END(__create_page_tables)
```

6. __cpu_setup：为开启MMU，对CPU进行设置，包括设置memory attribute等。
7. __primary_switch：使能MMU，使能之前会分别用idmap_pg_dir和init_pag_dir设置TTBR0和TTBR1，它们分别是kernel image的一致性页表起始虚拟地址和kernel image页表的起始虚拟地址；将kernel image的.rela.dyn段实现重定位。

为何用idmap_pg_dir初始化TTBR0呢？因为一致性映射意味着物理地址与虚拟地址相同，由于kernel image的idmap.text段位于物理地址0x48000000地址以下，对应虚拟地址空间处于用户空间，因此需要用idmap_pg_dir初始化TTBR0，这样打开MMU时就可以通过TTBR0来访问一致性页表了。

8. __primary_switched：主要完成了如下工作：

1）为init进程设置好堆栈地址和大小，将当前进程描述符地址保存到sp_el0。

2）设置异常向量表基址寄存器。

3）将FDT地址保存到__fdt_pointer变量。

4）将kimage的虚拟地址和物理地址的偏移保存到kimage_voffset。

5）执行clear bss。

6）跳转到start_kernel。

初始化init进程的地址映射关系如图6-10所示。

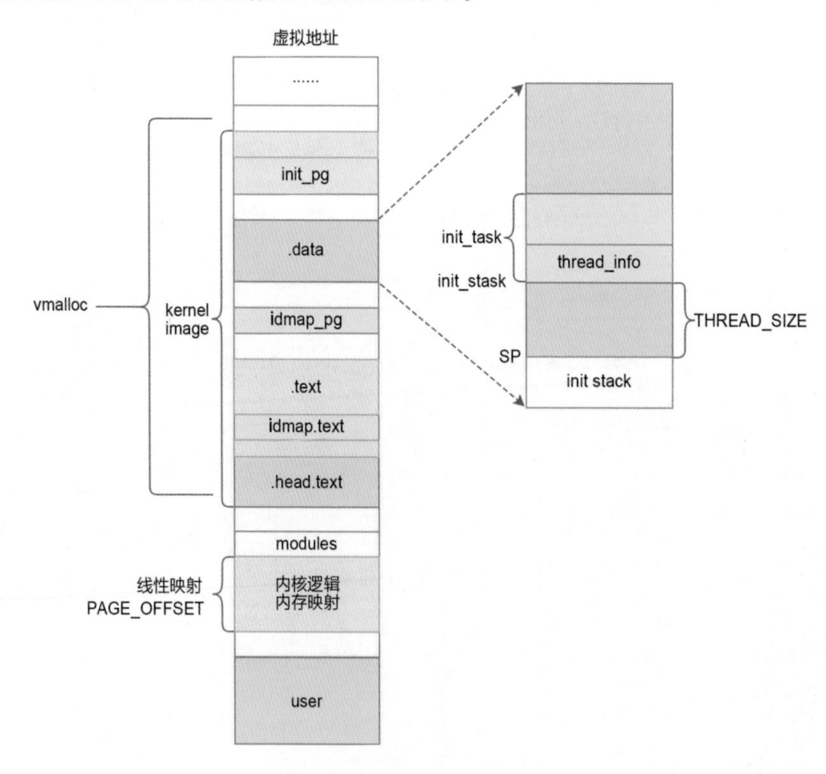

图6-10 init进程的地址映射

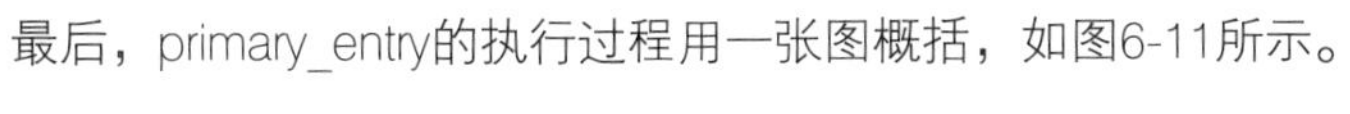

最后，primary_entry的执行过程用一张图概括，如图6-11所示。

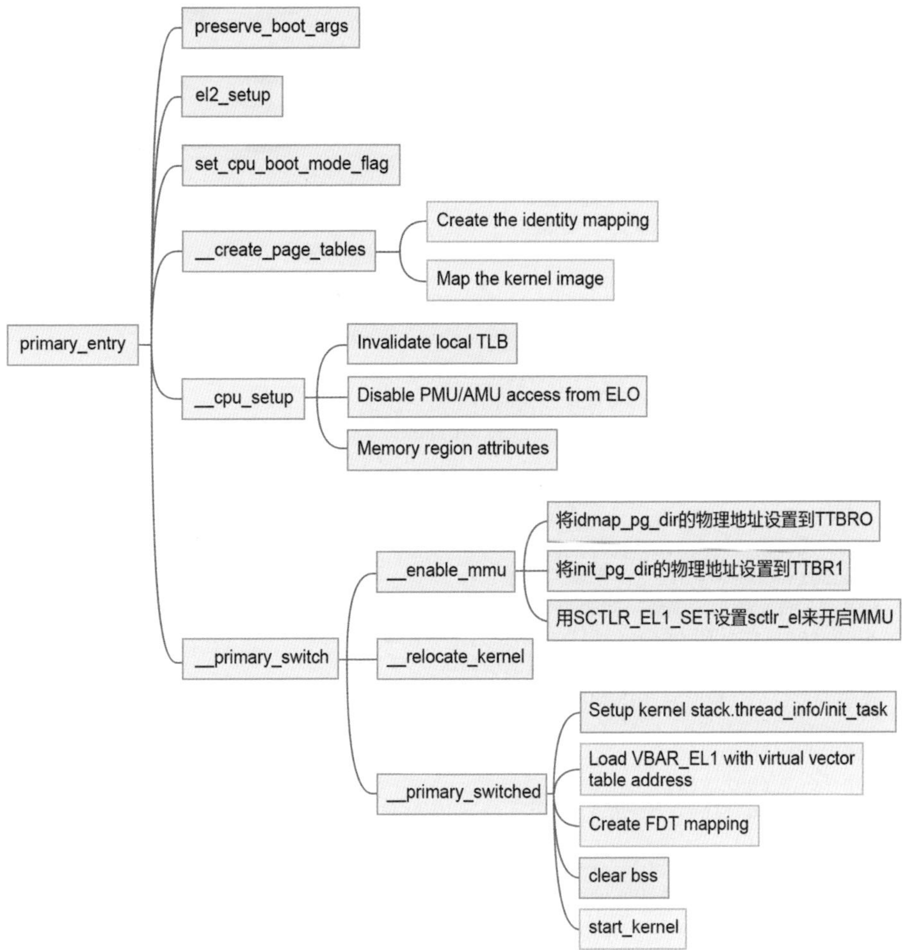

图6-11 primary_entry流程图

6.3.3 内核子系统启动的全过程

可以说内核的启动从入口函数start_kernel()开始。在init/main.c文件中，start_kernel相当于内核的main函数。在这个函数里，就是各种各样初始化函数XXXX_init。其中的主要流程有以下这些：

```
asmlinkage __visible void __init __no_sanitize_address start_kernel(void)
{
 char *command_line;
 char *after_dashes;
```

```
set_task_stack_end_magic(&init_task);/*设置任务栈结束魔术数，用于栈溢出检测*/
smp_setup_processor_id();/*和SMP有关（多核处理器），设置处理器ID*/
debug_objects_early_init();/* 做一些和debug有关的初始化 */
init_vmlinux_build_id();

cgroup_init_early();/* cgroup初始化，cgroup用于控制Linux系统资源*/

local_irq_disable();/* 关闭当前CPU中断 */
early_boot_irqs_disabled = true;

/*
 *中断关闭期间做一些重要的操作，然后打开中断
 */
boot_cpu_init();/* 和CPU有关的初始化 */
page_address_init();/* 页地址相关的初始化 */
pr_notice("%s", linux_banner);/* 打印Linux版本号、编译时间等信息 */
early_security_init();

/* 系统架构相关的初始化，此函数会解析传递进来的
* ATAGS或者设备树（DTB）文件，会根据设备树里
* 的model和compatible这两个属性值来查找
* Linux是否支持这个单板。此函数也会获取设备树
* 中chosen节点下的bootargs属性值来得到命令行参数，
* 也就是Uboot中的bootargs环境变量的值，
* 获取到的命令行参数会保存到command_line中
*/
setup_arch(&command_line);
setup_boot_config();
setup_command_line(command_line);/* 存储命令行参数*/

/* 如果只是SMP（多核CPU），此函数用于获取
* CPU核数量，CPU核数量保存在变量nr_cpu_ids中
*/
setup_nr_cpu_ids();
setup_per_cpu_areas();/* 在SMP系统中有用，设置每个CPU的per-CPU数据 */
smp_prepare_boot_cpu();
boot_cpu_hotplug_init();

build_all_zonelists(NULL);/* 建立系统内存页区（zone）链表 */
page_alloc_init();/* 处理用于热插拔CPU的页 */

/* 打印命令行信息 */
pr_notice("Kernel command line: %s\n", saved_command_line);
jump_label_init();
parse_early_param();/* 解析命令行中的console参数*/
......
setup_log_buf(0);/*设置log使用的缓冲区*/
vfs_caches_init_early(); /* 预先初始化vfs（虚拟文件系统）的目录项和索引节点缓存*/
```

```
 sort_main_extable();/* 定义内核异常列表 */
 trap_init();/* 完成对系统保留中断向量的初始化 */
 mm_init();/* 内存管理初始化 */
……
 sched_init();/* 初始化调度器，主要是初始化一些结构体 */
……
 rcu_init();/* 初始化RCU，RCU全称为Read Copy Update（读-复制-修改） */

 trace_init();/* 跟踪调试相关初始化 */
 ……
 /* 初始中断相关初始化，主要是注册irq_desc结构体变量，
  * 因为Linux内核使用irq_desc来描述一个中断
  */
 early_irq_init();
 init_IRQ();/* 中断初始化 */
 tick_init();/* tick初始化 */
 rcu_init_nohz();
 init_timers();/* 初始化定时器*/
 srcu_init();
 hrtimers_init();/* 初始化高分辨率定时器*/
 softirq_init();/* 软中断初始化 */
 timekeeping_init();
 time_init();/* 初始化系统时间 */
……
 local_irq_enable();/* 使能中断 */

 kmem_cache_init_late();/* slab初始化，slab是Linux内存分配器*/
……
 vfs_caches_init();/* 虚拟文件系统缓存初始化 */
 pagecache_init();
 signals_init();/* 初始化信号 */
 seq_file_init();
 proc_root_init();/* 注册并挂载proc文件系统 */
 nsfs_init();
 /* 初始化cpuset，cpuset是将CPU和内存资源以逻辑性
 * 和层次性集成的一种机制，是cgroup使用的子系统之一
 */
 cpuset_init();
 cgroup_init();/* 初始化cgroup */
 taskstats_init_early();/*进程状态初始化 */
……
 /* 调用rest_init函数*/
 /* 创建 init、kthread、idle 线程*/
 arch_call_rest_init();

 prevent_tail_call_optimization();
}
```

为了更清晰地看出主要有哪些函数，总结如图6-12所示。

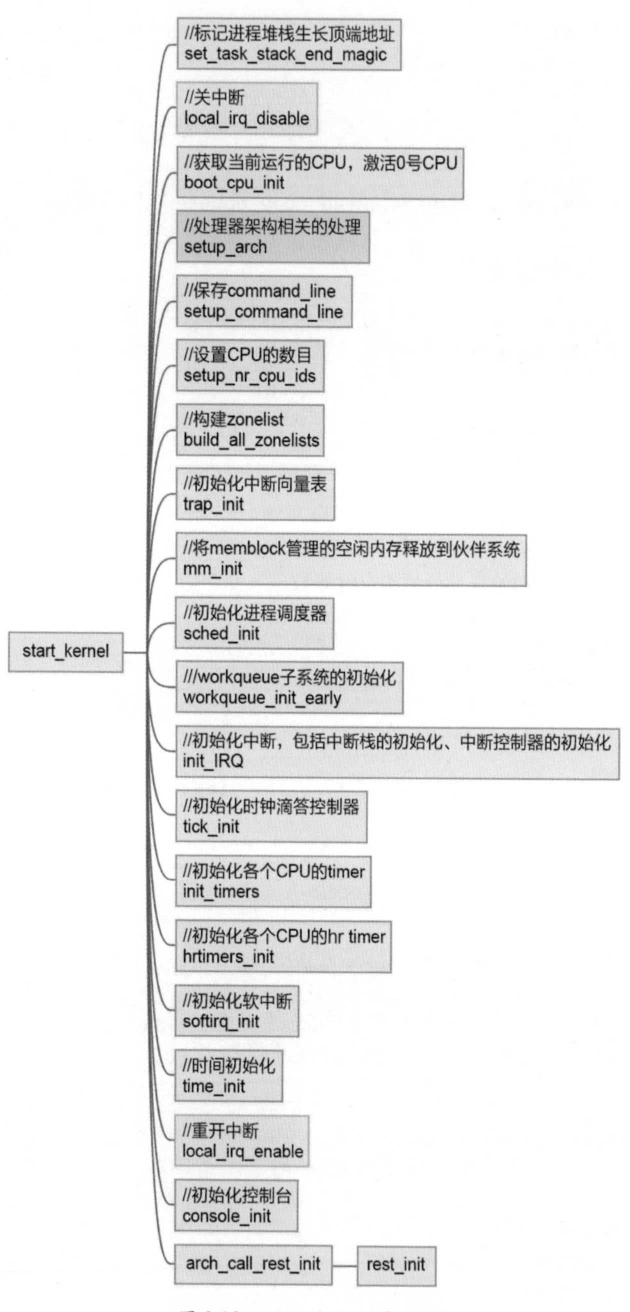

图6-12 start_kernel流程图

setup_arch

此函数是系统架构初始化函数，处理Uboot传递进来的参数，不同的架构进行不同的初始化，也就是说每个架构都会有一个setup_arch函数，图6-13展示了setup_arch流程图。

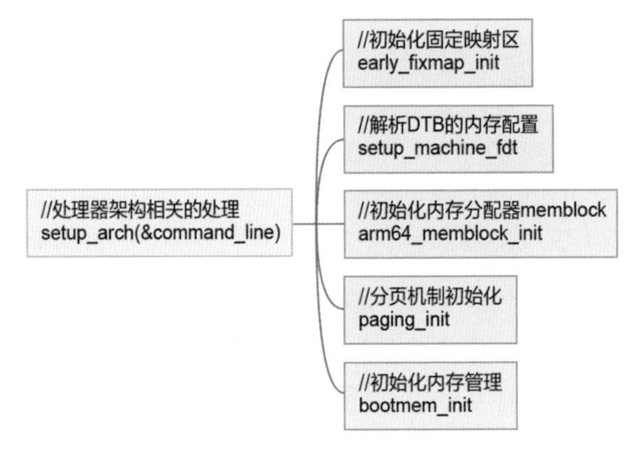

图6-13　setup_arch流程图

mm_init

内存初始化函数：

```
static void __init mm_init(void)
{
    ……
    page_ext_init_flatmem();
    init_mem_debugging_and_hardening();
    kfence_alloc_pool();
    report_meminit();
    kmsan_init_shadow();
    stack_depot_early_init();
    mem_init();
    mem_init_print_info();
    kmem_cache_init();
    ……
    page_ext_init_flatmem_late();
    kmemleak_init();
    pgtable_init();
    debug_objects_mem_init();
    vmalloc_init();
    if (early_page_ext_enabled())
        page_ext_init();
    init_espfix_bsp();
    pti_init();
    kmsan_init_runtime();
}
```

调用的函数功能基本如函数名所示，主要进行了以下初始化设置：

- page_ext_init_flatmem()和cgroup的初始化相关，该部分是Docker技术的核心部分。
- mem_init()初始化内存管理的伙伴系统。
- kmem_cache_init()完成内核slub内存分配体系的初始化。
- pgtable_init()完成页表初始化。
- vmalloc_init()完成vmalloc的初始化。
- init_espfix_bsp()和pti_init()完成PTI（page table isolation）的初始化。

sched_init

sched_init()用于初始化调度模块，进程调度器的初始化如图6-14所示。Linux内核实现了四种调度方式，一般情况下采用CFS调度方式。作为一个普适性的操作系统，必须考虑各种需求，不能只按照中断优先级或者时间轮转片来规定进程运行的时间。作为一个多用户操作系统，必须考虑到每个用户的公平性。不能因为一个用户没有高级权限，就限制他的进程的运行时间，要考虑每个用户拥有公平的时间。

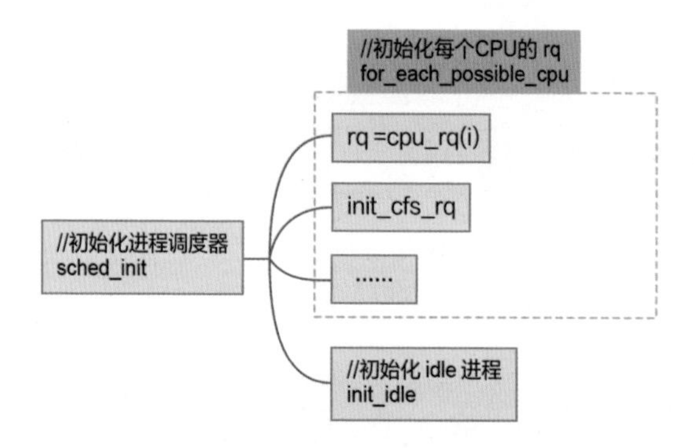

图6-14 进程调度器的初始化

init_IRQ

中断初始化函数，初始化IRQ的函数调用关系如下：

```
init_IRQ() -> irqchip_init() -> of_irq_init()
```

在of_irq_init()中遍历设备树，通过__irq_of_table进行匹配，匹配成功后进行irq初始化。查看设备树，找到interrupt-controller的compatible为arm,gic-v3：

```
    gic: interrupt-controller@48000000 {
      compatible = "arm,gic-v3";
      reg = <0 0x48000000 0 0x10000>,
            <0 0x48040000 0 0xc0000>;
      #interrupt-cells = <3>;
      interrupt-controller;
```

```
        interrupts = <GIC_PPI 9 IRQ_TYPE_LEVEL_HIGH>;
        interrupt-parent = <&gic>;
    };
```

通过匹配，最终调用的驱动是drivers/irqchip/irq-gic-v3.c。

tick_init

tick_init函数主要用于初始化内核中的时钟“tick”相关机制。在Linux内核中，tick是一个周期性发生的事件，它通常与系统的时钟中断相关。每当tick发生时，内核会执行一系列的任务，如更新进程的运行时间、进行调度决策等。它会配置tick的速率（即tick的频率），这通常取决于系统的硬件和配置。此外，它还会初始化与tick相关的数据结构和锁，以确保tick事件在并发环境下能够正确和安全地处理。

init_timers

init_timers函数用于初始化内核中的定时器功能。定时器在Linux内核中是一种非常有用的工具，它允许内核在指定的时间间隔后或在某个特定事件发生时执行特定的任务。这个函数会初始化定时器所需的数据结构和队列，并设置相关的处理函数。这些处理函数通常是由用户提供的回调函数，当定时器到期时，内核会调用这些函数来执行相应的任务。

与init_timer和setup_timer函数类似，init_timers会遍历并初始化多个定时器。这些定时器可能用于处理不同的任务，如网络超时、磁盘I/O超时等。

hrtimers_init

hrtimers_init函数用于初始化内核中的高分辨率定时器（High-Resolution Timers，hrtimers）。与普通的定时器相比，高分辨率定时器提供了更高的时间分辨率和准确性，这对于需要精确控制时间的应用程序或内核驱动非常重要。

softirq_init

softirq_init函数用于初始化Linux内核中的软中断（softirq）处理机制。软中断是一种异步的事件处理机制，用于处理一些延迟较长的任务，如网络中断、定时器中断等。它会使用for_each_softirq宏来遍历softirq_vec数组，并将每个软中断类型对应的处理函数进行注册。此外，它还可能使用open_softirq函数来动态分配内存并为softirq_action结构体分配内存，并初始化其他成员变量。

time_init

time_init函数是一个更广义的时钟和定时器初始化函数。它可能根据具体的硬件和配置，调用上述tick_init、init_timers、hrtimers_init等函数，并可能执行一些额外的初始化任务。这个函数的主要任务是初始化系统的时钟源，并校准系统时间。在初始化过程中，它可能会暂停时钟源，获取当前时间，恢复时钟源的运行，并对系统时间进行校准。这些操作有助于确保系统时间的准确性和稳定性。

console_init

在这个函数初始化之前，你写的所有内核打印函数printk都打印不出东西。在这个函数初始化之前，所有打印都会存在buf里，此函数初始化以后，会将buf里面的数据打印出来，你才能在终端看到printk打印的东西。

vfs_caches_init:

vfs_caches_init() -> mnt_init() -> init_rootfs() 用于初始化基于内存的文件系统 rootfs。为了兼容各种各样的文件系统，我们需要将文件的相关数据结构和操作抽象出来，形成一个抽象层对上提供统一的接口，这个抽象层就是VFS（Virtual File System，虚拟文件系统）。

rest_init:

rest_init()完成了两件重要的事：

1. 创建1号进程kernel_init：内核态是kernel_init，到用户态是init进程，是用户态所有进程的祖先。
2. 创建2号进程kthreadd：负责所有内核态的线程的调度和管理，是内核态所有线程运行的祖先。

第7章

设备模型

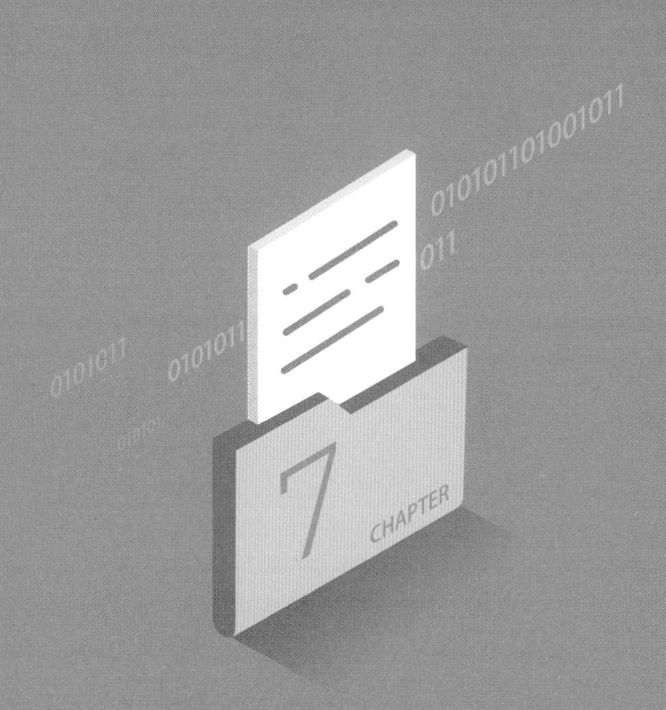

Linux内核中的设备模型是一个核心组件，它通过对物理硬件资源进行抽象和统一管理，为内核提供了对系统硬件资源的有效组织和控制。设备模型采用树状结构组织硬件设备，将设备、驱动程序和总线等概念统一表示，简化了驱动程序的开发，提高了系统的灵活性和可维护性。此外，设备模型还提供了诸如引用计数、热插拔处理等辅助机制，并通过sysfs虚拟文件系统为用户空间程序提供了访问和管理内核设备的接口。这些特性使得Linux系统能够高效、安全地管理硬件资源，满足各种应用场景的需求。

7.1 设备模型的基石

设备模型是一种抽象的、通用的设备表示方法，它将硬件设备的属性、行为和接口封装在一个统一的结构中，为驱动程序提供了一种标准化的方式来描述和操作硬件设备。在Linux系统中，设备模型通过内核中的kobject子系统、device结构体、device_class结构体等机制来实现，这些机制和结构共同定义了设备类、设备对象、设备驱动以及设备总线等概念，使得驱动程序能够以统一的方式处理不同类型的硬件设备。我们通过设备模型是什么、设备模型如何实现，来了解是什么构成了设备模型的基石。

7.1.1 设备模型是什么

设备模型指的是Linux 操作系统中用于管理硬件设备和驱动程序的结构和框架。它是Linux内核的一部分，用于抽象和管理计算机硬件资源，使其可以被用户空间应用程序访问和使用。在Linux设备模型中，每个硬件设备都被表示为一个设备对象，该对象包含设备的特性、状态和操作。设备模型的核心数据结构是“设备树”，它是一个层次化的数据结构，用于描述系统中所有硬件设备之间的关系和连接。

设备模型提供了一种标准化的接口和机制，使设备驱动程序可以注册和与特定设备进行交互。这样，当应用程序需要访问设备时，它们可以通过设备模型来请求和使用设备，而无须了解底层硬件的具体细节。设备模型还有助于简化设备驱动程序的编写和维护，提高了代码的可移植性。

总的来说，Linux的设备模型允许内核对硬件资源进行统一管理和抽象，提供了一种有效的方法来管理和操作各种硬件设备，从而为用户空间应用程序提供了一个统一的硬件访问接口。在Linux设备模型中，设备、驱动、总线组织成拓扑结构，通过sysfs文件系统以目录结构进行展示与管理。sysfs文件系统提供了一种用户与内核数据结构进行交互的方式，可以通过mount -t sysfs sysfs /sys进行挂载。

Linux设备模型中，总线负责设备和驱动的匹配，设备与驱动都挂在某一个总线上，当它们进行注册时由总线负责完成匹配，进而回调驱动的probe函数。SoC系统中有spi、i2c、pci等实体总线用于外设的连接，而针对集成在SoC中的外设控制器，Linux内核提供一种虚拟总线platform用于这些外设控制器的连接，此外，platform总线也可用于没有实体总线的外设。以图7-1为例，在/sys目录下，bus用于存放各类总线，其中会存放挂载在该总线上的驱动和设备，比如serial8250，devices存放了系统中的设备信息，class针对不同的设备进行分类。

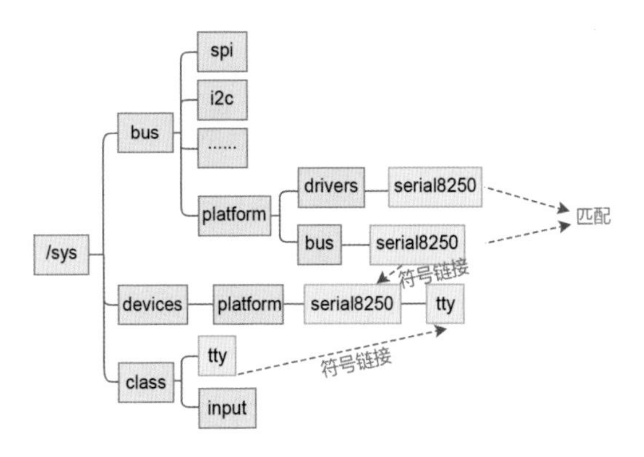

图7-1 设备模型信息

7.1.2 设备模型的实现

在Linux设备模型中，kset、kobject和ktype是实现设备模型的三个重要概念，它们构成了设备模型的基石。

- kset（设备集合）：kset是一组相关设备对象（kobject）的集合。它允许将相关的设备对象组织在一起，形成层次结构，方便设备的管理和查找。kset本身是一个数据结构，用于表示设备对象的容器。一个kset中的设备对象可以包含在另一个kset中，从而形成设备对象的树形结构。

```
struct kset {
 struct list_head list;       /* 包含在kset内的所有kobject构成一个双向链表 */
 spinlock_t list_lock;
 struct kobject kobj;         /* 归属于该kset的所有kobject的共有parent */
  const  struct  kset_uevent_ops  *uevent_ops;       /*  kset的uevent操作函数集，当kset中的kobject有状态变化时，会回调这个函数集，以便kset添加新的环境变量或过滤某些uevent，如果一个kobject不属于任何kset，是不允许发送uevent的*/
} __randomize_layout;
```

- kobject（设备对象）：kobject是Linux设备模型中用于表示设备的基本数据结构。每个设备都有一个对应的kobject结构，它包含了设备的属性、状态和指向设备驱动程序的指针等信息。kobject提供了一种通用的方式来管理和访问设备，允许设备驱动程序通过标准化的接口与设备进行交互，而不必了解底层硬件的具体细节。

```
struct kobject {
 const char   *name;                         /* 名字，对应sysfs下的一个目录 */
```

```
 struct list_head entry;               /* kobject中插入的list_head结构，用于构造双向链表 */
 struct kobject  *parent;              /* 指向当前kobject父对象的指针，体现在sys中就是包含当前kobject对象的目录对象 */
 struct kset  *kset;                   /* 当前kobject对象所属的集合 */
 struct kobj_type *ktype;              /* 当前kobject对象的类型 */
 struct kernfs_node *sd;               /* VFS文件系统的目录项，是设备和文件之间的桥梁，sysfs中的符号链接是通过kernfs_node内的联合体实现的*/
 struct kref  kref;                    /* kobject的引用计数，当计数为0时，回调之前注册的release方法释放该对象 */
#ifdef CONFIG_DEBUG_KOBJECT_RELEASE
 struct delayed_work release;
#endif
 unsigned int state_initialized:1;     /* 初始化标志位，初始化时被置位 */
 unsigned int state_in_sysfs:1;        /* kobject在sysfs中的状态，在目录中创建则为1，否则为0 */
 unsigned int state_add_uevent_sent:1;        /* 添加设备的uevent事件是否发送标志，添加设备时向用户空间发送uevent事件，请求新增设备 */
 unsigned int state_remove_uevent_sent:1;     /* 删除设备的uevent事件是否发送标志，删除设备时向用户空间发送uevent事件，请求卸载设备 */
 unsigned int uevent_suppress:1;              /* 是否忽略上报（不上报uevent） */
};
```

- ktype（设备类型）：ktype是一个数据结构，定义了一组操作函数，用于处理特定类型的设备对象。每个设备对象都与一个特定的ktype相关联，使得设备对象能够通过ktype提供的操作函数来处理设备的读取、写入、初始化等操作。

```
struct kobj_type {
 void (*release)(struct kobject *kobj);       /* 释放kobject对象的接口，有点类似面向对象中的析构 */
 const struct sysfs_ops *sysfs_ops;           /* 操作kobject的方法集 */
 struct attribute **default_attrs;
 const struct kobj_ns_type_operations *(*child_ns_type)(struct kobject *kobj);
 const void *(*namespace)(struct kobject *kobj);
};

struct sysfs_ops {       /* kobject操作函数集 */
 ssize_t (*show)(struct kobject *, struct attribute *, char *);
 ssize_t (*store)(struct kobject *, struct attribute *, const char *, size_t);
};

/* 所谓的attribute就是内核空间和用户空间进行信息交互的一种方法，例如某个driver定义了一个变量，却希望用户空间程序可以修改该变量，以控制driver的行为，那么可以将该变量以sysfs attribute的形式开放出来 */
struct attribute {
 const char  *name;
 umode_t   mode;
#ifdef CONFIG_DEBUG_LOCK_ALLOC
 bool   ignore_lockdep:1;
```

```
  struct lock_class_key *key;
  struct lock_class_key skey;
#endif
};
```

这些概念一起构成了Linux设备模型的核心，允许内核对硬件设备进行统一的管理和抽象。设备驱动程序通过注册ktype，创建kobject，并将kobject添加到适当的kset中，从而将设备对象纳入设备模型。然后，用户空间应用程序可以通过/sys目录下的虚拟文件系统或ioctl()系统调用等方式来访问和配置设备对象，实现对硬件设备的控制和操作。这种模块化的设备模型使得Linux内核具有良好的可扩展性和灵活性，能够支持各种类型的硬件设备。我们来看一下kobject创建的时候，与ktype的关系，具体如图7-2所示，这样理解起来更顺。

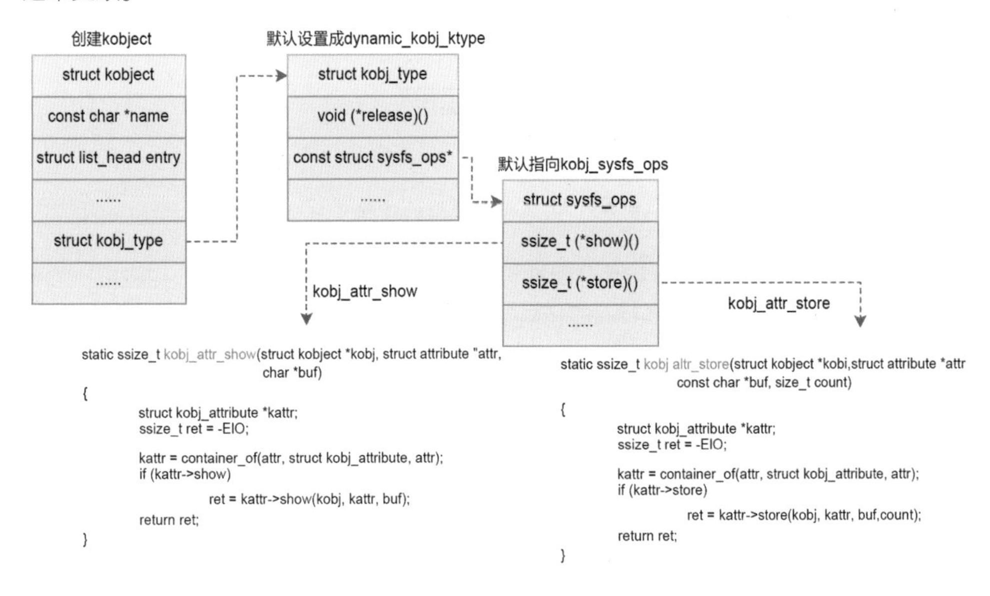

图7-2 数据结构之间的关系

kobject在创建的时候，默认设置kobj_type的值为dynamic_kobj_ktype，通常kobject会嵌入在其他结构中来使用，因此它的初始化跟特定的结构相关，典型的比如struct device和struct device_driver。熟悉驱动的读者应该知道，在/sys文件系统中，通过echo/cat的操作，最终会调用show/store函数，而这两个函数的具体实现可以放到驱动程序中，本质上就是调用了kobject和ktype的关系。

kset既是kobject的集合，本身又是一个kobject，进而可以添加到其他集合中，从而就可以构建复杂的拓扑结构，满足/sys文件夹下的文件组织需求。因为struct device和struct device_driver结构体中都包含了struct kobject，而struct bus_type结构体中包含了struct kset结构，所以这个也就对应到下文即将提到的设备和驱动都添加到总线上，由总线来负责匹配。

kobject/kset的相关代码比较简单，毕竟它只是作为一个结构体嵌入其他结构中，充当纽带的作用。关于如何通过kobject/kset实现设备模型，参见图7-3。

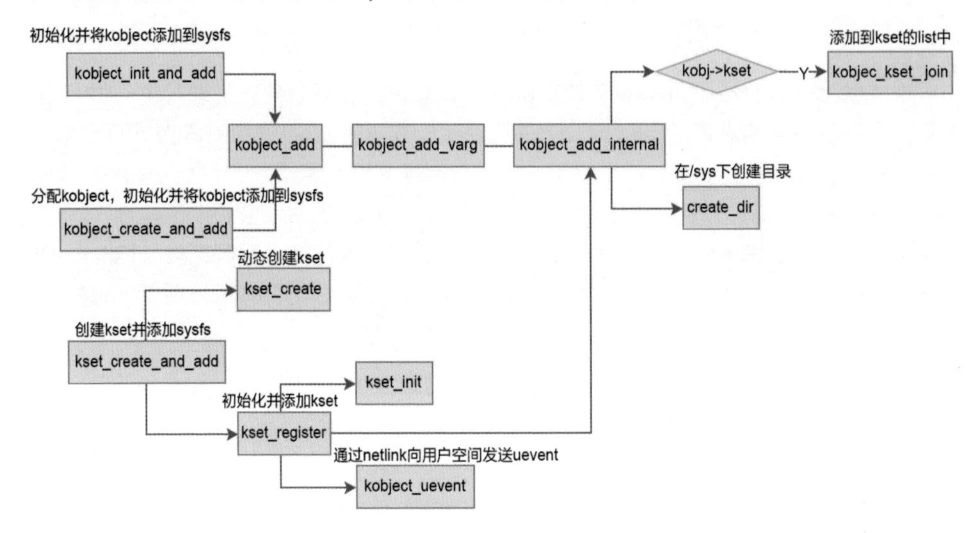

图7-3 实现设备模型的过程

实现设备模型的工作基本就是分配结构体，初始化各个结构体字段，构建拓扑关系（主要是添加到kset的list中、parent的指向等）等，看懂了结构体的组织，这部分的代码理解起来就很轻松了。

7.2 设备模型的探究

现在我们知道了设备模型的实现原理，至于内核为什么要实现设备模型的设计，它有什么好处，这里将一一展开讲解。

7.2.1 总线、设备和驱动模型

如果把总线、设备和驱动模型之间的关系比喻成生活中的例子是容易理解的。举个例子，插座安静地嵌在墙面上，无论设备是电脑还是手机，插座都能完成它的使命——充电，没有说为了满足各种设备充电而去更换插座的。其实这就是软件工程强调的高内聚、低耦合概念。所谓高内聚就是模块内各元素联系越紧密就代表内聚性越高，模块间联系越不紧密就代表耦合性低。所以高内聚、低耦合强调的就是内部要紧紧抱团。设备和驱动就是基于这种规则去实现彼此隔离的。高内聚、低耦合的软件模型好理解，但是设备和驱动为什么要采用这种模型呢？这是个好问题。下面进入今天的话题——总线、设备和驱动模型的探究。

设想一个叫GITCHAT的网卡，它需要接在CPU的内部总线上，需要地址总线、数据总线和控制总线以及中断pin脚等，如图7-4所示。

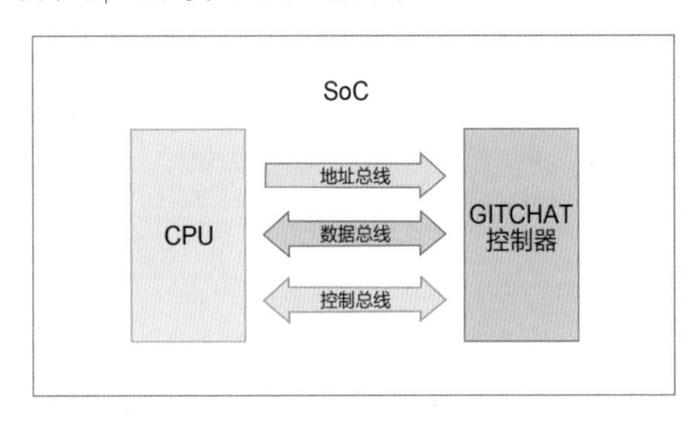

图7-4 SoC内部图

那么在GITCHAT的驱动里需要定义GITCHAT的基地址、中断号等信息。假设GITCHAT的基地址为0x0001，中断号是2，那么对应的代码可以是：

```
#define GITCHAT_BASE 0x0001
#define GITCHAT_INTERRUPT 2

int gitchat_send()
{
    writel(GITCHAT_BASE + REG, 1);
    ……
}

int gitchat_init()
{
    request_init(GITCHAT_INTERRUPT, ...);
    ……
}
```

但是世界上的硬件板子千千万，有三星、华为、飞思卡尔……每个硬件板子的信息也都不一样，站在驱动的角度看，当每次重新换板子的时候，GITCHAT_BASE和GITCHAT_INTERRUPT 就不再一样，那驱动代码也要随之改变。这样的话一万个开发板要写一万个驱动了，这就用到前面提到的高内聚、低耦合的应用场景。

驱动想以不变应万变的姿态，也就是通用的方法适配各种设备连接，就要实现设备驱动模型。我们可以认为驱动不会因为CPU的改变而改变，它应该是跨平台的。自然像“#define GITCHAT_BASE 0x0001，#define GITCHAT_INTERRUPT 2” 这样描述和CPU相关信息的代码不应该出现在驱动里。

现在CPU板级信息和驱动分开的需求已经刻不容缓。但是基地址、中断号等板级信息始终和驱动是有一定联系的，因为驱动毕竟要取出基地址、中断号等信息。怎么取得这些信息呢？有一种方法是GITCHAT驱动满世界去询问各个板子：请问你的基地址是多少？中断号是多少？如图7-5所示，细心的读者会发现这仍然是一种耦合的情况。

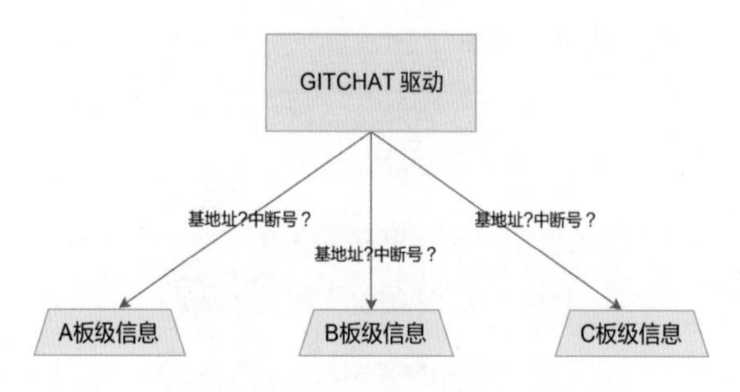

图7-5 驱动寻找板级信息

熟悉软件工程的读者肯定立刻想到能不能设计一个类似接口适配器的类（adapter）去适配不同的板级信息，这样板子上的基地址、中断号等信息都在一个adapter里去维护，然后驱动通过这个adapter不同的API去获取对应的硬件信息。没错，Linux内核里就是运用了这种设计思想去对设备和驱动进行适配隔离的，只不过在内核里不叫作适配层，而取名为总线，意为通过这个总线去把驱动和对应的设备绑定在一起，如图7-6所示。

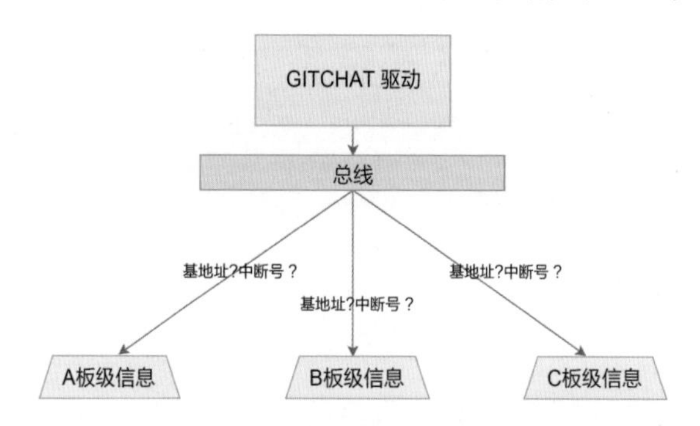

图7-6 驱动通过总线寻找板级信息

基于这种设计思想，Linux把设备驱动分为了总线、设备和驱动三个实体，这三个实体在内核里的职责分别如表7-1所示。

表7-1 总线、设备和驱动在内核里的职责

实体	功能	代码
设备	描述及地址、中断号、时钟、DMA、复位等信息	archvarm arch/xxx 等
驱动	完成外设的功能，如网卡收发包、声卡录放、SD卡读写	drivers/net sound 等
总线	完成设备和驱动的关联	drivers/base/platform.c drivers/pcipci-driver.c 等

模型设计好后，下面来看具体驱动的实践。首先把板子的硬件信息填入设备端，然后让设备向总线注册，这样总线就间接地知道了设备的硬件信息。比如一个板子上有一个GITCHAT，先向总线注册：

```
static struct resource gitchat_resource[] = {
    {
            .start = ...,
            .end = ...,
            .flags = IORESOURCE_MEM
    }
……
};

static struct platform_device gitchat_device = {
    .name = "gitchat";
    .id = 0;
    .num_resources = ARRAY_SIZE(gitchat_resource);
    .resource = gitchat_resource,
};

static struct platform_device *ip0x_device __initdata = {
    &gitchat_device,    ...
};

static ini __init ip0x_init(void)
{
    platform_add_devices(ip0x_device, ARRAY_SIZE(ip0x_device));
}
```

现在platform总线自然知道了板子上关于GITCHAT设备的硬件信息，一旦注册了GITCHAT的驱动，总线就会把驱动和设备绑定起来，从而驱动就获得了基地址、中断号等板级信息。总线存在的目的就是把设备和对应的驱动绑定，让内核成为该是谁的就是谁的的和谐世界，有点像我们生活中的红娘，把有缘人通过红线牵在一起。设备注册总线的代码示例看完了，下面来看驱动注册总线的代码示例：

```
static int gitchat_probe(struct platform_device *pdev)
{
    ……
    db->addr_res = platform_get_resource(pdev, IORESOURCE_MEM, 0);
    db->data_res = platform_get_resource(pdev, IORESOURCE_MEM, 1);
    db->irq_res  = platform_get_resource(pdev, IORESOURCE_IRQ, 2);
    ……
}
```

从代码中看到驱动是通过总线 API 接口 platform_get_resource 取得板级信息的，这样驱动和设备之间就实现了高内聚、低耦合的设计，无论设备怎么换，驱动都可以“岿然不动”。

看到这里，可能有些喜欢探究本质的读者又要问了，设备向总线注册了板级信息，驱动也向总线注册了驱动模块，但总线是怎么做到驱动和设备匹配的呢？接下来就讲讲设备和驱动是怎么通过platform总线进行“联姻”的。

```
static int platform_match(struct device *dev, struct device_driver *drv)
{
        struct platform_device *pdev = to_platform_device(dev);
        struct platform_driver *pdrv = to_platform_driver(drv);

        if (pdev->driver_override)
                return !strcmp(pdev->driver_override, drv->name);

        if (of_driver_match_device(dev, drv))
                return 1;

        if (acpi_driver_match_device(dev, drv))
                return 1;

        if (pdrv->id_table)
                return platform_match_id(pdrv->id_table, pdev) != NULL;

        return (strcmp(pdev->name, drv->name) == 0);
}
```

由上可知，platform总线下的设备和驱动是通过名字进行匹配的，先去查看platform_driver的id_table表中各个名字与platform_device->name名字是否相同，如果相同则匹配成功，不同则匹配失败。

相信通过上面的学习，大家对于设备、驱动通过总线来匹配的模型已经有所了解。如果写代码，应该是图7-7所示结构。

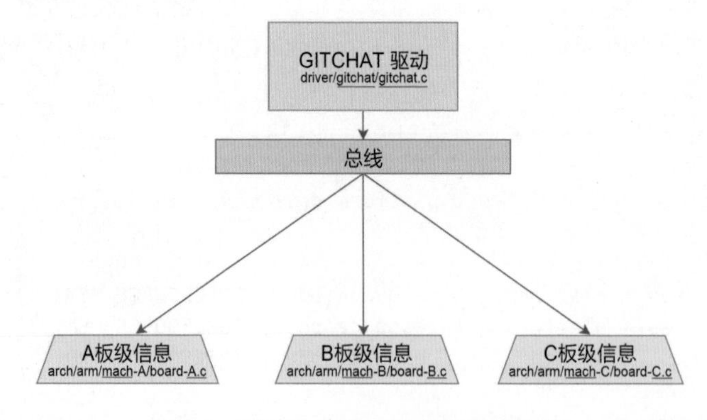

图7-7 驱动、总线、设备之间的关系

从图7-7可以看出，最底层是不同板子的板级文件代码，中间层是内核的总线，最上层是对应的驱动。现在描述板级的代码已经和驱动解耦了，这也是Linux设备驱动模型最早的实现机制，但随着时代的发展，就像人类的贪婪促进了社会的进步一样，开发人员对这种模型有了更高的要求。虽然驱动和设备解耦了，但是天下设备千千万，如果每次设备的需求改动都要去修改board-xxx.c设备文件，这样下去，有太多的板级文件需要维护。完美的Linux怎么会允许这样的事情存在，于是，设备树就登上了历史舞台，接下来探讨设备树的实现原理和用法。

7.2.2 设备树的出现

上面说过设备树（DTS）的出现是为了解决内核中大量的板级文件代码，通过设备树可以像应用程序里的XML语言一样很方便地对硬件信息进行配置。其实设备树在2005年就已经在PowerPC Linux里出现了，由于设备树的方便性，慢慢地被广泛应用到ARM、MIPS、x86等架构上。为了理解设备树出现的好处，先来看在设备树之前采用的是什么方式。

关于硬件的描述信息之前一般放在一个个类似 arch/xxx/mach-xxx/board-xxx.c的文件中，比如对应的板级代码如下所示：

```
static struct resource gitchat_resource[] = {
    {
        .start = 0x20100000 ,
        .end = 0x20100000 +1,
        .flags = IORESOURCE_MEM
        ……
        .start = IRQ_PF IRQ_PF 15 ,
        .end = IRQ_PF IRQ_PF 15 ,
        .flags = IORESOURCE_IRQ | IORESOURCE_IRQ_HIGHEDGE
    }
};

static struct platform_device gitchat_device = {
    .name name ="gitchat",
    .id = 0,
    .num_resources num_resources = ARRAY_SIZE(gitchat_resource),
    .resource = gitchat_resource,
};

static struct platform_device *ip0x_devices[] __initdata ={
    &gitchat_device,
};

static int __init ip0x_init(void)
{
    platform_add_devices(ip0x_devices, ARRAY_SIZE(ip0x_devices));
}
```

一个很小的地址获取，我们就要写大量的类似代码，当年Linus看到内核里有大量的类似代码，很是生气，于是在Linux邮件列表里发了一封邮件，才有了现在的设备树概念，至于设备树的出现到底带来了哪些好处，先来看设备树的文件：

```
eth:eth@ 4,c00000 {
    compatible ="csdn, gitchat";
    reg =<
        4 0x00c00000 0x2
        4 0x00c00002 0x2
    >;
    interrupt-parent =<&gpio 2>;
    interrupts=<14 IRQ_TYPE_LEVEL_LOW>;
    ……
};
```

从代码中可看到对于GITCHAT这个网卡的驱动、寄存器、中断号和上一层gpio节点都被清晰描述。比图7-7优化了很多，也容易维护了很多。这样就形成了设备在dts文件里，驱动在自己的文件里的关系图，如图7-8所示。

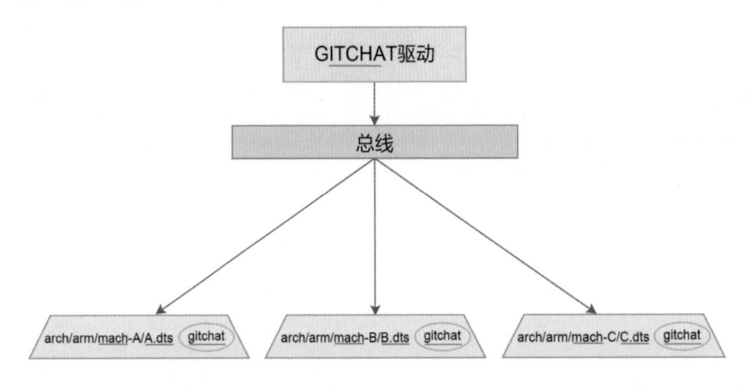

图7-8　驱动、总线、设备树之间的关系

从图7-8中可以看出A、B、C三个板子都含有GITCHAT设备树文件，这样对于GITCHAT驱动写一份就可以在A、B、C 三个板子里共用。从图7-8里不难看出，其实设备树的出现在软件模型上相对于之前并没有太大的改变，设备树的出现主要在设备维护上有了更上一层楼的提高，此外，在内核编译上使内核更精简，镜像更小。

设备树A.dts、B.dts、C.dts里都包含设备树gitchat，那么设备树和设备树之间到底是什么关系，有着哪些依赖和联系？先看设备树之间的关系图，如图7-9所示。

除了设备树（dts）外，还有dtsi文件，就像代码里的头文件一样，是不同设备树共有的设备文件，这不难理解，但值得注意的是，如果dts和dtsi里都对某个属性进行定义，底层覆盖上层的属性定义。这样的好处是什么呢？假如你要做一块电路板，电路板里有很多模块是已经存在的，这样就可以像包含头文件一样直接把共性的dtsi文件包含进来，这样可以大大减少工作量，后期也可以对类似模块再次利用。

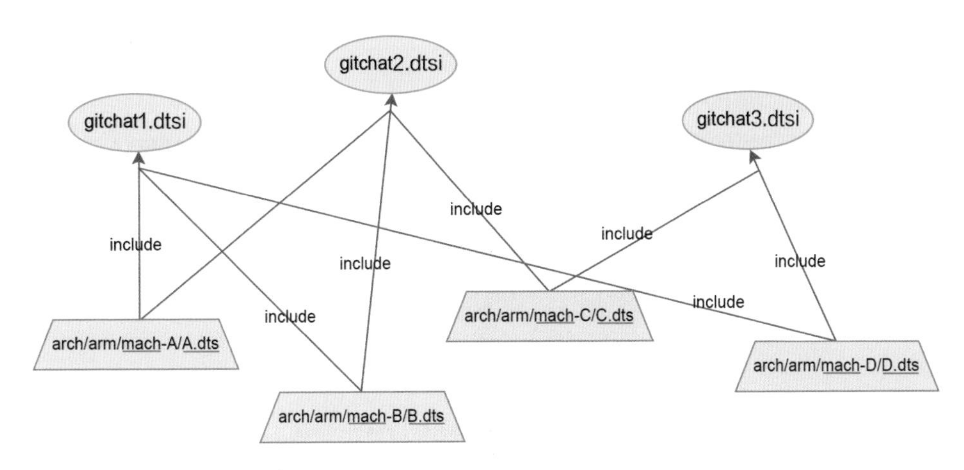

图7-9 设备树之间的关系

有了理论，在具体的工程里如何做设备树呢？这里介绍三大法宝：文档、脚本和代码。文档是对各种node的描述，位于内核documentation/devicetree/bingdings/arm/下，脚本就是设备树dts，代码就是你要写的设备代码，一般位于arch/arm/下。以后在写设备代码的时候可以用这种方法，绝对事半功倍。很多上层应用开发者没有内核开发的经验，一直觉得内核很神秘，其实可以换一种思路来看内核。相信上层应用开发者最熟悉的就是各种API，工作中可以说就是和API打交道。内核也可以想象成各种API，只不过是内核态的API。这里设备文件就是根据各种内核态的API来调用设备树里的板级信息：

- struct device_node *of_find_node_by_phandle(phandle handle);
- struct device_node *of_get_parent(const struct device_node_ *node);
- of_get_child_count()
- of_property_read_u32_array()
- of_property_read_u64()
- of_property_read_string()
- of_property_read_string_array()
- of_property_read_bool()

具体的用法这里不做进一步的解释，大家可以查询资料或者访问官网。

下面对设备树做个总结，设备树可以总结为三大作用。一是平台标识，所谓平台标识就是板级识别，让内核知道当前使用的是哪个开发板，这里识别的方式是根据root节点下的compatible 字段来匹配。二是运行时配置，就是在内核启动的时候ramdisk的配置，比如bootargs的配置、ramdisk的起始和结束地址。三是设备信息集合，这也是最重要的信息，集合了各种设备控制器，接下来的实践部分会重点应用这一作用。

7.2.3 各级设备的展开

内核启动的时候是一层一层展开地去寻找设备的，设备树之所以叫设备树也是因为设备在内核中的结构就像树一样，从根部一层一层地向外展开，为了更形象地理解，下面来看图7-10。

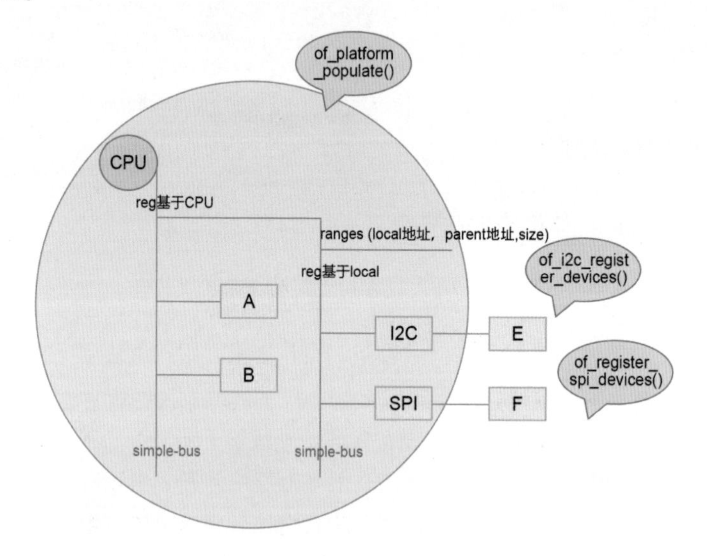

图7-10 内核启动过程

图7-10中大的圆圈内就是我们常说的SoC，包括CPU和各种控制器A、B、I2C、SPI。SoC外面接了外设E和F。IP外设有具体的总线，如I2C总线、SPI总线，对应的I2C设备和SPI设备就挂在各自的总线上，但是在SoC内部只有系统总线，是没有具体总线的。

7.2.1节中讲了总线、设备和驱动模型的原理，即任何驱动都是通过对应的总线和设备发生联系的，故虽然SoC内部没有具体的总线，但是内核通过platform这条虚拟总线，把控制器一个一个找到，一样遵循了内核高内聚、低耦合的设计理念。下面我们按照platform设备、i2c设备、spi设备的顺序探究设备是如何一层一层展开的。

1. 展开platform设备

在图7-10中可以看到红色字体标注的simple-bus（简单总线），这些就是连接各类控制器的总线，在内核里即为platform总线，挂载的设备为platform设备。下面看platform设备是如何展开的。

前面讲内核初始化的时候讲过一个叫作init_machine()的回调函数，如果你在板级文件里注册了这个函数，那么在系统启动的时候这个函数会被调用，如果没有定义，则会通过调用of_platform_populate()来展开挂在simple-bus下的设备，如图7-11所示（分别位于kernel/arch/arm/kernel/setup.c，kernel/drivers/of/platform.c）：

```
int of_platform_default_populate(struct device_node *root,
                 const struct of_dev_auxdata *lookup,
                 struct device *parent)
{
    return of_platform_populate(root, of_default_bus_match_table, lookup,
                 parent);
}

const struct of_device_id of_default_bus_match_table[] = {
    { .compatible = "simple-bus", },
    { .compatible = "simple-mfd", },
    { .compatible = "isa", },
#ifdef CONFIG_ARM_AMBA
    { .compatible = "arm,amba-bus", },
#endif /* CONFIG_ARM_AMBA */
    {} /* Empty terminated list */
};
```

图7-11　of_platform_populate函数

这样就把simple-bus下面的节点一个一个地展开为platform设备。

2. 展开i2c设备

有经验的读者知道在写i2c控制器的时候肯定会调用i2c_register_adapter()函数，该函数的实现如下（kernel/drivers/i2c/i2c-core.c），如图7-12所示。

```
static int i2c_register_adapter(struct i2c_adapter *adap)
{
    int res = -EINVAL;

    /* Can't register until after driver model init */
    if (WARN_ON(!is_registered)) {
        res = -EAGAIN;
        goto out_list;
    }
    ......
    of_i2c_register_devices(adap);
    i2c_acpi_install_space_handler(adap);
    i2c_acpi_register_devices(adap);
    ......
}
```

图7-12　i2c_register_adapter函数

注册函数的最后有一个函数of_i2c_register_devices(adap)，实现如图7-13所示。

```
void of_i2c_register_devices(struct i2c_adapter *adap)
{
    ......
    for_each_available_child_of_node(bus, node) {
        if (of_node_test_and_set_flag(node, OF_POPULATED))
            continue;

        client = of_i2c_register_device(adap, node);
        ......
    }

    of_node_put(bus);
}
```

图7-13　of_i2c_register_devices(adap)函数

of_i2c_register_devices()函数会遍历控制器下的节点，然后通过of_i2c_register_

device()函数把i2c控制器下的设备注册进去。

3. 展开spi设备

spi设备的注册和i2c设备一样，在spi控制器下遍历spi节点下的设备，然后通过相应的注册函数进行注册，只是和i2c注册的API接口不一样，图7-14列出了具体的代码（kernel/drivers/spi/spi.c）：

```
int spi_register_controller(struct spi_controller *ctlr)
{
    ......
    of_register_spi_devices(ctlr);
    ......
}

static void of_register_spi_devices(struct spi_controller *ctlr)
{
    struct spi_device *spi;
    struct device_node *nc;

    if (!ctlr->dev.of_node)
        return;

    for_each_available_child_of_node(ctlr->dev.of_node, nc) {
        if (of_node_test_and_set_flag(nc, OF_POPULATED))
            continue;
        spi = of_register_spi_device(ctlr, nc);
        if (IS_ERR(spi)) {
            dev_warn(&ctlr->dev,
                    "Failed to create SPI device for %pOF\n", nc);
            of_node_clear_flag(nc, OF_POPULATED);
        }
    }
}
```

图7-14　spi_register_controller函数

当通过spi_register_controller注册spi控制器的时候会通过of_register_spi_devices来遍历spi总线下的设备，从而注册。这样就完成了spi设备的注册。

第8章

设备树原理

设备树在Linux内核中的重要性，就如同建筑师的蓝图在建造高楼大厦过程中的作用一样。它详细描述了硬件设备的结构、配置和连接关系，为内核提供了一份精确的“说明书”，使得内核能够正确地识别、初始化和使用各种硬件设备，从而构建起一个稳定、高效的运行环境。

8.1 设备树的基本用法

设备树（Device Tree）是一种层次化、面向对象的硬件描述数据结构，它起源于OpenFirmware（OF）标准，用于描述系统中的硬件配置。在Linux操作系统中，特别是在Linux 2.6及后续版本中，ARM架构的板级硬件详情原先被大量硬编码在内核源代码的arch/arm/plat-xxx和arch/arm/mach-xxx目录下。这种硬编码的方式导致了内核代码冗余、不易维护和移植性差等问题。

为了解决这些问题，Linux内核引入了设备树的概念，并提供了相关的解析机制。通过设备树，硬件的详细信息，如设备地址、中断号、寄存器配置等，可以以文本或二进制的形式存储在设备树源文件（.dts或.dtb）中。在Linux内核启动时，它会解析设备树源文件，并根据其中的信息来配置和初始化硬件设备。

通过采用设备树，许多硬件的细节可以直接通过设备树源文件传递给Linux内核，而不再需要在内核源代码中进行大量的硬编码。这种方式极大地简化了内核代码，提高了内核的可维护性和可移植性。同时，设备树也为硬件抽象层（HAL）提供了基础，使得Linux内核能够更好地支持各种硬件平台和设备。

8.1.1 设备树的结构

先抛开语法本身，我们先用框图的形式理解设备树表达的是什么。图8-1所示的是一个示例，描述了一块板子，上面有一个中断控制器gic、定时器timer，还有一颗soc，soc下面通过三个aips系统总线连着不同的设备，比如edma、system_counter、wdog、iomuxc、clk、src，以及高速设备网卡控制器fec、cameradev、显示控制器lcdif等。

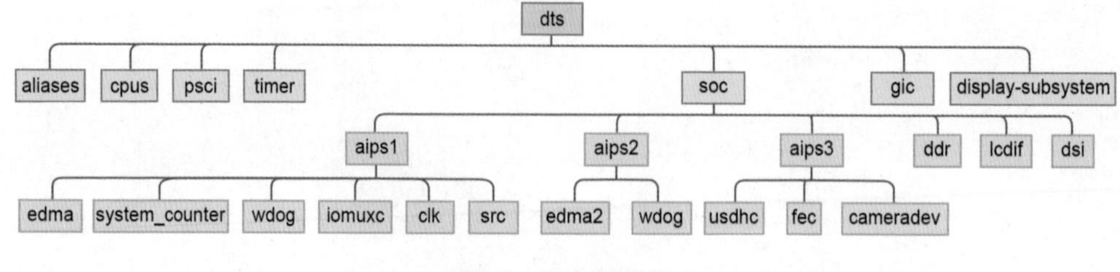

图8-1 设备树结构

首先，设备树是一个树状结构，那么，树状结构的层次结构是由什么决定的？

答案是：首先看总线的主从关系，其次看硬件的包含关系。具体来说就是：

1. SoC的所有外设都在ARM地址空间内可被寻址（AHB总线和APB总线，这里用aips表示），因此edma、wdog、iomux和clk等外设节点都是soc的子节点。
2. lcdif等显示设备没有基于总线，直接挂在soc下面，它只是便于人类面向对象编程的。因此，这里的lcdif就根据硬件的包含关系，直接挂在soc下面即可。

dts可以引用其他.dts或.dtsi。这样板卡级dts就可以引用厂商写好的芯片级dtsi，从而减少编写dts的工作量。

```
#include <dt-bindings/usb/pd.h>
#include "imx93.dtsi"
```

dts也可以引用C语言头文件，从而使用里面的宏定义和枚举值：

```
#include <dt-bindings/clock/imx93-clock.h>
#include <dt-bindings/gpio/gpio.h>
#include <dt-bindings/input/input.h>
#include <dt-bindings/interrupt-controller/arm-gic.h>
#include <dt-bindings/power/fsl,imx93-power.h>
#include <dt-bindings/thermal/thermal.h>

#include "imx93-pinfunc.h"
```

设备树中dts、dtc和dtb的关系如下所示：

- dts：.dts文件是设备树的源文件。由于一个SoC可能对应多个设备，这些.dts文件可能包含很多共同的部分，共同的部分一般被提炼为一个.dtsi文件，这个文件相当于C语言的头文件。
- dtc：DTC是将.dts编译为.dtb的工具，相当于gcc。
- dtb：.dtb文件是.dts被DTC编译后的二进制格式的设备树文件，它可以被Linux内核解析。

8.1.2　设备树的语法

设备树源文件也是需要根据一定规则来编写的，和C语言一样，也要遵循一些语法规则，如果大家有兴趣可以去官网下载，位置在“规格-设备树”下。下面简单看一下设备树的源码结构及语法，如图8-2所示。

```
/dts-v1/;  版本

#include <dt-bindings/usb/pd.h>  包含C头文件
#include "imx93.dtsi"    包含设备树头文件

/ {  根节点
```

```
    model = "NXP i.MX93 11X11 EVK board";                    根节点的属性
    compatible = "fsl,imx93-11x11-evk", "fsl,imx93";

    chosen {
            stdout-path = &lpuart1;                           子节点1
    };

    reserved-memory {
            ......                                            子节点2
    };
};

&cm33 {
        mbox-names = "tx", "rx", "rxdb";                      子节点3
        mboxes = <&mu1 0 1>,
                 <&mu1 1 1>,
                 <&mu1 3 1>;
        memory-region = <&vdevbuffer>, <&vdev0vring0>, <&vdev0vring1>,
                        <&vdev1vring0>, <&vdev1vring1>, <&rsc_table>;
        fsl,startup-delay-ms = <500>;
        status = "okay";
};
```

图8-2 设备树语法

接下来我们看看设备树的节点格式。

节点格式：

```
label: node-name@unit-address
```

其中：

label：标号

node-name：节点名字

unit-address：单元地址

label是标号，可以省略。label的作用是为了方便地引用node。比如：

```
sai3: sai@42660000 {
    compatible = "fsl,imx93-sai";
    reg = <0x42660000 0x10000>;
    interrupts = <GIC_SPI 171 IRQ_TYPE_LEVEL_HIGH>;
    clocks = <&clk IMX93_CLK_SAI3_IPG>, <&clk IMX93_CLK_DUMMY>,
         <&clk IMX93_CLK_SAI3_GATE>,
         <&clk IMX93_CLK_DUMMY>, <&clk IMX93_CLK_DUMMY>;
    clock-names = "bus", "mclk0", "mclk1", "mclk2", "mclk3";
    dmas = <&edma2 61 0 1>, <&edma2 60 0 0>;
    dma-names = "rx", "tx";
```

```
    status = "disabled";
};
```

可以使用以下方法对sai@42660000这个节点，新加一些属性：

```
&sai3 {
    pinctrl-names = "default";
    pinctrl-0 = <&pinctrl_sai3>;
    assigned-clocks = <&clk IMX93_CLK_SAI3>;
    assigned-clock-parents = <&clk IMX93_CLK_AUDIO_PLL>;
    assigned-clock-rates = <12288000>;
    fsl,sai-mclk-direction-output;
    status = "okay";
};
```

理解了节点格式，再来看节点下面的属性格式。

属性格式

简单来讲，属性就是“name=value”，value 有多种取值方式。示例如下：

- 一个32位的数据，用尖括号包围起来，如：

```
interrupts = <17 0xc>;
```

- 一个64位数据（使用2个32位数据表示），用尖括号包围起来，如：

```
clock-frequency = <0x00000001 0x00000000>;
```

- 有结束符的字符串，用双引号包围起来，如：

```
compatible = "simple-bus";
```

- 字节序列，用中括号包围起来，如：

```
local-mac-address = [00 00 12 34 56 78]; // 每个字节使用2个十六进制数来表示
local-mac-address = [000012345678];   // 每个字节使用2个十六进制数来表示
```

- 可以是各种值的组合，用逗号隔开，如：

```
compatible = "ns16550", "ns8250";
example = <0xf00f0000 19>, "a strange property format";
```

- compatible属性

compatible表示兼容，对于某个LED，内核中可能有A、B、C三个驱动都支持它，那么可以这样写：

```
led {
 compatible = "A", "B", "C";
};
```

内核启动时，就会为这个LED按这样的优先顺序找到驱动程序A、B、C。

- model属性

model属性与compatible属性有些类似，但是有差别。compatible属性是一个字符串列表，表示可以你的硬件兼容A、B、C等驱动；model用来准确地定义这个硬件是什么。

比如根节点中可以这样写：

```
model = "NXP i.MX93 11X11 EVK board";
compatible = "fsl,imx93-11x11-evk", "fsl,imx93";
```

它表示这个单板可以兼容内核中的“fsl,imx93-11x11-evk”，也兼容“fsl,imx93”。从compatible属性中可以知道它兼容哪些板，但是它到底是什么板，用model属性来明确。

- status属性

status属性看名字就知道是和设备状态有关的，status属性值也是字符串，字符串是设备的状态信息，可选的状态如表8-1所示。

表8-1 status属性值

值	描述
“okay”	表明设备是可操作的
“disabled”	表明设备当前是不可操作的，但是在未来可以变为可操作的，比如热插拔设备插入以后。至于disabled的具体含义还要看设备的绑定文档
“fail”	表明设备不可操作，设备检测到了一系列的错误，而且设备也不大可能变得可操作
“fail-sss”	含义和“fail”相同，后面的sss部分是检测到的错误内容

- #address-cells和#size-cells属性

格式：

address-cells：address要用多少个32位数来表示。

size-cells：size要用多少个32位数来表示。

比如一段内存，怎样描述它的起始地址和大小？下例中，address-cells为1，所以reg中用1个数来表示地址，即用0x80000000来表示地址；size-cells为1，所以reg中用1个数来表示大小，即用0x20000000表示大小：

```
/ {
    #address-cells = <1>;
    #size-cells = <1>;
    memory {
     reg = <0x80000000 0x20000000>;
    };
};
```

- reg属性

reg属性的值，是一系列的“address size”，用多少个32位的数来表示address和size，由其父节点的#address-cells、#size-cells决定。示例：

```
/dts-v1/;
/ {
    #address-cells = <1>;
    #size-cells = <1>;
    memory {
     reg = <0x80000000 0x20000000>;
    };
};
```

- 根节点

用/标识根节点，如：

```
/ {
    model = "NXP i.MX93 11X11 EVK board";
    compatible = "fsl,imx93-11x11-evk", "fsl,imx93";
};
```

- CPU节点一般不需要我们设置，在dtsi文件中已定义好了，如：

```
cpus {
    #address-cells = <1>;
    #size-cells = <0>;

    idle-states {
        entry-method = "psci";

        cpu_pd_wait: cpu-pd-wait {
            compatible = "arm,idle-state";
            arm,psci-suspend-param = <0x0010033>;
            local-timer-stop;
            entry-latency-us = <10000>;
            exit-latency-us = <7000>;
            min-residency-us = <27000>;
            wakeup-latency-us = <15000>;
        };
    };

    A55_0: cpu@0 {
        device_type = "cpu";
        compatible = "arm,cortex-a55";
        reg = <0x0>;
        enable-method = "psci";
        #cooling-cells = <2>;
        cpu-idle-states = <&cpu_pd_wait>;
```

```
    };
  ……
};
```

- memory节点

芯片厂家不可能事先确定你的板子使用多大的内存，所以 memory 节点需要板厂设置，比如：

```
memory {
        reg = <0x00 0x80000000 0x00 0x80000000>;
        device_type = "memory";
};
```

- chosen节点

我们可以通过设备树文件给内核传入一些参数，这要在chosen节点中设置bootargs属性：

```
chosen {
        bootargs = "console=ttyLP0,115200 earlycon root=/dev/mmcblk1p2
        rootwait rw";
};
```

8.2 设备树的解析过程

我们来看看内核是如何把设备树解析成所需的device_node的。Linux底层的初始化部分在汇编文件head.S中，这是汇编代码，暂且不过多讨论。在head.S完成部分初始化之后，就开始调用C语言函数，而被调用的第一个C语言函数就是start_kernel：

```
asmlinkage __visible void __init start_kernel(void)
{
    //……
    setup_arch(&command_line);
    //……
}
```

而对于设备树的处理，基本上就在setup_arch()这个函数中：

```
void __init __no_sanitize_address setup_arch(char **cmdline_p)
{
  setup_machine_fdt(__fdt_pointer);
  ……
  unflatten_device_tree();
}
```

下面两个被调用的函数就是主要的设备树处理函数：

- **setup_machine_fdt**：根据传入的设备树dtb的根节点完成一些初始化操作。
- **unflatten_device_tree**：对设备树具体的解析，这个函数中所做的工作就是将设备树各节点转换成相应的struct device_node 结构体。

这里用图8-3来表示设备树的解析过程。

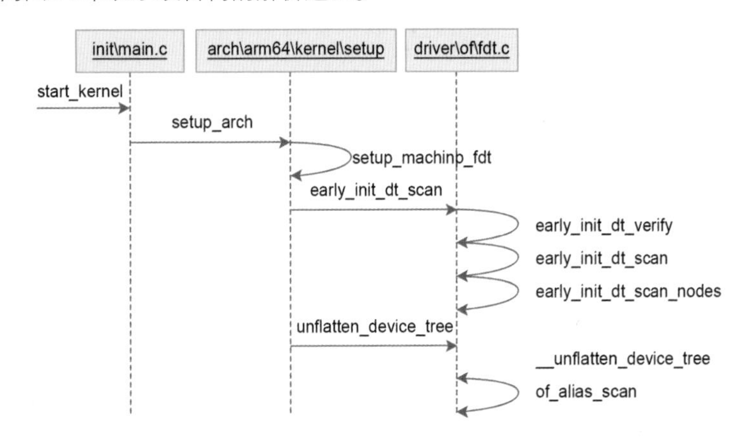

图8-3 设备树的解析过程

下面再来通过代码跟踪仔细分析。

```
static void __init setup_machine_fdt(phys_addr_t dt_phys)
{
  void *dt_virt = fixmap_remap_fdt(dt_phys, &size, PAGE_KERNEL);
  ……
  early_init_dt_scan(dt_virt)
  ……
  name = of_flat_dt_get_machine_name();
  ……
}
```

以上函数的作用如下：

1. 首先通过fixmap_remap_fdt获取dts的头部地址。
2. 然后通过early_init_dt_scan进行下一步扫描。

```
bool __init early_init_dt_scan(void *params)
{
    bool status;

    status = early_init_dt_verify(params);
    if (!status)
        return false;
```

```
  //进行早期扫描
    early_init_dt_scan_nodes();
    return true;
}

void __init early_init_dt_scan_nodes(void)
{
  ……
  //读取"#address-cells","#size-cells"属性
    early_init_dt_scan_root();
……
  //查找chosen节点
    early_init_dt_scan_chosen(boot_command_line);
……
  //查找memory节点
    early_init_dt_scan_memory();
……
}
```

其工作主要包括：

- 获取root节点的size-cells和address-cells值。
- 解析chosen节点中的initrd和bootargs属性，其中initrd包含其地址和size信息。
- 遍历memory节点的内存region，并将合法的region加入memblock。

这里用图8-4来总结如何获取内核前期初始化所需的bootargs、cmd_line等系统引导参数。

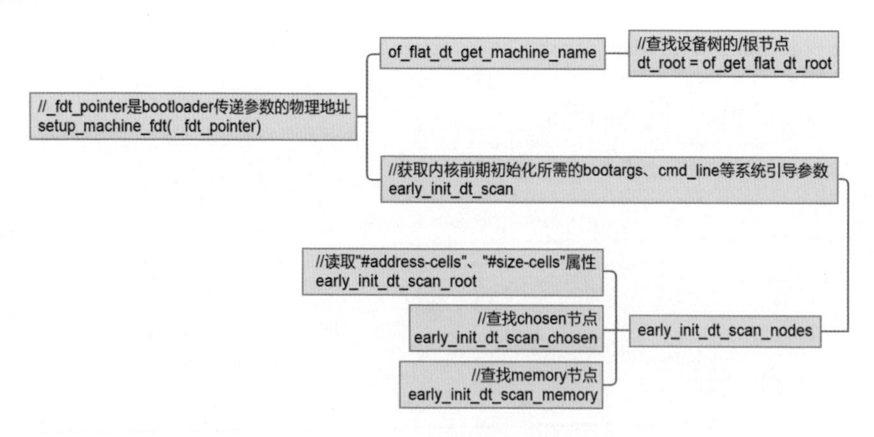

图8-4 系统引导参数的初始化

unflatten_device_tree

这个函数所做的工作是将设备树各节点转换成相应的struct device_node 结构体。

```
struct device_node {
    const char *name;//设备节点名
    const char *type;//对应device_type的属性
    phandle phandle;//对应该节点的phandle属性
    const char *full_name;//从"/"开始，表示该node的完整路径
    struct fwnode_handle fwnode;

    struct    property *properties;//该节点的属性列表
    struct    property *deadprops; //如果需要，删除某些属性，并挂入deadprops列表
    struct    device_node *parent; /*parent、child和sibling将所有设备节点连接起
来*/
    struct    device_node *child;
    struct    device_node *sibling;
    struct    kobject kobj;
    unsigned long _flags;
    void    *data;
#if defined(CONFIG_SPARC)
    const char *path_component_name;
    unsigned int unique_id;
    struct of_irq_controller *irq_trans;
#endif
};
```

device node通过父节点、子节点和兄弟节点三个指针来维护各节点之间的关系。图8-5是一个含有6个节点的节点关系示意图。

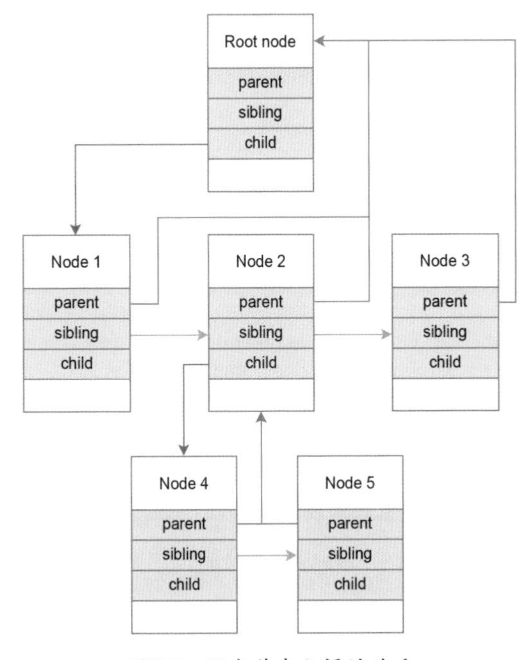

图8-5 设备节点之间的关系

struct device_node最终一般会被挂接到具体的struct device结构体。struct device_node结构体描述如下：

```
struct device {
    ......
    struct device_node    *of_node;
    ......
}
```

下面来看unflatten_device_tree是如何将设备树各节点转换成相应的struct device_node结构体的。

```
void __init unflatten_device_tree(void)
{
  //解析设备树，将所有的设备节点链入全局链表of_allnodes中
    __unflatten_device_tree(initial_boot_params, NULL, &of_root,
                early_init_dt_alloc_memory_arch, false);

    //遍历"/aliases"节点下的所有属性，挂入相应链表
    of_alias_scan(early_init_dt_alloc_memory_arch);
  ......
}

void *__unflatten_device_tree(const void *blob,
                  struct device_node *dad,
                  struct device_node **mynodes,
                  void *(*dt_alloc)(u64 size, u64 align),
                  bool detached)
{
  ......
    /*为了得到设备树转换成struct device_node和struct property结构体需要分配的内存
大小*/
    size = unflatten_dt_nodes(blob, NULL, dad, NULL);
    if (size <= 0)
        return NULL;
  ......
    //具体填充每一个struct device_node和struct property结构体
    ret = unflatten_dt_nodes(blob, mem, dad, mynodes);
  ......
    return mem;
}
```

ARM架构下内核可以通过设备树获取设备信息。在设备树方式中，bootloader启动之前将设备树复制到内存中，并将地址通过x2寄存器传递给kernel，kernel启动时从设备树中读取启动参数和设备配置节点。

由于内存配置信息是由device tree传入的，而将device tree解析为device node的流程中需要为node和property分配内存。因此在device node创建之前需要先从device tree中解

析出memory信息，故内核通过**setup_machine_fdt**接口实现了early dts（早期的设备树）信息扫描接口，以解析memory以及bootargs等一些启动早期需要使用的信息。

在memory节点解析完毕并被加入memblock之后，即可通过memblock为device node分配内存，从而通过**unflatten_device_tree**可将完整的device tree信息解析到device node结构中。由于device node包含了设备树的所有节点以及它们之间的连接关系，因此此后内核就可以通过device node快速地索引设备节点，如图8-6所示。

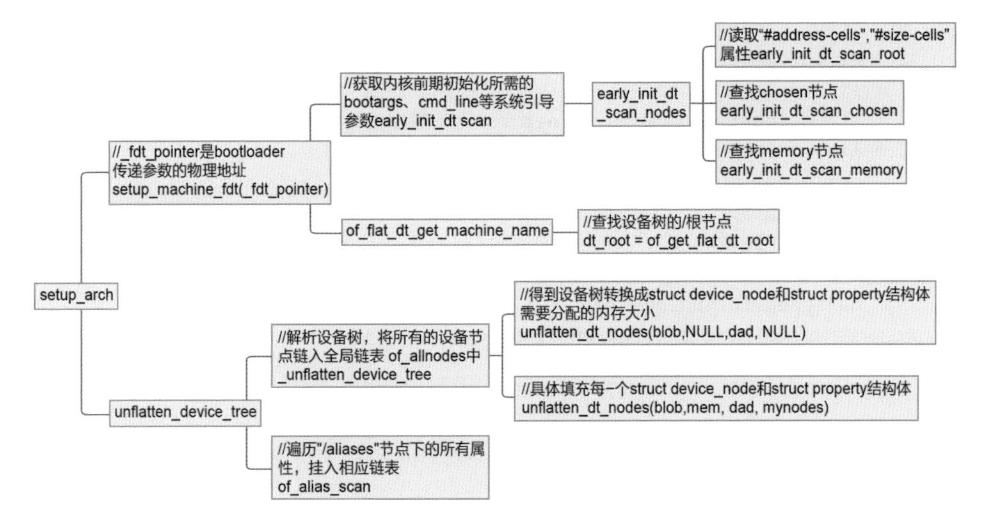

图8-6　设备树的解析流程

8.3　设备树常用of操作函数

设备树描述了设备的详细信息，这些信息包括数字类型、字符串类型、数组类型，我们在编写驱动的时候需要获取这些信息。比如设备树使用reg属性描述了某个外设的寄存器地址为0x02005482，长度为0x400，我们在编写驱动的时候需要获取reg属性的0x02005482和0x400这两个值，然后初始化外设。Linux内核给我们提供了一系列的函数来获取设备树中的节点或者属性信息，这一系列的函数都有一个统一的前缀of_，所以在很多资料里这一系列函数也被叫作of函数。这些of函数原型都定义在include/linux/of.h文件中。

8.3.1　查找节点的of函数

设备都是以节点的形式“挂”到设备树上的，因此要想获取这个设备的其他属性信息，必须先获取这个设备的节点。Linux内核使用device_node结构体来描述一个节点，此结构体定义在文件include/linux/of.h 中，定义如下：

```
struct device_node {
        const char *name; /* 节点名字 */
        const char *type; /* 设备类型 */
        phandle phandle;
        const char *full_name; /* 节点全名 */
        struct fwnode_handle fwnode;

        struct property *properties; /*属性 */
        struct property *deadprops; /* removed属性 */
        struct device_node *parent; /* 父节点 */
        struct device_node *child; /* 子节点 */
        struct device_node *sibling; /* 兄弟节点 */
        struct kobject kobj;
        unsigned long _flags;
        void *data;
#if defined(CONFIG_SPARC)
        const char *path_component_name;
        unsigned int unique_id;
        struct of_irq_controller *irq_trans;
#endif
};
```

与查找节点有关的of函数有5个，我们依次来看一下。

1. of_find_node_by_name

通过节点名字查找指定的节点，函数原型如下：

```
struct device_node *of_find_node_by_name(struct device_node *from, const char *name);
```

函数参数和返回值的含义如下：

from：开始查找的节点，如果为NULL，表示从根节点开始查找整个设备树。
name：要查找的节点名字。
返回值：找到的节点，如果为NULL，表示查找失败。

2. of_find_node_by_type

通过device_type属性查找指定的节点，函数原型如下：

```
struct device_node *of_find_node_by_type(struct device_node *from, const char *type)
```

函数参数和返回值的含义如下：

from：开始查找的节点，如果为NULL，表示从根节点开始查找整个设备树。
type：要查找的节点对应的type字符串，也就是device_type属性值。
返回值：找到的节点，如果为NULL，表示查找失败。

3. of_find_compatible_node

根据device_type和compatible这两个属性查找指定的节点，函数原型如下：

```
struct device_node *of_find_compatible_node(struct device_node *from,const
char *type, const char *compatible)
```

函数参数和返回值的含义如下：

from：开始查找的节点，如果为NULL，表示从根节点开始查找整个设备树。

type：要查找的节点对应的type字符串，也就是device_type属性值，可以为NULL，表示忽略device_type属性。

compatible：要查找的节点所对应的compatible属性列表。

返回值：找到的节点，如果为NULL，表示查找失败。

4. of_find_matching_node_and_match

通过of_device_id 匹配表来查找指定的节点，函数原型如下：

```
struct device_node *of_find_matching_node_and_match(struct device_node *from,
const struct of_device_id *matches, const struct of_device_id **match)
```

函数参数和返回值的含义如下：

from：开始查找的节点，如果为NULL，表示从根节点开始查找整个设备树。

matches：of_device_id 匹配表，也就是在此匹配表里查找节点。

match：找到的匹配的of_device_id。

返回值：找到的节点，如果为NULL，表示查找失败。

5. of_find_node_by_path

通过路径来查找指定的节点，函数原型如下：

```
inline struct device_node *of_find_node_by_path(const char *path)
```

函数参数和返回值的含义如下：

path：带有全路径的节点名，可以使用节点的别名，比如“/backlight”就是backlight这个节点的全路径。

返回值：找到的节点，如果为NULL表示查找失败。

8.3.2 查找父/子节点的of函数

Linux内核提供了几个查找节点对应的父节点或子节点的of函数，我们依次来看一下。

1. of_get_parent

用于获取指定节点的父节点（如果有父节点的话），函数原型如下：

```
struct device_node *of_get_parent(const struct device_node *node)
```

函数参数和返回值的含义如下：

node：要查找父节点的节点。
返回值：找到的父节点。

2. of_get_next_child

用迭代的方式查找子节点，函数原型如下：

```
struct device_node *of_get_next_child(const struct device_node *node, struct
device_node *prev)
```

函数参数和返回值的含义如下：

node：父节点。
prev：前一个子节点，也就是从哪一个子节点开始迭代查找下一个子节点。可以设置为NULL，表示从第一个子节点开始。
返回值：找到的下一个子节点。

8.3.3 提取属性值的of函数

节点的属性信息里保存了驱动所需要的内容，因此对于属性值的提取非常重要，Linux内核中使用结构体 property表示属性，此结构体同样定义在文件include/linux/of.h中，内容如下：

```
struct property {
        char *name; /*属性名字 */
        int length; /*属性长度 */
        void *value; /*属性值 */
        struct property *next; /* 下一个属性 */
        unsigned long _flags;
        unsigned int unique_id;
        struct bin_attribute attr;
};
```

Linux内核也提供了提取属性值的of函数，我们依次来看一下。

1. of_find_property

用于查找指定的属性，函数原型如下：

```
struct property *of_find_property(const struct device_node *np, const char
*name, int *lenp)
```

函数参数和返回值的含义如下：

np：设备节点。
name：属性名字。
lenp：属性值的字节数。
返回值：找到的属性。

2. of_property_count_elems_of_size

用于获取属性中元素的数量，比如reg属性值是一个数组，那么使用此函数可以获取这个数组的大小，此函数原型如下：

```
int of_property_count_elems_of_size(const struct device_node *np, const char
*propname, int elem_size)
```

函数参数和返回值的含义如下：

np：设备节点。
propname：需要统计元素数量的属性名字。
elem_size：元素长度。
返回值：得到的属性元素数量。

3. of_property_read_u32_index

用于从属性中获取指定标号的u32类型数据值（无符号32位），比如某个属性有多个u32类型的值，那么就可以使用此函数来获取指定标号的数据值，此函数原型如下：

```
int of_property_read_u32_index(const struct device_node *np, const char
*propname, u32 index, u32 *out_value)
```

函数参数和返回值的含义如下：

np：设备节点。
propname：要读取的属性名字。
index：要读取的值标号。
out_value：读取到的值。
返回值：0表示读取成功，负值表示读取失败，-EINVAL表示属性不存在，-ENODATA表示没有要读取的数据，-EOVERFLOW表示属性值列表太小。

4. 读数组函数

```
of_property_read_u8_array, of_property_read_u16_array,
of_property_read_u32_array, of_property_read_u64_array
```

这4个函数分别读取属性中u8、u16、u32和u64类型的数组数据，比如大多数的reg属性都是数组数据，可以使用这4个函数一次读出reg属性中的所有数据。这4个函数的原型如下：

```
int of_property_read_u8_array(const struct device_node *np, const char
*propname, u8 *out_values, size_t sz)
int of_property_read_u16_array(const struct device_node *np, const char
*propname, u16 *out_values, size_t sz)
int of_property_read_u32_array(const struct device_node *np, const char
*propname, u32 *out_values, size_t sz)
int of_property_read_u64_array(const struct device_node *np, const char
*propname, u64 *out_values, size_t sz)
```

函数参数和返回值的含义如下：

np：设备节点。

propname：要读取的属性名字。

out_value：读取到的数组值，分别为u8、u16、u32和u64。

sz：要读取的数组元素数量。

返回值：0表示读取成功，负值表示读取失败，-EINVAL表示属性不存在，-ENODATA表示没有要读取的数据，-EOVERFLOW表示属性值列表太小。

5. 读整型值函数

```
of_property_read_u8, of_property_read_u16, of_property_read_u32, of_property_
read_u64
```

有些属性只有一个整型值，这4个函数就是用于读取这种只有一个整型值的属性，分别用于读取u8、u16、u32和u64类型属性值，函数原型如下：

```
int of_property_read_u8(const struct device_node *np, const char *propname,
u8 *out_value)
int of_property_read_u16(const struct device_node *np, const char *propname,
u16 *out_value)
int of_property_read_u32(const struct device_node *np, const char *propname,
u32 *out_value)
int of_property_read_u64(const struct device_node *np, const char *propname,
u64 *out_value)
```

函数参数和返回值的含义如下：

np：设备节点。

propname：要读取的属性名字。

out_value：读取到的数组值。

返回值：0表示读取成功，负值表示读取失败，-EINVAL表示属性不存在，-ENODATA

表示没有要读取的数据，-EOVERFLOW表示属性值列表太小。

6. of_property_read_string

用于读取属性中的字符串值，函数原型如下：

```
int of_property_read_string(struct device_node *np, const char *propname,
const char **out_string)
```

函数参数和返回值的含义如下：

np：设备节点。
propname：要读取的属性名字。
out_string：读取到的字符串值。
返回值：0表示读取成功，负值表示读取失败。

7. of_n_addr_cells

用于获取#address-cells属性值，函数原型如下：

```
int of_n_addr_cells(struct device_node *np)
```

函数参数和返回值的含义如下：

np：设备节点。
返回值：获取的#address-cells属性值。

8. of_n_size_cells

函数用于获取#size-cells属性值，函数原型如下：

```
int of_n_size_cells(struct device_node *np)
```

函数参数和返回值的含义如下：

np：设备节点。
返回值：获取的#size-cells属性值。

8.3.4　其他常用的of函数

1. of_device_is_compatible

函数用于查看节点的compatible属性是否包含compat指定的字符串，也就是检查设备节点的兼容性，函数原型如下：

```
int of_device_is_compatible(const struct device_node *device, const char
*compat)
```

函数参数和返回值的含义如下：

device：设备节点。

compat：要查看的字符串。

返回值：0表示节点的compatible属性中不包含compat指定的字符串；正数表示节点的compatible属性中包含compat指定的字符串。

2. of_get_address

函数用于获取地址相关属性，主要是reg或者assigned-addresses属性值，函数原型如下：

```
const __be32 *of_get_address(struct device_node *dev, int index, u64 *size,
unsigned int *flags)
```

函数参数和返回值的含义如下：

dev：设备节点。

index：要读取的地址标号。

size：地址长度。

flags：参数，比如 IORESOURCE_IO、IORESOURCE_MEM等。

返回值：读取到的地址数据首地址，如果为NULL表示读取失败。

3. of_translate_address

负责将从设备树读取到的地址转换为物理地址，函数原型如下：

```
u64 of_translate_address(struct device_node *dev,const __be32 *in_addr)
```

函数参数和返回值的含义如下：

dev：设备节点。

in_addr：要转换的地址。

返回值：得到的物理地址，如果为OF_BAD_ADDR表示转换失败。

4. of_iomap

函数用于直接内存映射，以前会通过ioremap函数来完成物理地址到虚拟地址的映射，采用设备树以后就可以直接通过of_iomap函数来获取内存地址所对应的虚拟地址，不需要使用ioremap函数了。当然，你也可以使用ioremap函数来完成物理地址到虚拟地址的内存映射，只是在采用设备树以后，大部分的驱动都使用of_iomap函数了。of_iomap函数本质上也是将reg属性中的地址信息转换为虚拟地址，如果reg属性有多段，可以通过index参数指定要完成内存映射的是哪一段。of_iomap函数原型如下：

```
void __iomem *of_iomap(struct device_node *np, int index)
```

函数参数和返回值的含义如下：

np：设备节点。
index：reg属性中要完成内存映射的段，如果reg属性只有一段，index就设置为0。
返回值：经过内存映射后的虚拟内存首地址，如果为NULL，表示内存映射失败。

关于设备树常用的of函数就先讲到这里，Linux内核中关于设备树的of函数不只有前面讲的这几个，还有很多of函数本节并没有讲解，这些没有讲解的of函数要结合具体的驱动，比如获取中断号的of函数、获取of的of函数，等等，这些of函数将在后面的章节中再详细讲解。

第9章

电源模块

在Linux操作系统领域，对功耗管理的深入理解和实践至关重要。正如我们所知，万物运行遵循能量守恒定律，所有动态系统，包括人、汽车以及电子产品，其运行均依赖于能量的供应。考虑到能量的有限性，高效管理能量变得尤为关键。对于电子产品，特别是智能手机等便携式设备，功耗管理成为一项复杂的系统工程。其核心目标是在保证用户体验和功能完整性的同时，最大限度地降低功耗，延长电池续航时间，并控制设备温度，避免过热。

随着智能手机屏幕尺寸的增大和功能的丰富，如DSP（数字信号处理器）和CNN（卷积神经网络）等算力单元的应用，对能量的需求也随之增加。高功耗不仅影响续航时间，还可能导致设备过热，影响用户体验。

Linux操作系统为电子产品提供了多种先进的电源管理方式，以应对不同使用场景下的功耗挑战。在系统不工作时，Linux支持休眠（将系统状态保存到内存或磁盘后关闭大部分硬件）、关机（完全关闭系统）和复位（重新启动系统）。在系统运行时，Linux则提供了诸如runtime pm（运行时电源管理）、CPU/Device DVFS（动态电压频率调整）、CPU hotplug（热插拔）、CPU idle（空闲状态管理）、clock gate（时钟门控）、power gate（电源门控）和reset（重置）等机制，以精细控制各个硬件组件的功耗。

此外，Linux还提供了pm qos（电源管理服务质量）功能，用于在性能与功耗之间寻找平衡点。通过这一功能，系统可以根据应用程序的需求和系统的状态动态调整电源管理策略，确保在满足性能要求的同时，实现最佳的功耗效率。

总之，Linux操作系统通过其先进的电源管理机制，为电子产品提供了强大的功耗管理能力，有助于实现高效能量利用、延长续航时间并控制设备温度。

9.1 电源子系统的power domain

power domain通过逻辑划分供电区域，使得相关功能的硬件模块能够统一供电和管理，从而简化了电源管理工作。这种划分不仅有助于优化系统功耗，还能提高系统的性能和稳定性。在内核电源子系统中，power domain的有效管理是实现低功耗设计和优化系统电源利用率的基石。

9.1.1 power domain的硬件实现

在Linux操作系统技术领域，SoC（System on a Chip）是由多个高度集成的功能模块构成的整体系统。针对那些在相同电压下工作且功能相互关联的功能模块，我们常将它们组合成一个逻辑组，这样的逻辑组在电源管理领域被称为“电源域”（power domain）。实质上，power domain是对硬件逻辑的一种划分，其中不仅包含了相关的物理实体，还涵盖了这些实体与电源线之间的连接关系。

随着半导体工艺制程的持续进步，芯片集成度越来越高，功能日益丰富，设备电源管理的复杂性也随之增加。为了有效应对这一挑战，power domain的概念应运而生，它在很大程度上简化了芯片设计的复杂度。在i.MX93这样的平台，power domain的实现依赖于SRC控制器，该控制器负责精细管理各个电源域的状态，以优化系统的功耗和性能。通过SRC控制器的智能调度，i.MX93平台能够在满足系统性能需求的同时，最大限度地降低功耗，提升整体能效比。图9-1是SRC的框架图。

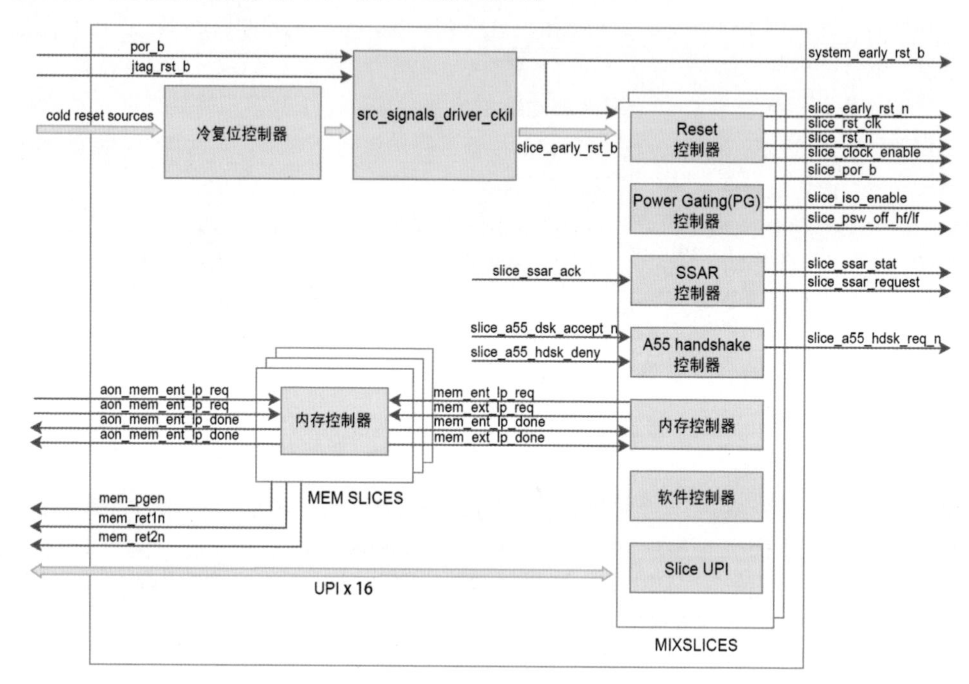

图9-1 SRC框架图

SRC内部有13个MIXSLICE，每个MIXSLICE上都有控制器，比如Power Gating控制器、Reset控制器、软件控制器等。其中软件控制器可以通过配置SLICE_SW_CTRL[10:0]位来控制每个MIXSLICE。SLICE_SW_CTRL[PDN_SOFT]用于按键的断电和通电。寄存器SLICE_SW_CTRL的0到10位，如表9-1所示。

表9-1 寄存器SLICE_SW_CTRL的0到10位

字段	说明
10 A55_HDSK_CTRL_SOFT	软件A55握手控制。由LPM MODE字段锁定。 0：无效果或软件未通知A55电源信息。 1：软件通知A55断电信息
9 —	保留
8 SSAR_CTRL_SOFT	软件SSAR控制。由LPM_MODE字段锁定。 0：无影响或软件SSAR恢复。 1：软件SSAR保存

续表

字段	说明
7 —	保留
6 MTR_LOAD_SOFT	软件控制MTR修复负载，由LPM_MODE字段锁定。 0：无影响。 1：软件加载MTR修复
5 —	保留
4 PSW_CTRL_SOFT	软件电源开关控制。由LPM_MODE字段锁定。 0：无效果或软件电源打开。 1：软件电源关闭
3 —	保留
2 ISO_CTRL_SOFT	软件隔离控制。被LPM_MODE字段锁定。 0：无效果或软件已关闭。 1：软件iso
1 —	保留
0 RST_CTRL_SOFT	软件重置控制。由LPM_MODE字段锁定。 0：无效或软件重置取消。 1：软件重置断言

9.1.2　power domain的软件实现

在理解了power domain后，再来看power domain的软件实现。软件的实现主要是用来管理SoC上各power domain的依赖关系以及根据需要来决定是开还是关。

```
src: system-controller@44460000 {
    compatible = "fsl,imx93-src", "syscon";
    reg = <0x44460000 0x10000>;
    #address-cells = <1>;
    #size-cells = <1>;
    ranges;

    mediamix: power-domain@44462400 {
        compatible = "fsl,imx93-src-slice";
        reg = <0x44462400 0x400>, <0x44465800 0x400>;
        #power-domain-cells = <0>;
        clocks = <&clk IMX93_CLK_NIC_MEDIA_GATE>,
             <&clk IMX93_CLK_MEDIA_APB>;
    }
;

    mlmix: power-domain@44461800 {
        compatible = "fsl,imx93-src-slice";
```

```
            reg = <0x44461800 0x400>, <0x44464800 0x400>;
            #power-domain-cells = <0>;
            clocks = <&clk IMX93_CLK_ML_APB>,
                <&clk IMX93_CLK_ML>;
        };
    };
```

设备树在SRC控制器（src节点）定义了两个power domain，分别是mediamix和mlmix。其中mediamix的拓扑关系如图9-2所示。

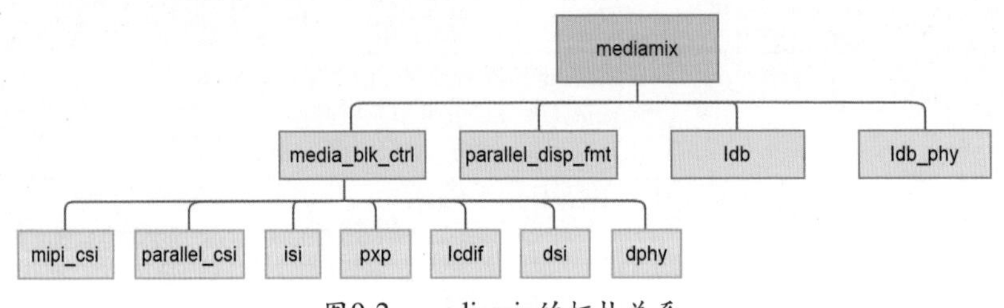

图9-2 mediamix的拓扑关系

mediamix是父级的power domain，用到它的设备有media_blk_ctrl、parallel_disp_fmt、ldb、ldb_phy，其中用到media_blk_ctrl电源域的有mipi_csi、parallel_csi、isi、pxp、lcdif、dsi、dphy设备。

可以看出power domain之间既存在父子关系，也存在着兄弟关系。因此，SoC上众多power domain组成了一个power domain树，它们之间存在着相互的约束关系：子power domain打开前，需要父power domain打开；父power domain下所有子power domain关闭后，父power domain才能关闭。

对power domain有了概念后，我们来看它的框架，如图9-3所示。

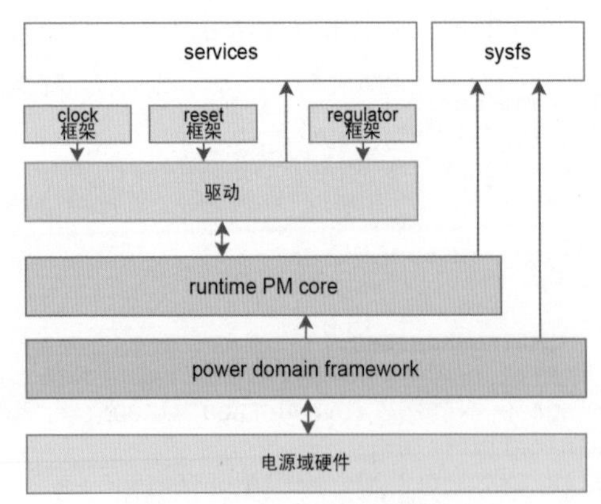

图9-3 内核电源管理框架

power domain framework主要管理power domain的状态，我们以它为视角看一下整个架构的实现逻辑。power domain framework为上层使用的驱动、框架或者用户空间所使用的文件操作节点提供功能接口；为下层的电源域硬件的开关操作进行封装，然后实现内部逻辑具体的初始化、开关等操作。

1. 对底层power domain硬件的操作

对power domain hw的开启操作，包括开钟、上电、解复位、解除电源隔离等操作的功能封装；对power domain hw的关闭操作，包括关钟、断电、复位、做电源隔离等操作的功能封装。

2. 内部逻辑实现

首先通过解析设备树，获取power domain的配置信息，通过驱动对每个power domain进行初始化，把所有的power domain统一放在一个全局链表中，将power domain下左右的设备放到其下的一个设备链表中。

然后为runtime pm、系统休眠唤醒等框架注册相应的回调函数，并实现具体的回调函数对应的power domain的开和关函数。

3. 对上层runtime pm的框架和debug fs提供调用

- **runtime pm/系统休眠唤醒**

runtime pm框架通过给其他的驱动提供runtime_pm_get_xxx/runtime_pm_put_xxx类接口，对设备的开、关做引用计数。当引用计数从1到0时，会进一步调用power domain注册的runtime_suspend回调函数，回调函数里会先调用设备的runtime_suspend 回调，然后判断power domain下的设备链表中所有的设备是否已经suspend，若已经suspend才真正关闭power domain。当引用计数从0到1时，会先调用power domain使用的runtime_resume回调函数，回调函数里会先调用power domain的开启操作，然后调用设备注册的runtime_resume 回调函数。

系统休眠唤醒在suspend_noirq/resume_noirq时会进行power domain的关闭与开启的操作。

- **debug fs文件节点**

主要就是/sys/kernel/debug/pm_genpd/ 目录及 power domain 名字目录下的一些文件节点：

- pm_genpd_summary：打印所有的power domain、状态及下面所挂的设备状态。
- power_domain名字目录/current_state：power domain当前的状态。
- power_domain名字目录/sub_domains：power domain当前的子power domain有哪些。
- power_domain名字目录/idle_states：power domain对应的所有idle状态及其off状态的时间。
- power_domain名字目录/active_states：power domain处于on状态的时间。
- power_domain名字目录/total_idle_time：power domain所有idle状态的off时间和。
- power_domain名字目录/devices：power domain下所挂的所有devices。
- power_domain名字目录/perf_state：power domain所处的性能状态。

最后我们用图9-4来总结power domain的驱动流程。

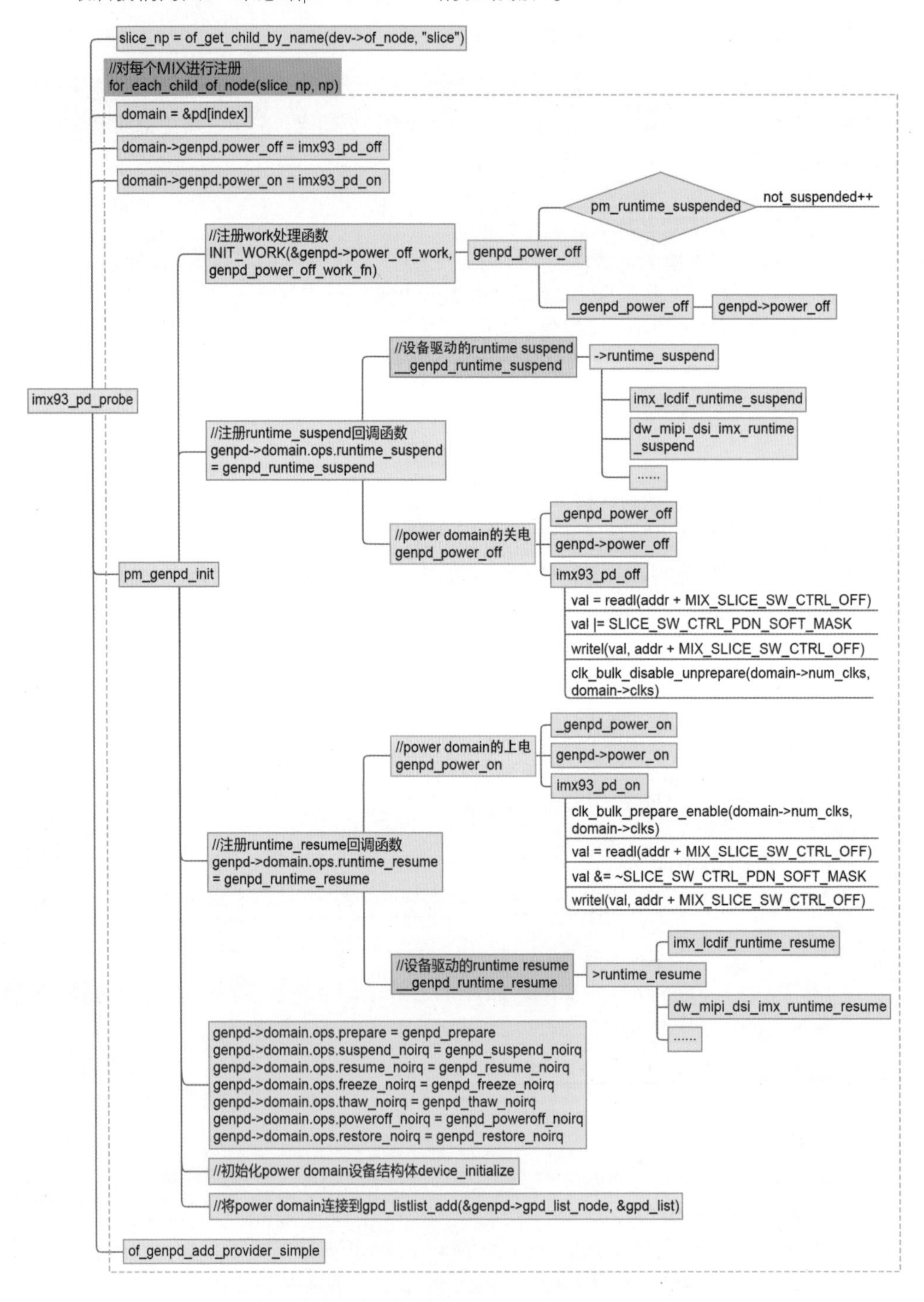

图9-4 power domain的驱动流程

9.2　电源子系统的runtime pm

在Linux操作系统中，runtime pm（运行时电源管理）框架是一种先进的功耗优化策略，它旨在设备不活跃时通过关闭其时钟和电源来显著降低系统功耗。这一框架遵循分而治之的管理原则，将功耗控制策略和决策权赋予各个设备驱动程序。因此，当设备处于空闲状态时，驱动程序可以自主实施低功耗控制策略，从而在维持系统稳定运行的同时，最大限度地减少系统功耗。与传统的系统休眠唤醒式电源管理相比，runtime pm框架因其高度的灵活性和效率而备受青睐。

在SoC设计中，为了实现功耗的最小化，会根据业务逻辑将功能划分为不同的power domain（电源域）。每个power domain通常包含多个功能IP（知识产权核），允许在特定场景下根据实际需求关闭未使用的power domain，从而达到降低功耗的目的。

从更深层次来看，power domain模块实际上充当了外设的开关控制器，而runtime pm则提供了统一管理和使用这些power domain的方法。通过结合Linux内核中的suspend（休眠）、runtime pm、clock framework（时钟框架）、regulator framework（电压调节器框架）等机制，系统能够以高度智能化和灵活的方式管理功耗，进而实现高效节能的目标。

9.2.1　runtime pm在内核中的作用

从图9-3中可以看出runtime pm与各个层级的关系。这里我们看下runtime pm和驱动的关系、runtime pm和power domain的关系、runtime pm和sysfs的关系。

runtime pm和驱动的关系

在驱动初始化设备时，通过调用pm_runtime_enable()来启用设备的runtime pm 功能。当卸载设备时，在remove函数中调用pm_runtime_disable()来关闭设备的runtime pm功能。在这两个接口的实现中，使用一个变量（dev->power.disable_depth）来记录disable的深度。只要disable_depth大于零，就表示runtime pm功能已关闭，此时runtime pm 相关的API 调用（如suspend/resume/put/get等）会返回失败EACCES。在runtime pm初始化时，会将所有设备的disable_depth 设置为1，即为disable状态。在驱动初始化时，在probe函数的结尾根据需要调用pm_runtime_enable来启用runtime pm，在驱动的remove函数中调用pm_runtime_disable来关闭runtime pm。

此外，还提供了get和put类接口给设备驱动，用于确定何时进入或恢复设备的低功耗状态。当设备驱动调用这些接口后，runtime pm会调用各个设备驱动实现的runtime_suspend/runtime_resume接口。

- **进入低功耗**

当驱动认为设备不需要工作（进入低功耗）时，会调用pm_runtime_put()或pm_

runtime_put_sync()，向runtime pm核心请求将设备置于低功耗状态。如果条件符合，runtime pm核心会调用驱动的runtime_suspend回调函数，将设备配置为低功耗状态，如图9-5所示。

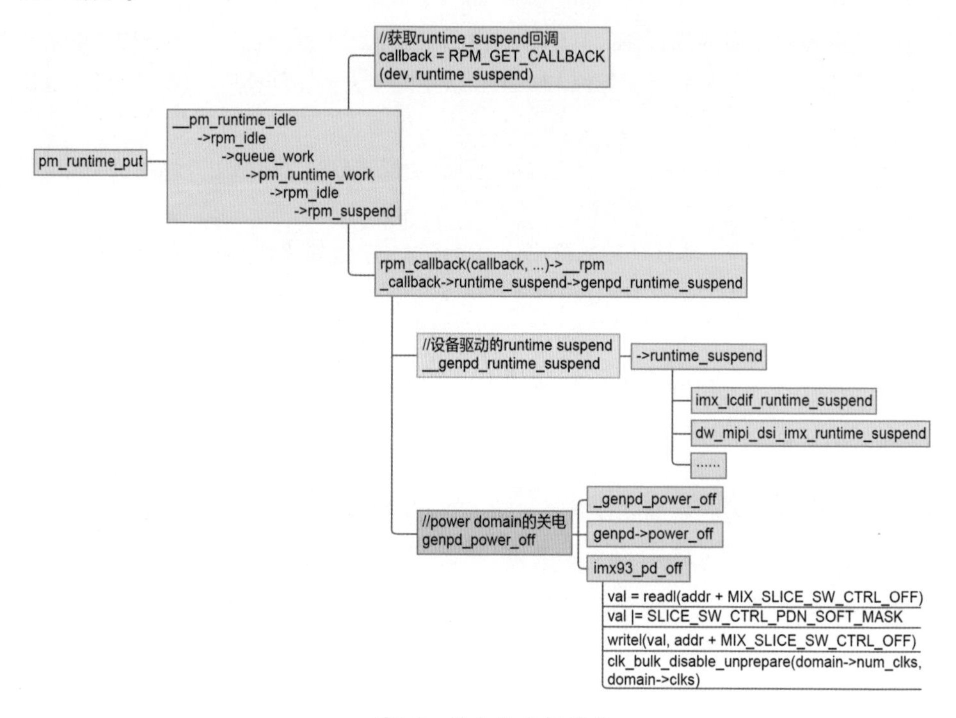

图9-5　进入低功耗模式

- **退出低功耗**

当驱动认为其设备需要进行工作（退出低功耗）时，调用pm_rumtime_get()/ pm_rumtime_get_sync()，向runtime pm请求设备恢复正常，若条件满足，runtime pm 会执行到驱动的runtime_resume回调函数，配置设备为工作的状态。

对于get操作接口的实现：每个设备都维护一个usage_count变量，用于记录该设备的使用情况。当大于0的时候说明该设备在使用，当该值从0变成非0时，会调用到设备驱动实现的runtime_resume回调函数，让设备退出低功耗状态。当等于0的时候，说明该设备不再使用。当该值从非0变成0的时候，会调用设备驱动实现的runtime_suspend回调函数，让设备进入低功耗状态。

runtime pm和power domain的关系

经过前面的介绍我们知道，一个power domain可以包含多个IP，每个IP 可能对应一个或多个设备。这些设备与power domain的绑定关系会在设备树（dts）中描述。在系统初始化过程中，会将这些power domain组织成一个链表，然后根据设备在dts中描述的与power domain的关系，将设备挂载到对应power domain 节点下的链表中。runtime pm的目的是调用SoC内部各个IP的runtime_idle/runtime_suspend/runtime_resume回调函数，即最终会调用到power domain里的函数，进行真正的开和关。

当某个设备驱动通过put接口调用，将usage_count从1减少到0时，会触发以下流程：首先调用power domain注册的runtime_suspend接口，在该接口中，会先调用该设备驱动的runtime_suspend函数，然后检查该power domain下的所有设备是否都可以进入低功耗状态（各设备驱动的usage_count是否为0），如果可以，则直接关闭power domain，否则直接返回。

当某个设备驱动通过get接口调用，将usage_count从0增加到1时，会触发以下流程：首先调用power domain注册的runtime_resume接口，在该接口中，会先上电power domain，然后再调用设备驱动对应的runtime_resume回调函数，使设备退出低功耗状态。

runtime pm和sysfs的关系

在每个设备节点下，会有多个与runtime pm相关的属性文件节点，包括control、runtime_suspend_time、runtime_active_time、autosuspend_delay_ms和runtime_status。

- **/sys/devices/.../power/control**

on：调用pm_runtime_forbid接口，增加设备的引用计数，然后让设备处于resume状态。

auto：调用pm_runtime_allow接口，减少设备的引用计数，如果设备的引用计数为0，则让设备处于idle状态。

- **/sys/devices/.../power/runtime_status active（设备的状态是正常工作状态）**

suspend：设备的状态是低功耗模式。

suspending：设备的状态正在从active向suspend转化。

resuming：设备的状态正在从suspend向active转化。

error：设备runtime出现错误，此时runtime_error的标志置位。

unsupported：设备的runtime 没有使能，此时disable_depth标志置位。

- **/sys/devices/.../power/runtime_suspend_time**

设备在suspend状态的时间。

- **/sys/devices/.../power/runtime_active_time**

设备在active状态的时间。

- **/sys/devices/.../power/autosuspend_delay_ms**

设备在idle状态多久之后suspend，设置延迟suspend的时间。

9.2.2 runtime pm的软件流程

以platform总线上的设备为例，该设备驱动的初始化过程如图9-6所示，我们可以看出设备驱动在初始化的时候会初始化对应的power部分内容。

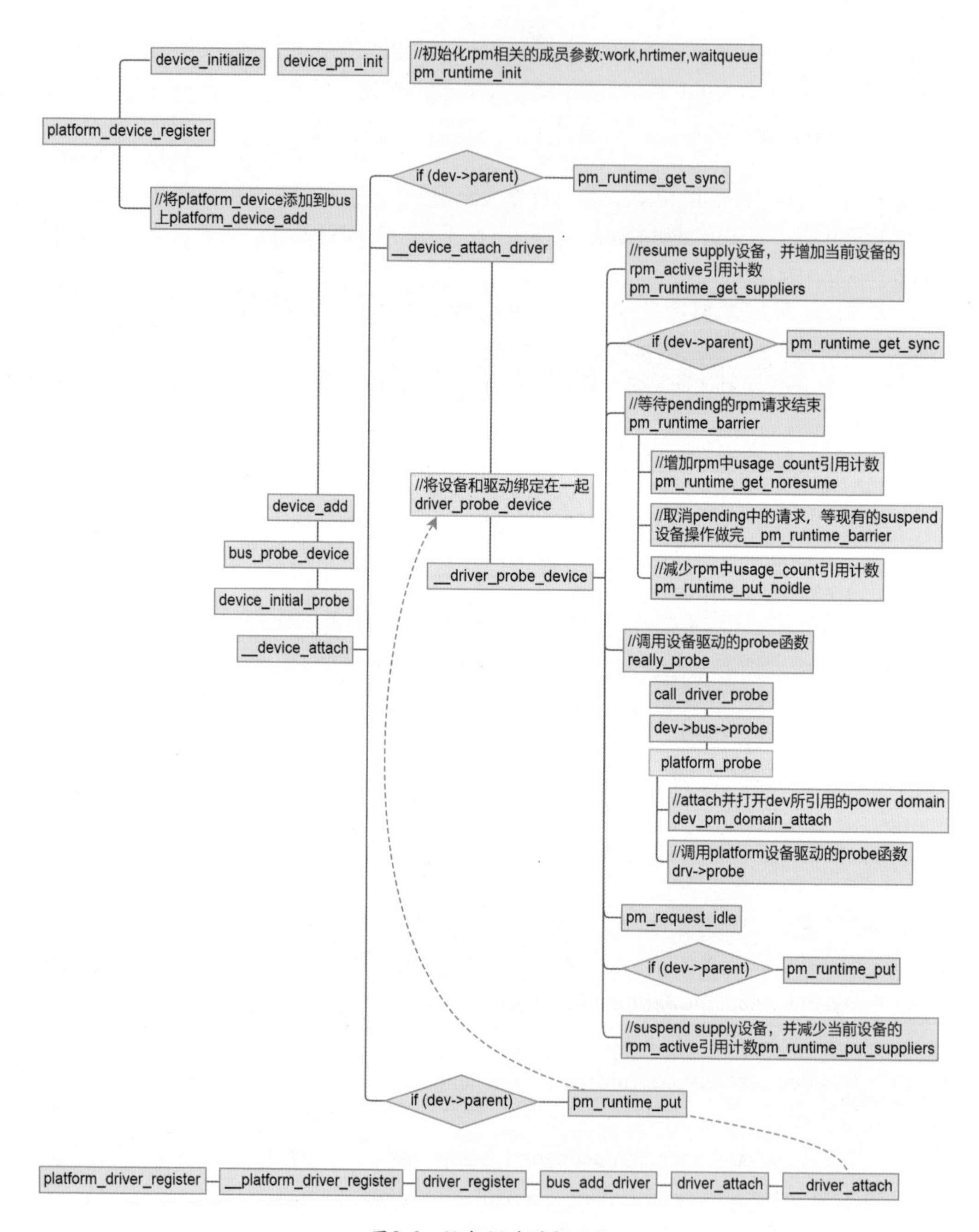

图9-6　设备驱动的初始化

图9-7放大并进一步展开和power相关的部分。

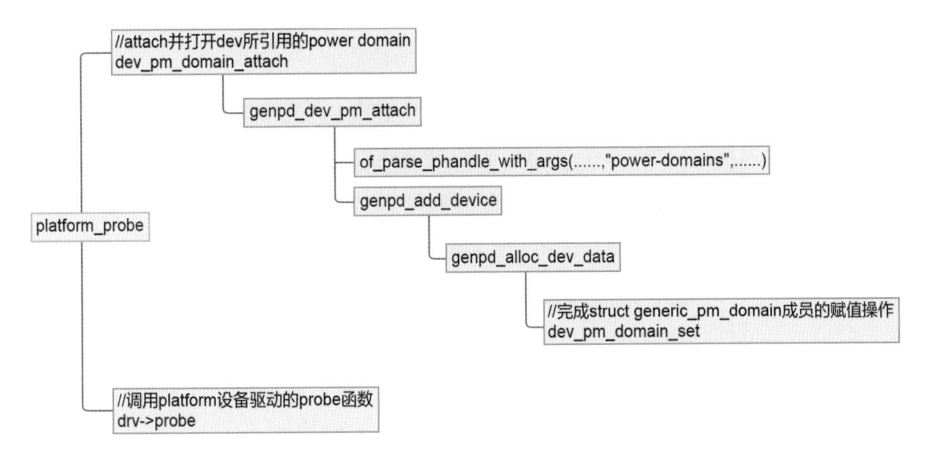

图9-7　设备驱动的power初始化

设备驱动的power部分在初始化时，主要做了以下三点：

1. 驱动在调用probe函数时，会调用dev_pm_domain_attach函数，检查设备是否属于power domain设备，如果是，则获取设备的power domain信息。从哪里获取信息呢？就是从前面power domain驱动调用of_genpd_add_provider_simple函数注册进来的信息。
2. 调用genpd_add_device函数，将设备添加到该power domain中，主要完成一些struct generic_pm_domain成员的赋值操作。
3. 最重要的就是调用dev_pm_domain_set函数，设置了struct device中的struct dev_pm_domain成员，该成员被赋值为struct generic_pm_domain中的struct dev_pm_domain成员。

为什么说上面第三点调用的函数很重要呢？设备的低功耗操作几乎都是引用驱动注册到该结构体的函数。

```
struct generic_pm_domain {
 struct dev_pm_domain domain; /* PM domain operations */
 ......
 int (*power_off)(struct generic_pm_domain *domain);
 int (*power_on)(struct generic_pm_domain *domain);
 struct gpd_dev_ops dev_ops;
 s64 max_off_time_ns; /* Maximum allowed "suspended" time. */
 bool max_off_time_changed;
 bool cached_power_down_ok;
 int (*attach_dev)(struct generic_pm_domain *domain,
     struct device *dev);
 void (*detach_dev)(struct generic_pm_domain *domain,
```

```
        struct device *dev);
  ......
};
```

下面再介绍一个对power domain很重要的结构体，那就是struct dev_pm_domain：

```
struct dev_pm_domain {
 struct dev_pm_ops ops;  //有没有发现，这个结构体嵌入了设备power manage的结构体
 void (*detach)(struct device *dev, bool power_off);
 int (*activate)(struct device *dev);
 void (*sync)(struct device *dev);
 void (*dismiss)(struct device *dev);
};

struct dev_pm_ops {
    int (*prepare)(struct device *dev);
    void (*complete)(struct device *dev);
    int (*suspend)(struct device *dev);
    int (*resume)(struct device *dev);
    int (*freeze)(struct device *dev);
    int (*thaw)(struct device *dev);
    int (*poweroff)(struct device *dev);
    ......
    int (*runtime_suspend)(struct device *dev);
    int (*runtime_resume)(struct device *dev);
    int (*runtime_idle)(struct device *dev);
};
```

该结构体最重要的就是嵌入了struct dev_pm_ops结构体，该结构体是设备低功耗的具体操作函数，有些操作函数是在pm_genpd_init函数里实现注册的（power domain 驱动在probe的时候会调用pm_genpd_init）。

```
//power domain驱动
int pm_genpd_init(struct generic_pm_domain *genpd,
    struct dev_power_governor *gov, bool is_off)
{
 ......

 genpd->domain.ops.runtime_suspend = genpd_runtime_suspend;
 genpd->domain.ops.runtime_resume = genpd_runtime_resume;
 genpd->domain.ops.prepare = pm_genpd_prepare;
 genpd->domain.ops.suspend_noirq = pm_genpd_suspend_noirq;
 genpd->domain.ops.resume_noirq = pm_genpd_resume_noirq;
 genpd->domain.ops.freeze_noirq = pm_genpd_freeze_noirq;
 genpd->domain.ops.thaw_noirq = pm_genpd_thaw_noirq;
 genpd->domain.ops.poweroff_noirq = pm_genpd_suspend_noirq;
 genpd->domain.ops.restore_noirq = pm_genpd_restore_noirq;
```

```
    genpd->domain.ops.complete = pm_genpd_complete;
    ......
}
```

power domain framework在初始化一个struct generic_pm_domain实例的时候，dev_pm_domain下的dev_pm_ops被初始化为power domain特有的函数，即当设备属于某个power domain时，设备在发起suspend和resume流程时，都是调用power domain的genpd_runtime_suspend和genpd_runtime_resume函数。**这也是很好理解的，因为设备一旦属于一个power domain，设备发起suspend和resume必须要让power domain framework感知到，这样它才能知道每个power domain下的设备的当前状态，才能在合适的时机去调用provider的power on和power off函数。**

但是设备具体的suspend和resume肯定还是驱动自己编写的，只有驱动对自己的设备最熟悉，genpd_runtime_suspend函数只是完成power domain framework的一些逻辑，最终还是要调用到设备自己的suspend函数。

```
//比如DSI设备驱动
static const struct dev_pm_ops dw_mipi_dsi_imx_pm_ops = {
    SET_RUNTIME_PM_OPS(dw_mipi_dsi_imx_runtime_suspend,
               dw_mipi_dsi_imx_runtime_resume, NULL)
};
//比如DPU设备驱动
static const struct dev_pm_ops dpu_pm_ops = {
    SET_LATE_SYSTEM_SLEEP_PM_OPS(dpu_suspend, dpu_resume)
};
//比如LCDIF设备驱动
static const struct dev_pm_ops imx_lcdif_pm_ops = {
    SET_LATE_SYSTEM_SLEEP_PM_OPS(imx_lcdif_suspend, imx_lcdif_resume)
    SET_RUNTIME_PM_OPS(imx_lcdif_runtime_suspend,
               imx_lcdif_runtime_resume, NULL)
};
```

通过图9-8可以看出，genpd_runtime_suspend函数先调用设备驱动的suspend回调函数，然后再调用power domain的power off去关电。

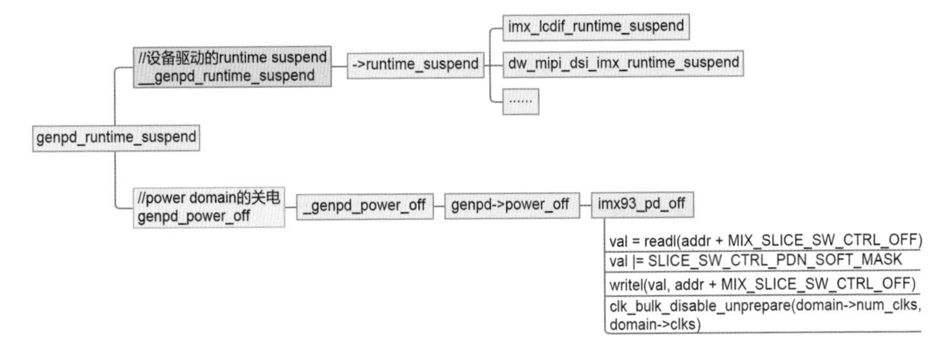

图9-8 genpd_runtime_suspend函数

至此，runtime power manager就把设备驱动和power domain联系起来了。

power off和reboot的实现过程如图9-9所示。

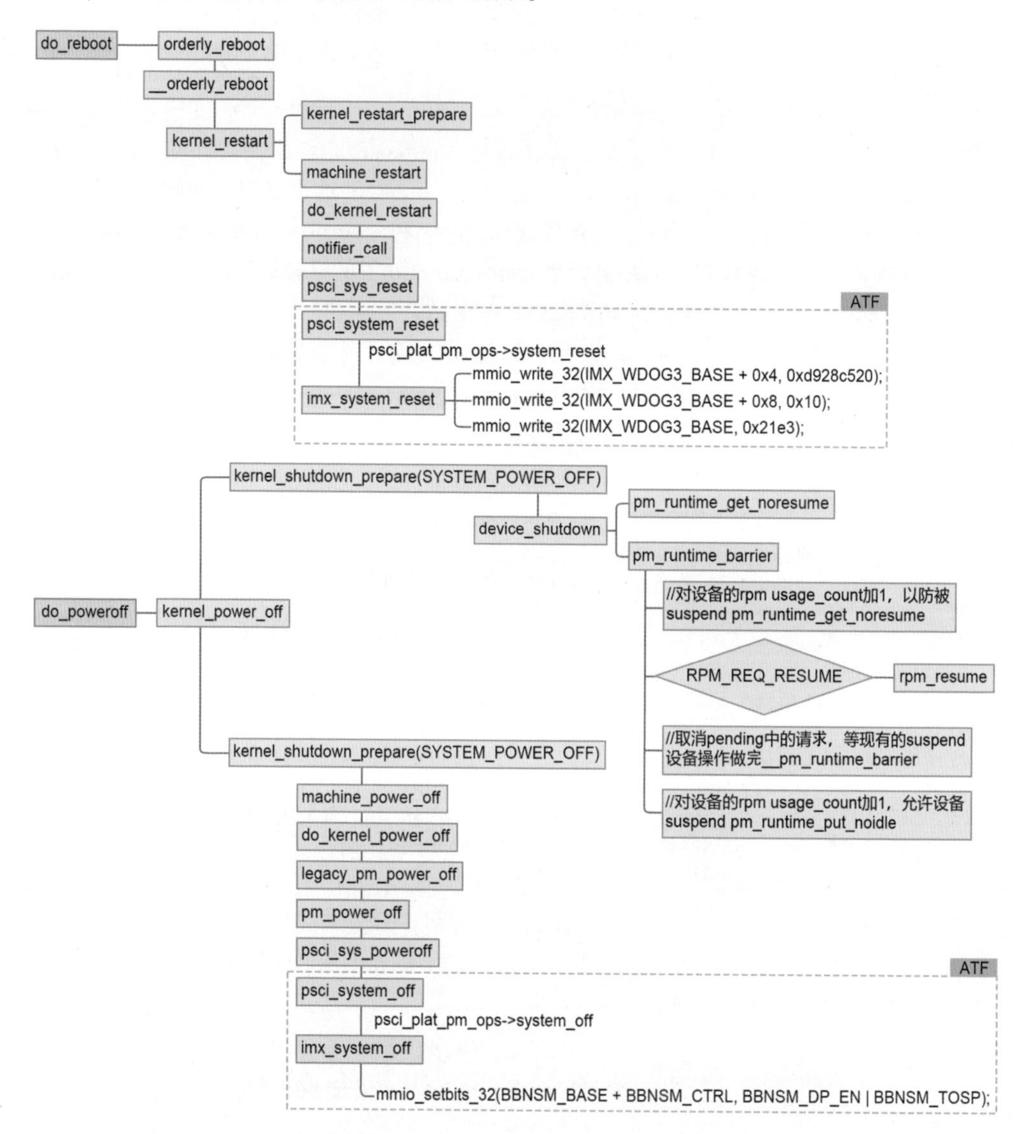

图9-9　power off和reboot的流程

9.2.3　suspend/resume的过程

runtime pm主要是指Linux在空闲（idle）时候进入的状态，即untime suspend。除了runtime suspend，还有一个suspend的场景，即“echo mem > /sys/power/state”的时

候。对应的resume场景是“echo on > /sys/power/state”。这里我们通过图9-10来简单总结suspend/resume的过程。

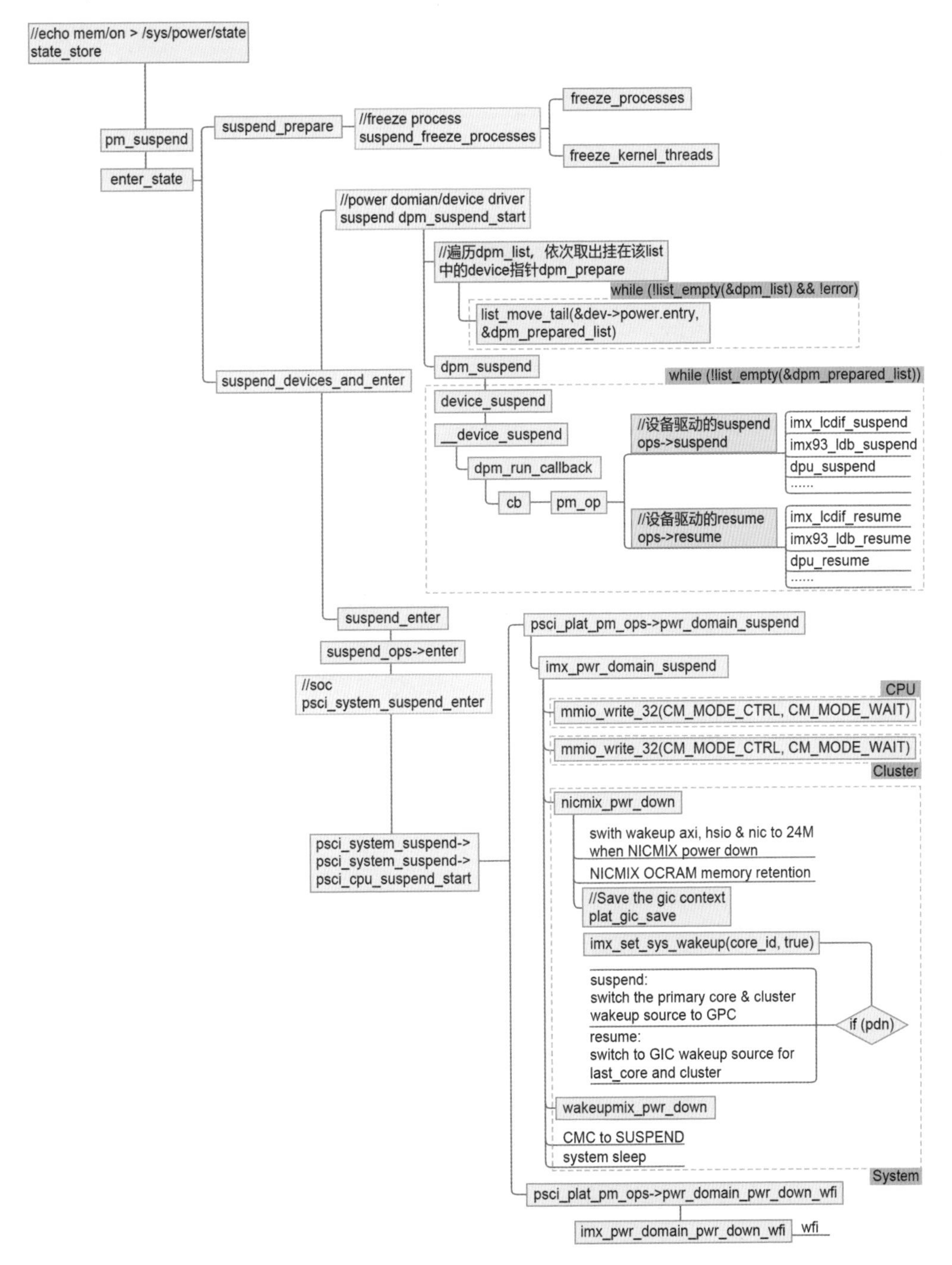

图9-10 suspend/resume的过程

可见，在suspend的时候主要有三个阶段：

1. 用户态和内核态进程的suspend。
2. power domain和外设驱动的suspend。
3. SoC的suspend，以i.MX93平台为例，这里包括CPU、Cluster和各种Mix。

第10章 时钟模块

Linux内核中的时钟模块，就像是一座精准运转的时钟塔，默默地掌控着整个系统的“时间脉搏”。它如同一位严谨的时间守护者，不断地为系统提供准确而稳定的时间基准。就像时钟的秒针，每一次跳动都精确无误，驱动着系统的各项任务按照既定的节奏进行。同时，它又像是一位细心的指挥家，用时钟中断作为指挥棒，精准地引导着各个任务在合适的时间点上场，确保系统的和谐运转。在复杂的系统环境中，时钟模块就像是那不可或缺的“节拍器”，让整个Linux系统在时间的律动中，奏出高效稳定的运行旋律。

10.1 时钟控制器的硬件实现

下面以i.MX93芯片为例，时钟控制器的硬件实现原理如图10-1所示。

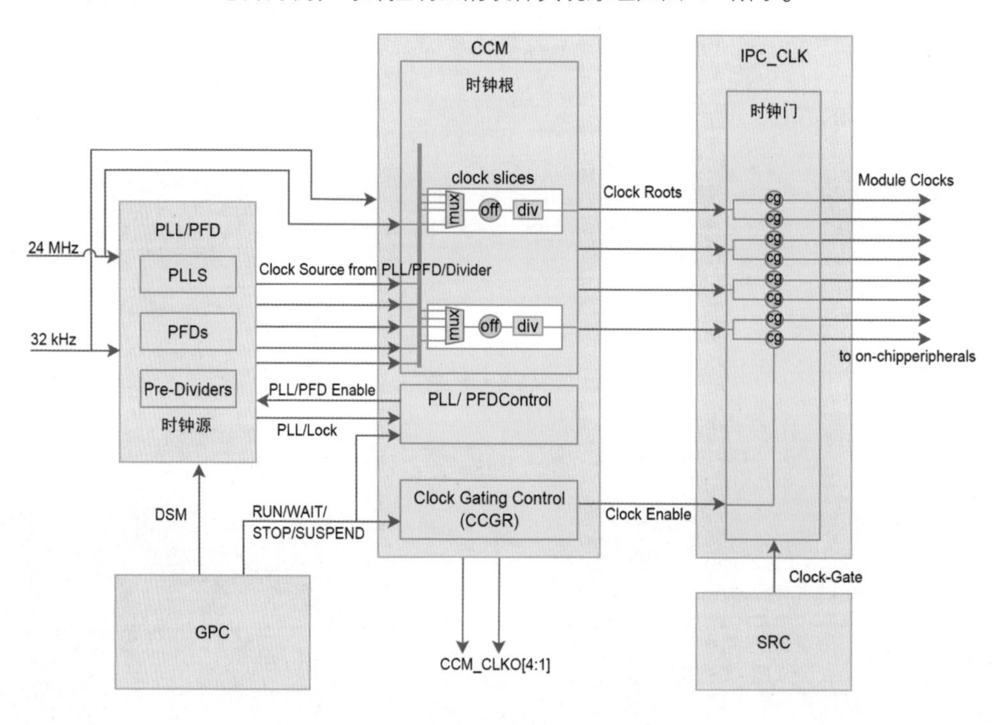

图10-1　钟控制器的硬件实现原理

i.MX93芯片的外部时钟输入源有24MHz和32kHz，这两个输入源都可以直接连接到CCM（Clock Controller Module，时钟控制器模块），但是PLL只能以24MHz和32kHz作为输入。从PLL和分频器出来的时钟也可以作为CCM的输入。每一个Slice在经过MUX模块后，由分频器产生我们需要的时钟频率，然后再输出给Gate模块，以便控制时钟的开关。

10.1.1　Clock Source

clock root是时钟来源（clock source），clock root由各种时钟来源生成，可以是osc（oscillator的简称）振荡器或pll（Phase-locked loops，锁相环）。故clock source的实现方式为控制osc振荡器或pll，在系统低功耗操作时自动关闭或打开。表10-1显示了CCM的时钟来源。

表10-1　CCM的时钟来源

时钟来源	说明
OSC 24M_CLK	OSC 24MHz CLK
ARM PLL	ARM PLL VCO（没有连接到时钟树）
ARM PLL CLK	ARM PLL输出时钟
SYSTEM PLL	SYSTEM PLL VCO（没有连接到时钟树）
……	……
AUDIO PLL	AUDIO PLL VCO（没有连接到时钟树）
AUDIO PLL CLK	AUDIO PLL输出时钟
DRAM PLL	DRAM PLL VCO（没有连接到时钟树）
DRAM PLL CLK	DRAM PLL输出时钟
VIDEO PLL	VIDEO PLL VCO（没有连接到时钟树）
VIDEO PLL CLK	VIDEO PLL输出时钟

可以看出，除了24MHz振荡器，还有其他时钟来源，比如ARM PLL、SYSTEM PLL、AUDIO PLL、DRAM PLL、Video PLL等，这些都是通过分频计算得来的，PLL的计算公式如下：

$$Fvco\_clk = \left(\left(\frac{Fref}{DIV\left[RDIV\right]}\right) * DIV\left[MFI\right]\right) \qquad Fclko\_odiv = Fvco\_clk/DIV[ODIV]$$

其中Fref是参考电压，DIV是PLL分频器寄存器，MFI、RDIV、ODIV是对应的位操作。PLL分频器的定义见表10-2。

表10-2　PLL分频器寄存器定义

字段	说明
31~25 —	保留
24~16 MFI	循环除法器的整数部分。 设置PLL反馈回路中分频器的值。指定的值确定了应用于参考频率的乘法因子。 除法器值=MFI，其中所选MFI不违反VCO频率规范

续表

字段	说明
15~13 RDIV	输入时钟前置器。 设置输入时钟分频器，预分频器电路的输出产生PLL模拟环路参考时钟。 000：除以1。 001：除以1。 010：除以2。 011：除以3。 100：除以4。 101：除以5。 110：除以6。 111：除以7
12~8 —	保留
7-0 ODIV	时钟输出分频器 0~255范围内的8位字段，用于确定驱动PHI输出时钟的VCO时钟后分频器。 0000 0000：除以2。 0000 0001：除以3。 0000 0010：除以2。 0000 0011：除以3。 0000 0100：除以4。 0000 0101：除以5。 0000 0110：除以6。 0000_1010：除以10。 1000 0010：除以130。 1111 1111：除以255

10.1.2 Clock Root

CCM clock root 含多个时钟根信道，每个clock root时钟信道包含一个4-to-1的MUX和一个8-bit divider（分频器）。MUX从4个时钟输入中选择1个。8位分频器可以将所选时钟分频至1/256个。部分时钟根信道的说明参见表10-3。

表10-3 时钟根信道

Slice Num	Clock Root	Max Freq UD (MHz)	Max Freq NM (MHz)	Max Freq OD (MHz)	Offset	Source Select
0	arm_a55_periph_clk_root	200	333.33	400	0x0000	00-OSC_24M_CLK 01-SYS_PLL_PFD0 10-SYS_PLL_PFD1 11-SYS_PLL_PFD2

续表

Slice Num	Clock Root	Max Freq UD (MHz)	Max Freq NM (MHz)	Max Freq OD (MHz)	Offset	Source Select
1	arm_a55_mtr_bus_ck_root	133.33	133.33	133.33	0x0080	00-OSC_24M_CLK 01-SYS_PLL_PFD0_DIV2 10-SYS_PLL_PFD1_DIV2 11-VIDEO_PLL_CLK
2	arm_a55_clk_root	500	800	1000	0x0100	00-OSC_24M_CLK 01-SYS_PLL_PFD0 10-SYS_PLL_PFD1 11-SYS_PLL_PFD2
……						
92	i3c2 slow clk root	24	24	24	0x2e00	00-OSC_24M _CLK 01-SYS_PLL_PFDO_DIV2 10-SYS_PLL_PFD1_DIV2 11-VIDEO_PLL_CLK
93	usb_phy_burunin_clk_root	50	50	50	0x2e80	00-OSC_24M_CLK 01-SYS_PLL_PFDO_DIV2 10-SYS_PLL_PFD1_DIV2 11-VIDEO_PLL_CLK
94	pal_came_scan_clk_root	80	80	80	0x2f00	00-OSC_24M_CLK 01-AUDIO_PLL_CLK 10-VIDEO_PLL_CLK 11-SYS_PLL_PFD2

每一个slice都有自己的index、偏移地址，这里的偏移地址是相对于CCM的基地址而言的。

CLOCK_ROOT0_CONTROL~CLOCK_ROOT94_CONTROL寄存器对应上面95个slice，控制时钟根生成，包括启用、MUX选择和分频因子，该寄存器操作如表10-4所示。

表10-4　CLOCK_ROOT*n*_CONTROL寄存器操作

字段	说明
31~25 —	保留
24 OFF	关闭时钟根。 是否关闭生成的时钟根。 0：时钟正在运行。 1：关闭时钟
23~20 —	保留

续表

字段	说明
9~8 MUX	时钟多路复用器。 从4个时钟源中选择时钟以生成时钟根。 00：选择时钟源0。 01：选择时钟源1。 10：选择时钟源2。 11：选择时钟源3
7~0 DIV	时钟分频分数。 生成的时钟根周期比选择的时钟源长DIV + 1倍

10.1.3 Clock Gate

clock gate（时钟门）主要负责slice的开或关，其具有两种工作模式：直接控制模式和CPULPM模式。直接控制模式是隐含模式。复位后，所有时钟门均在直接控制模式下工作。

- 在直接控制模式下，LPCG（low power clock gating，低功耗时钟开关）的开启/关闭由LPCGn_DIRECT[ON]直接决定。LPCG的默认状态为ON。LPCGn_DIRECT寄存器如表10-5所示。

表10-5 直接模式下的LPCGn_DIRECT寄存器

字段	说明
31~3 —	保留
2 CLOCKOFF_ACK_ TIMEOUT_EN	此位启用时钟关闭握手的超时机制，启用时，时钟关闭确认将被忽略并等待16个周期的IPG时钟超时，禁用时，等待时钟关闭确认。 0：禁用。 1：启用
1 —	保留
0 ON	打开LPCG。 这一位控制LPCG的ON/OFF。 0：LPCG OFF。 1：LPCG ON

- 在CPULPM模式下，LPCG的开启/关闭取决于LPCGn_LPMs中的设置和每个域所处的当前模式。LPCGn_LPMs寄存器如表10-6所示。

表10-6　CPULPM模式下的LPCGn_LPMs寄存器

字段	说明
31 —	保留
30~28 LPM_SETRING_D7	DOMAIN7中的LPCG低功耗模式设置。 000：在任何CPU模式，LPCG将是OFF。 001：在RUN模式，LPCG将是ON，在WAIT/STOP/SUSPEND模式，LPCG将是OFF。 010：在RUN/WAIT模式，LPCG将是ON，在STOP/SUSPEND模式，LPCG将是OFF。 011：在RUN/WAIT/STOP模式，LPCG将是ON，在SUSPEND模式，LPCG将是OFF。 100：在RUN/WAIT/STOP/SUSPEND模式，LPCG将是ON
27 —	保留
26~24 LPM_SETTING-D6	DOMAIN6中的LPCG低功耗模式设置。 000：在任何CPU模式，LPCG将是OFF。 001：在RUN模式，LPCG将是ON，在WAIT/STOP/SUSPEND模式，LPCG将是OFF。 010：在RUN/WAIT模式，LPCG将是ON，在STOP/SUSPEND模式，LPCG将是OFF。 011：在RUN/WAIT/STOP模式，LPCG将是ON，在SUSPEND模式，LPCG将是OFF 100：在RUN/WAIT/STOP/SUSPEND模式，LPCG将是ON
23 —	保留
22~20 LPM_SETTING-D5	DOMAIN5中的LPCG低功耗模式设置。 000：在任何CPU模式，LPCG将是OFF。 001：在RUN模式，LPCG将是ON，在WAIT/STOP/SUSPEND模式，LPCG将是OFF。 010：在RUN/WAIT模式，LPCG将是ON，在STOP/SUSPEND模式，LPCG将是OFF。 011：在RUN/WAIT/STOP模式，LPCG将是ON，在SUSPEND模式，LPCG将是OFF 100：在RUN/WAIT/STOP/SUSPEND模式，LPCG将是ON
19 —	保留
18~16 LPM_SETTING-D4	DOMAIN4中的LPCG低功耗模式设置。 000：在任何CPU模式，LPCG将是OFF。 001：在RUN模式，LPCG将是ON，在WAIT/STOP/SUSPEND模式，LPCG将是OFF。 010：在RUN/WAIT模式，LPCG将是ON，在STOP/SUSPEND模式，LPCG将是OFF。 011：在RUN/WAIT/STOP模式，LPCG将是ON，在SUSPEND模式，LPCG将是OFF。 100：在RUN/WAIT/STOP/SUSPEND模式，LPCG将是ON
15 —	保留
14~12 LPM_SETTING-D3	DOMAIN3中的LPCG低功耗模式设置。 000：在任何CPU模式，LPCG将是OFF。 001：在RUN模式，LPCG将是ON，在WAIT/STOP/SUSPEND模式，LPCG将是OFF。 010：在RUN/WAIT模式，LPCG将是ON，在STOP/SUSPEND模式，LPCG将是OFF。 011：在RUN/WAIT/STOP模式，LPCG将是ON，在SUSPEND模式，LPCG将是OFF。 100：在RUN/WAIT/STOP/SUSPEND模式，LPCG将是ON
11 —	保留

续表

字段	说明
10~8 LPM_SETTING-D2	DOMAIN2中的LPCG低功耗模式设置。 000：在任何CPU模式，LPCG将是OFF。 001：在RUN模式，LPCG将是ON，在WAIT/STOP/SUSPEND模式，LPCG将是OFF。 010：在RUN/WAIT模式，LPCG将是ON，在STOP/SUSPEND模式，LPCG将是OFF。 011：在RUN/WAIT/STOP模式，LPCG将是ON，在SUSPEND模式，LPCG将是OFF。 100-在RUN/WAIT/STOP/SUSPEND模式，LPCG将是ON
7 —	保留
6~4 LPM_SETTING-D1	DOMAIN1中的LPCG低功耗模式设置。 000：在任何CPU模式，LPCG将是OFF。 001：在RUN模式，LPCG将是ON，在WAIT/STOP/SUSPEND模式，LPCG将是OFF。 010：在RUN/WAIT模式，LPCG将是ON，在STOP/SUSPEND模式，LPCG将是OFF。 011：在RUN/WAIT/STOP模式，LPCG将是ON，在SUSPEND模式，LPCG将是OFF。 100：在RUN/WAIT/STOP/SUSPEND模式，LPCG将是ON
3 —	保留
2~0 LPM_SETTING-D0	DOMAIN0中的LPCG低功耗模式设置。 000：在任何CPU模式，LPCG将是OFF。 001：在RUN模式，LPCG将是ON，在WAIT/STOP/SUSPEND模式，LPCG将是OFF。 010：在RUN/WAIT模式，LPCG将是ON，在STOP/SUSPEND模式，LPCG将是OFF。 011：在RUN/WAIT/STOP模式，LPCG将是ON，在SUSPEND模式，LPCG将是OFF。 100：在RUN/WAIT/STOP/SUSPEND模式，LPCG将是ON

10.2 时钟控制器的驱动实现

现在我们知道了时钟控制器的硬件原理，那么在驱动中是如何描述一个clk信息的?

驱动中用clk_hw_onecell_data结构体存储clk的数量以及clk_hw结构，每一个clk都有自己的clk_hw结构。也就是说驱动中会使用hws[clk_index]的形式存储每一个clk信息。让我们详细看看这些结构体具体是如何描述的。

```
struct clk_hw_onecell_data {
 unsigned int num;
 struct clk_hw *hws[];
};
struct clk_hw {
 struct clk_core *core;
 struct clk *clk;
 const struct clk_init_data *init;
};
```

- clk_core代表clock framework的核心驱动对象。

- clk结构存储具体的clk信息，例如父节点、可选择的父节点列表和数量、寄存器中的位移和位宽、它们的子节点、enable和status寄存器地址、时钟速度、clk标志位等信息。clk结构体如下所示：

```
struct clk {
    struct list_head    node;
    struct clk       *parent;
    struct clk       **parent_table;
    unsigned short      parent_num;
    unsigned char       src_shift;
    unsigned char       src_width;
    struct sh_clk_ops   *ops;

    struct list_head    children;
    struct list_head    sibling;

    int          usecount;

    unsigned long       rate;
    unsigned long       flags;

    void __iomem        *enable_reg;
    void __iomem        *status_reg;
    unsigned int        enable_bit;
    void __iomem        *mapped_reg;

    unsigned int        div_mask;
    unsigned long       arch_flags;
    void             *priv;
    struct clk_mapping  *mapping;
    struct cpufreq_frequency_table *freq_table;
    unsigned int        nr_freqs;
};
```

- clk_init_data 中是clock框架中共享的初始化数据。

驱动中对时钟有些固定搭配的实现，比如fixed rate clock、fixed factor clock、composite clock、gate clock。接下来我们详细看看这些不同的类型。

fixed rate clock

这一类clock（时钟）具有固定的频率，不能开关，不能调整频率，不能选择parent，不需要提供任何clk_ops回调函数，是最简单的一类clock。我们可以直接通过DTS的方式设置，clock framework core能直接从DTS中解出clock信息，并自动注册到kernel，不需要任何驱动支持。例如24MHz晶振和32.768kHz的晶振。

```
osc_32k: clock-osc-32k {
    compatible = "fixed-clock";
```

```
        #clock-cells = <0>;
        clock-frequency = <32768>;
        clock-output-names = "osc_32k";
    };

    osc_24m: clock-osc-24m {
        compatible = "fixed-clock";
        #clock-cells = <0>;
        clock-frequency = <24000000>;
        clock-output-names = "osc_24m";
    };

    clk_ext1: clock-ext1 {
        compatible = "fixed-clock";
        #clock-cells = <0>;
        clock-frequency = <133000000>;
        clock-output-names = "clk_ext1";
    };

    clk: clock-controller@44450000 {
        compatible = "fsl,imx93-ccm";
        reg = <0x44450000 0x10000>;
        #clock-cells = <1>;
        clocks = <&osc_32k>, <&osc_24m>, <&clk_ext1>;
        clock-names = "osc_32k", "osc_24m", "clk_ext1";
        assigned-clocks = <&clk IMX93_CLK_AUDIO_PLL>, <&clk IMX93_CLK_A55>;
        assigned-clock-parents = <0>, <&clk IMX93_CLK_SYS_PLL_PFD0>;
        assigned-clock-rates = <393216000>, <500000000>;
        status = "okay";
    };

    clks[IMX93_CLK_24M] = imx_obtain_fixed_clk_hw(np, "osc_24m");
    clks[IMX93_CLK_32K] = imx_obtain_fixed_clk_hw(np, "osc_32k");
    clks[IMX93_CLK_EXT1] = imx_obtain_fixed_clk_hw(np, "clk_ext1");
```

以24MHz的晶振为例，clks是一个数组，imx_obtain_fixed_clk_hw解析24MHz晶振的设备树节点，然后使用__clk_get_hw添加到clk framework（core->hw）。IMX93_CLK_24M这里的索引值和dts保持一致。

fixed factor clock

这一类clock具有固定的factor（即multiplier和divider），clock的频率是由parent clock的频率，乘以multiplier（乘数），除以divider（除数）得出的，多用于一些具有固定分频系数的clock。由于parent clock的频率可以改变，因而fix factor clock也可改变频率，因此也会提供.recalc_rate/.set_rate/.round_rate等回调。以第二行的clk为例，这里的“sys_pll_pfd0_div2”就是我们想要的fixed factor clock。“sys_pll_pfd0”的clk的父时钟节点为“sys_pll2_out”(1000MHz)，倍频系数为1，分频系数为2。

```
clks[IMX93_CLK_SYS_PLL_PFD0] = imx_clk_hw_fixed("sys_pll_pfd0", 1000000000);
clks[IMX93_CLK_SYS_PLL_PFD0_DIV2] = imx_clk_hw_fixed_factor("sys_pll_pfd0_
div2", "sys_pll_pfd0", 1, 2);
clks[IMX93_CLK_SYS_PLL_PFD1] = imx_clk_hw_fixed("sys_pll_pfd1", 800000000);
clks[IMX93_CLK_SYS_PLL_PFD1_DIV2] = imx_clk_hw_fixed_factor("sys_pll_pfd1_
div2", "sys_pll_pfd1", 1, 2);
clks[IMX93_CLK_SYS_PLL_PFD2] = imx_clk_hw_fixed("sys_pll_pfd2", 625000000);
clks[IMX93_CLK_SYS_PLL_PFD2_DIV2] = imx_clk_hw_fixed_factor("sys_pll_pfd2_
div2", "sys_pll_pfd2", 1, 2);
```

imx_clk_hw_fixed_factor主要用于产生固定的PLL分频，最终会调用到函数__clk_hw_register_fixed_factor，代码如下所示：

```
static struct clk_hw *
__clk_hw_register_fixed_factor(struct device *dev, struct device_node *np,
        const char *name, const char *parent_name,
        const struct clk_hw *parent_hw, int index,
        unsigned long flags, unsigned int mult, unsigned int div,
        bool devm)
{
    ......
        fix = kmalloc(sizeof(*fix), GFP_KERNEL);
    if (!fix)
        return ERR_PTR(-ENOMEM);

    fix->mult = mult;                             ------(1)
    fix->div = div;                               ------(2)
    fix->hw.init = &init;                         ------(3)

    init.name = name;                             ------(4)
    init.ops = &clk_fixed_factor_ops;             ------(5)
    init.flags = flags;                           ------(6)
    if (parent_name)
        init.parent_names = &parent_name;
    else if (parent_hw)
        init.parent_hws = &parent_hw;
    else
        init.parent_data = &pdata;
    init.num_parents = 1;

    hw = &fix->hw;
    if (dev)
        ret = clk_hw_register(dev, hw);          -----(7)
    ......
    return hw;
}
```

- 标注的（1）~（3）行代码将倍频系数和分频系数存入fix结构。

- 标注的（4）～（6）行代码设置init数据段中的clk_fixed_factor_ops（产生固定频率的函数集）和name（“sys_pll_pfd0_div2”），这里的clk_init_data在clk provider和clk framework之间是共享的。
- 标注的（7）行代码将这个clk_hw硬件时钟对象注册进clk core。IMX93_CLK_SYS_PLL_PFD0_DIV2= 4，所以最后上面那行clk代码的含义为：第4个hws结构中的clk名为“sys_pll_pfd0_div2”，父节点为“sys_pll_pfd0”，倍频系数为1，分频系数为2。它所支持的ops为clk_fixed_factor_ops，下面具体看看它包含的回调函数。

```
const struct clk_ops clk_fixed_factor_ops = {
    .round_rate = clk_factor_round_rate,
    .set_rate = clk_factor_set_rate,
    .recalc_rate = clk_factor_recalc_rate,
};

static long clk_factor_round_rate(struct clk_hw *hw, unsigned long rate,
                unsigned long *prate)
{
    struct clk_fixed_factor *fix = to_clk_fixed_factor(hw);

    if (clk_hw_get_flags(hw) & CLK_SET_RATE_PARENT) {
        unsigned long best_parent;

        best_parent = (rate / fix->mult) * fix->div;
        *prate = clk_hw_round_rate(clk_hw_get_parent(hw), best_parent);
    }

    return (*prate / fix->div) * fix->mult;
}

//由于是固定频率的时钟，因此set_rate函数直接返回成功即可
static int clk_factor_set_rate(struct clk_hw *hw, unsigned long rate,
                unsigned long parent_rate)
{
    return 0;
}

static unsigned long clk_factor_recalc_rate(struct clk_hw *hw,
        unsigned long parent_rate)
{
    struct clk_fixed_factor *fix = to_clk_fixed_factor(hw);
    unsigned long long int rate;

    rate = (unsigned long long int)parent_rate * fix->mult;
    do_div(rate, fix->div);
    return (unsigned long)rate;
}
```

composite clock

这种是通过mux、divider、gate等组合得到clock的方式，可通过下面接口注册。

```
static const struct imx93_clk_root {
    u32 clk;
    char *name;
    u32 off;
    enum clk_sel sel;
    unsigned long flags;
} root_array[] = {
    /* a55/m33/bus critical clk for system run */
    { IMX93_CLK_A55_PERIPH,     "a55_periph_root",  0x0000, FAST_SEL, CLK_IS_
CRITICAL },
    { IMX93_CLK_A55_MTR_BUS,    "a55_mtr_bus_root", 0x0080, LOW_SPEED_IO_SEL,
CLK_IS_CRITICAL },
    { IMX93_CLK_A55,        "a55_alt_root",     0x0100, FAST_SEL, CLK_IS_
CRITICAL },
    { IMX93_CLK_M33,        "m33_root",     0x0180, LOW_SPEED_IO_SEL, CLK_IS_
CRITICAL },
    { IMX93_CLK_BUS_WAKEUP,     "bus_wakeup_root",  0x0280, LOW_SPEED_IO_SEL,
CLK_IS_CRITICAL },
    ......
    { IMX93_CLK_ENET_REF,       "enet_ref_root",    0x2c80, NON_IO_SEL, },
    { IMX93_CLK_ENET_REF_PHY,   "enet_ref_phy_root",    0x2d00, LOW_SPEED_IO_
SEL, },
    { IMX93_CLK_I3C1_SLOW,      "i3c1_slow_root",   0x2d80, LOW_SPEED_IO_SEL,
},
    { IMX93_CLK_I3C2_SLOW,      "i3c2_slow_root",   0x2e00, LOW_SPEED_IO_SEL,
},
    { IMX93_CLK_USB_PHY_BURUNIN,    "usb_phy_root",     0x2e80, LOW_SPEED_IO_
SEL, },
    { IMX93_CLK_PAL_CAME_SCAN,  "pal_came_scan_root",   0x2f00, MISC_SEL, }
};

for (i = 0; i < ARRAY_SIZE(root_array); i++) {
    root = &root_array[i];
    clks[root->clk] = imx93_clk_composite_flags(root->name,
                        parent_names[root->sel],
                        4, base + root->off, 3,
                        root->flags);
}
```

从以上代码看到，循环通过函数imx93_clk_composite_flags来完成composite clock类型时钟的注册，该函数实现如下：

```
struct clk_hw *imx93_clk_composite_flags(const char *name, const char * const
*parent_names,
                    int num_parents, void __iomem *reg, u32 domain_id,
```

```
                    unsigned long flags)
{
    ......
    hw = clk_hw_register_composite(NULL, name, parent_names, num_parents,
                    mux_hw, &imx93_clk_composite_mux_ops, div_hw,
                    &imx93_clk_composite_divider_ops, gate_hw,
                    &imx93_clk_composite_gate_ops,
                    flags | CLK_SET_RATE_NO_REPARENT);
    ......
    return hw;
    ......
}

static const struct clk_ops imx93_clk_composite_mux_ops = {
    .get_parent = imx93_clk_composite_mux_get_parent,
    .set_parent = imx93_clk_composite_mux_set_parent,
    .determine_rate = imx93_clk_composite_mux_determine_rate,
};

static const struct clk_ops imx93_clk_composite_divider_ops = {
    .recalc_rate = imx93_clk_composite_divider_recalc_rate,
    .round_rate = imx93_clk_composite_divider_round_rate,
    .determine_rate = imx93_clk_composite_divider_determine_rate,
    .set_rate = imx93_clk_composite_divider_set_rate,
};

static const struct clk_ops imx93_clk_composite_gate_ops = {
    .enable = imx93_clk_composite_gate_enable,
    .disable = imx93_clk_composite_gate_disable,
    .is_enabled = clk_gate_is_enabled,
};
```

gate clock

这一类clock提供对当前时钟的打开或者关闭功能（会提供.enable/.disable回调），可使用函数imx93_clk_gate进行注册：

```
static const struct imx93_clk_ccgr {
    u32 clk;
    char *name;
    char *parent_name;
    u32 off;
    unsigned long flags;
    u32 *shared_count;
} ccgr_array[] = {
    { IMX93_CLK_A55_GATE,       "a55_alt",  "a55_alt_root",     0x8000, },
    ......
    { IMX93_CLK_TSTMR1_GATE,    "tstmr1",   "bus_aon_root",     0x9ec0, },
    { IMX93_CLK_TSTMR2_GATE,    "tstmr2",   "bus_wakeup_root",  0x9f00, },
```

```
    { IMX93_CLK_TMC_GATE,       "tmc",       "osc_24m",       0x9f40, },
    { IMX93_CLK_PMRO_GATE,      "pmro",      "osc_24m",       0x9f80, }
};

for (i = 0; i < ARRAY_SIZE(ccgr_array); i++) {
    ccgr = &ccgr_array[i];
    clks[ccgr->clk] = imx93_clk_gate(NULL, ccgr->name, ccgr->parent_name,
                     ccgr->flags, base + ccgr->off, 0, 1, 1, 3,
                     ccgr->shared_count);
}
```

从以上代码可以看出，会循环通过函数imx93_clk_gate来实现gate clock类型时钟的注册，该函数实现如下：

```
struct clk_hw *imx93_clk_gate(struct device *dev, const char *name, const
char *parent_name,
               unsigned long flags, void __iomem *reg, u32 bit_idx, u32 val,
               u32 mask, u32 domain_id, unsigned int *share_count)
{    ......
    gate = kzalloc(sizeof(struct imx93_clk_gate), GFP_KERNEL);
    if (!gate)
        return ERR_PTR(-ENOMEM);

    gate->reg = reg;
    gate->lock = &imx_ccm_lock;
    gate->bit_idx = bit_idx;
    gate->val = val;
    gate->mask = mask;
    gate->share_count = share_count;

    init.name = name;
    init.ops = &imx93_clk_gate_ops;
    init.flags = flags | CLK_SET_RATE_PARENT | CLK_OPS_PARENT_ENABLE;
    init.parent_names = parent_name ? &parent_name : NULL;
    init.num_parents = parent_name ? 1 : 0;

    gate->hw.init = &init;
    hw = &gate->hw;
    ......
    ret = clk_hw_register(dev, hw);
    if (ret) {
        kfree(gate);
        return ERR_PTR(ret);
    }

    return hw;
}
```

现在来看时钟控制器驱动的初始化。前面已经讲过，gate、mux、divider等API的使用将CLK SPEC操作相关的信息（名字、寄存器位移等）写入了clk core框架。imx93 vendor层的clk core驱动中主要分为两步：

- of_clk_add_hw_provider，将此soc dts节点、clk解析回调函数of_clk_hw_onecell_get和回调数据注册到clk core。其中**clk_hw_data**包含了所有hw clk信息，如source、root、gate的实现，这一步最重要。
- imx_clk_init_on优先初始化dts中定义的“init-on-array”时钟节点，例如UART、SD时钟。

这两步是在时钟控制器初始化的时候通过函数imx93_clocks_probe调用的。

```
static int imx93_clocks_probe(struct platform_device *pdev)
{
    clk_hw_data->num = IMX93_CLK_END;
    clks = clk_hw_data->hws;
    ……
    ret = of_clk_add_hw_provider(np, of_clk_hw_onecell_get, clk_hw_data);
    ……
    imx_clk_init_on(np, clks);
    ……
}
```

为了更好地理解外设调用时钟控制器的过程，这里以LVDS（用来连接显示器的一种接口）外设为例，看看LVDS驱动调用clk API到硬件实现的过程。

LVDS的设备树（对硬件的描述信息都在这里）如下所示：

```
ldb: ldb@4ac10020 {
    ……
    clocks = <&clk IMX93_CLK_LVDS_GATE>;
    clock-names = "ldb";
    assigned-clocks = <&clk IMX93_CLK_MEDIA_LDB>;
    assigned-clock-parents = <&clk IMX93_CLK_VIDEO_PLL>;
    ……
}
```

LVDS驱动在初始化的时候通过函数devm_clk_get去拿设备树里的信息：

```
static int imx93_ldb_bind(struct device *dev, struct device *master, void *data)
{
  ……
  imx93_ldb->clk_root = devm_clk_get(dev, "ldb");
  ……
}
```

1. devm_clk_get

devm_clk_get的调用顺序是devm_clk_get->__devm_clk_get->get->clk_get_optional->clk_get->of_clk_get_hw。

对于devm_clk_get函数来说，最终通过of_clk_get_hw拿到ldb对应的clk数组：

```
struct clk_hw *of_clk_get_hw(struct device_node *np, int index,
                 const char *con_id)
{
    int ret;
    struct clk_hw *hw;
    struct of_phandle_args clkspec;

    ret = of_parse_clkspec(np, index, con_id, &clkspec);
    if (ret)
        return ERR_PTR(ret);

    hw = of_clk_get_hw_from_clkspec(&clkspec);
    of_node_put(clkspec.np);

    return hw;
}
```

- of_parse_clkspec函数会根据传入的clock names链表进行匹配，找到clock-names = “ldb” 对应的索引值，然后在一个列表中查找由phandle指向的节点并返回给clkspec。
- of_clk_get_hw_from_clkspec再根据clkspec查找到clk对应的clk_hw结构。clk_hw已经在clock驱动的probe函数中通过of_clk_add_hw_provider注册进了clk子系统。

对于这个ldb设备树中定义的clock index值（168），of_clk_get_hw_from_clkspec去hw clk provider中寻找clkspec所对应的索引数据。也就是我们在clk驱动中写入的ldb root相关的clk_gate信息，如下所示：

```
{ IMX93_CLK_LVDS_GATE, "lvds", "media_ldb_root", 0x9600, },
```

2. clk_prepare_enable

LVDS驱动在初始化的时候会通过函数clk_prepare_enable来使能clk framework中的时钟资源。

```
static void imx93_ldb_encoder_enable(struct drm_encoder *encoder)
{
  ……
  clk_prepare_enable(imx93_ldb->clk_root);
  ……
}
```

clk_prepare_enable是.prepare和.enable函数的组合函数。先让clk framework做完，然后使能clk framework中的时钟资源。

```
static inline int clk_prepare_enable(struct clk *clk)
{
    int ret;

    ret = clk_prepare(clk);
    if (ret)
        return ret;
    ret = clk_enable(clk);
    if (ret)
        clk_unprepare(clk);

    return ret;
}
```

clk_prepare的定义如下：

```
int clk_prepare(struct clk *clk)
{
    if (!clk)
        return 0;

    return clk_core_prepare_lock(clk->core);
}
```

clk_core_prepare_lock对时钟的操作进行了加锁，然后调用core->ops->prepare(core->hw)。clk_prepare会从parent开始逐级调用.prepare函数。

clk_enable的调用过程如下，最终会打开寄存器的gate enable位：

```
clk_enable(clk);
    clk->ops->enable(clk->hw);
        imx93_clk_gate_do_hardware(hw, true);

static void imx93_clk_gate_do_hardware(struct clk_hw *hw, bool enable)
{
    struct imx93_clk_gate *gate = to_imx93_clk_gate(hw);
    u32 val;

    val = readl(gate->reg + AUTHEN_OFFSET);
    if (val & CPULPM_EN) {
        val = enable ? LPM_SETTING_ON : LPM_SETTING_OFF;
        writel(val, gate->reg + LPM_CUR_OFFSET);
    } else {
        val = readl(gate->reg + DIRECT_OFFSET);
        val &= ~(gate->mask << gate->bit_idx);
        if (enable)
```

```
            val |= (gate->val & gate->mask) << gate->bit_idx;
        writel(val, gate->reg + DIRECT_OFFSET);
    }
}
```

3. clk_set_rate

LVDS驱动用函数imx93_ldb_encoder_atomic_mode_set对其时钟进行频率的设置：

```
static void
imx93_ldb_encoder_atomic_mode_set(struct drm_encoder *encoder, struct drm_
crtc_state *crtc_state, struct drm_connector_state *connector_state)
{
  ……
  clk_set_rate(imx93_ldb->clk_root, serial_clk);
  ……
}
```

可以看出是通过函数clk_set_rate进行最终的设置，该函数如下所示：

```
clk_set_rate(clk, rate)
    clk_core_set_rate_nolock
        core->ops->set_parent-> imx93_clk_composite_mux_set_parent
        clk->ops->set_rate()->imx93_clk_composite_divider_set_rate
```

以IMX93_CLK_MEDIA_LDB为例，我们在驱动中设置它的频率。在clk驱动中将其注册成了一个composite类型的clk，这意味着可以选择parent source，设置分频。

```
{ IMX93_CLK_MEDIA_LDB, "media_ldb_root", 0x2380, VIDEO_SEL, },
```

这里VIDEO_SEL对应的parent clk如下所示：

```
{"osc_24m", "audio_pll", "video_pll", "sys_pll_pfd0"},
```

因为core->ops->set_parent指向imx93_clk_composite_mux_set_parent，所以clk->ops->set_rate指向imx93_clk_composite_divider_set_rate。

```
static int imx93_clk_composite_mux_set_parent(struct clk_hw *hw, u8 index)
{
    ……
    reg = readl(mux->reg);
    reg &= ~(mux->mask << mux->shift);
    val = val << mux->shift;
    reg |= val;
    writel(reg, mux->reg);

    ret = imx93_clk_composite_wait_ready(hw, mux->reg);
    ……
```

```
    return ret;
}

static int imx93_clk_composite_divider_set_rate(struct clk_hw *hw,
                                    unsigned long rate, unsigned long parent_rate)
{
    ......
      value = divider_get_val(rate, parent_rate, divider->table, divider->width, divider->flags);
    ......
    val = readl(divider->reg);
    val &= ~(clk_div_mask(divider->width) << divider->shift);
    val |= (u32)value << divider->shift;
    writel(val, divider->reg);

    ret = imx93_clk_composite_wait_ready(hw, divider->reg);
    ......
    return ret;
}
```

divider_get_val会根据所需的频率和parent source的频率计算分频参数，然后将这个参数设置到寄存器。

10.3 时钟子系统的实现

我们知道时钟就是SoC中的脉搏，时钟机制在SoC中充当着核心同步的角色，它确保系统中的各个组件按照预定的频率和时序进行操作。例如，CPU的工作频率、串口的通信速率（波特率）、I2S音频接口的采样频率以及I2C总线的传输速度等，都是通过clock机制进行配置的。这些clock设置源于一个或多个时钟源，经过分发和转换，形成一个复杂的clock树状结构。通过读取/sys/kernel/debug/clk/clk_summary，可以获取整个clock树的详细信息。

在Linux内核中，clock的管理依赖于CCF（Clock Control Framework）。CCF将clock提供者（即Clock Provider）、CCF本身以及设备驱动的Clock使用者（即Clock Consumer）三者紧密联系在一起。clock提供者提供时钟源，CCF负责时钟的分发和配置，而设备驱动则作为clock的消费者，根据需求获取并使用时钟。这种结构确保了clock的精确管理和高效利用，如图10-2所示。

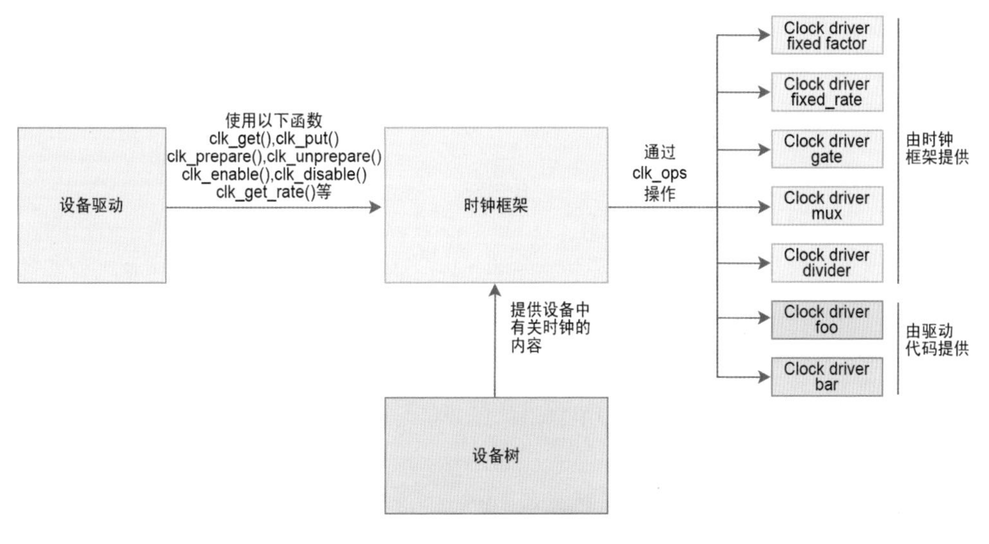

图10-2　时钟子系统

10.3.1　时钟子系统之Clock Provider

Clock Provider取决于时钟源，时钟源有如下特点：

- 节点一般是Oscillator（有源振荡器）或者Crystal（无源振荡器）。
- 节点有很多种，包括PLL（锁相环，用于提升频率），Divider（分频器，用于降低频率），Mux（从多个clock path中选择一个），Gate（用来控制ON/OFF）。
- 节点是使用clock作为输入的、有具体功能的HW block。

这些特点之间的关系，可以用图10-3来表示。

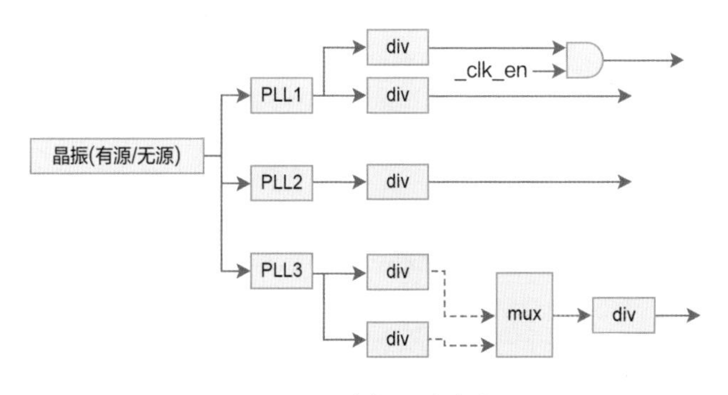

图10-3　时钟源的关系

根据clock的特点，clock framework分为fixed rate、gate、divider、mux、fixed factor、composite 6类。

数据结构

上面6类本质上都属于clock device，内核把这些 clock HW block的特性抽取出来，用struct clk_hw来表示，具体如下：

```
struct clk_hw {
  //指向CCF模块中对应的clock device实例
 struct clk_core *core;
  //clk是访问clk_core的实例。每当consumer通过clk_get对CCF中的clock device（也就是clk_core）发起访问时都需要获取一个句柄，也就是clk
 struct clk *clk;
  //clock provider driver初始化时的数据，数据被用来初始化clk_hw对应的clk_core数据结构
 const struct clk_init_data *init;
};

struct clk_init_data {
  //该clock设备的名字
 const char  *name;
  //clock provider driver进行具体的硬件操作
 const struct clk_ops *ops;
  //描述该clk_hw的拓扑结构
 const char  * const *parent_names;
 const struct clk_parent_data *parent_data;
 const struct clk_hw  **parent_hws;
 u8   num_parents;
 unsigned long  flags;
};
```

以固定频率的振动器fixed rate为例，它的数据结构是：

```
struct clk_fixed_rate {
  //下面是fixed rate这种clock device特有的成员
  struct        clk_hw hw;
  //基类
  unsigned long    fixed_rate;
  unsigned long    fixed_accuracy;
  u8        flags;
};
```

其他特定的clock device大概都是如此，这里不再赘述。下面用一张图描述这些数据结构之间的关系，如图10-4所示。

注册方式：

理解了数据结构，我们再来看每类clock device的注册方式。

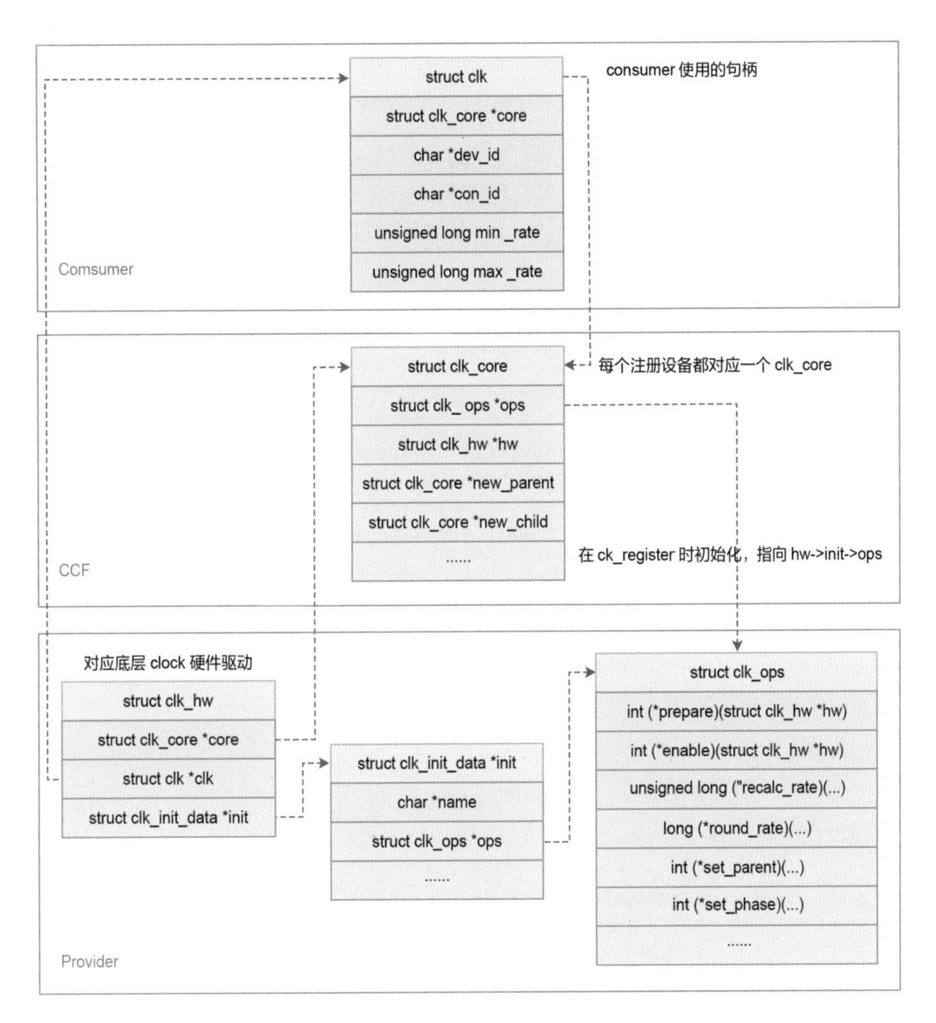

图10-4 各数据结构之间的关系

1. fixed rate clock

这一类clock具有固定的频率，不能开关、不能调整频率、不能选择parent，是最简单的一类clock。可以直接通过DTS配置的方式支持。也可以通过接口，直接注册fixed rate clock，具体代码如下：

```
CLK_OF_DECLARE(fixed_clk, "fixed-clock", of_fixed_clk_setup);

struct clk *clk_register_fixed_rate(struct device *dev, const char *name,
            const char *parent_name, unsigned long flags,
            unsigned long fixed_rate);
```

2. gate clock

这一类clock只可开关（会提供.enable/.disable回调），可使用以下接口注册：

```
struct clk *clk_register_gate(struct device *dev, const char *name,
                const char *parent_name, unsigned long flags,
                void __iomem *reg, u8 bit_idx,
                u8 clk_gate_flags, spinlock_t *lock);
```

3. divider clock

这一类clock可以设置分频值（因而会提供.recalc_rate/.set_rate/.round_rate回调），可通过以下两个接口注册：

```
struct clk *clk_register_divider(struct device *dev, const char *name,
                const char *parent_name, unsigned long flags,
                void __iomem *reg, u8 shift, u8 width,
                u8 clk_divider_flags, spinlock_t *lock);

struct clk *clk_register_divider_table(struct device *dev, const char *name,
                const char *parent_name, unsigned long flags,
                void __iomem *reg, u8 shift, u8 width,
                u8 clk_divider_flags, const struct clk_div_table *table,
                spinlock_t *lock);
```

4. mux clock

这一类clock可以选择多个parent，因为会实现.get_parent/.set_parent/.recalc_rate回调，可通过以下两个接口注册：

```
struct clk *clk_register_mux(struct device *dev, const char *name,
            const char **parent_names, u8 num_parents, unsigned long flags,
            void __iomem *reg, u8 shift, u8 width,
            u8 clk_mux_flags, spinlock_t *lock);

struct clk *clk_register_mux_table(struct device *dev, const char *name,
            const char **parent_names, u8 num_parents, unsigned long flags,
            void __iomem *reg, u8 shift, u32 mask,
            u8 clk_mux_flags, u32 *table, spinlock_t *lock);
```

5. fixed factor clock

这一类clock具有固定的factor（即multiplier和divider），clock的频率是由parent clock的频率乘以mul，除以div，多用于一些具有固定分频系数的clock。由于parent clock的频率可以改变，因而fix factor clock也可改变频率，因此也会提供.recalc_rate/.set_rate/.round_rate等回调。这类clock可通过以下接口注册：

```
struct clk *clk_register_fixed_factor(struct device *dev, const char *name,
                const char *parent_name, unsigned long flags,
                unsigned int mult, unsigned int div);
```

6. composite clock

顾名思义，就是mux、divider、gate等clock的组合，可通过以下接口注册：

```
struct clk *clk_register_composite(struct device *dev, const char *name,
                const char **parent_names, int num_parents,
                struct clk_hw *mux_hw, const struct clk_ops *mux_ops,
                struct clk_hw *rate_hw, const struct clk_ops *rate_ops,
                struct clk_hw *gate_hw, const struct clk_ops *gate_ops,
                unsigned long flags);
```

这些注册函数最终都会通过函数clk_register注册到Common Clock Framework 中，返回为struct clk指针，然后将返回的struct clk指针，保存在一个数组中，并调用of_clk_add_provider接口，告知Common Clock Framework，如图10-5所示。

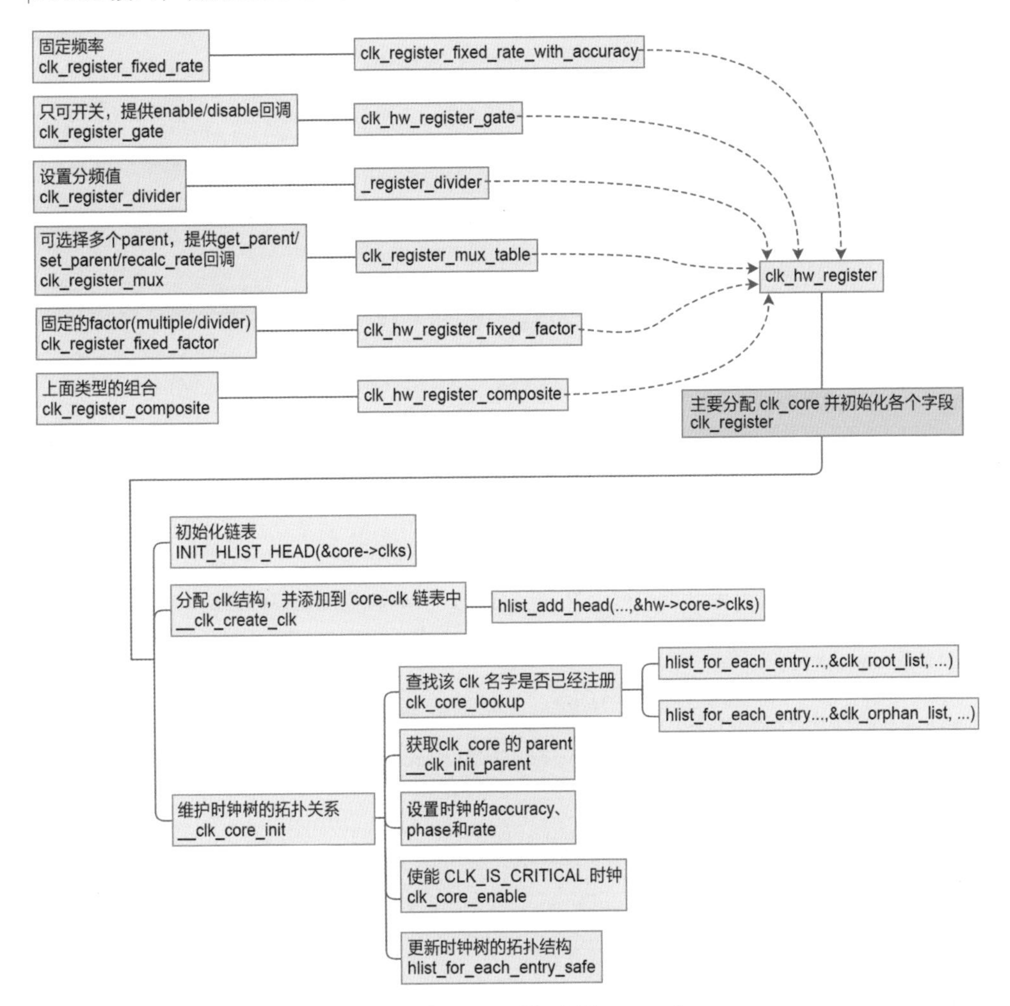

图10-5　Common Clock Framework

10.3.2 时钟子系统之Clock Consumer

Clock Consumer是提供给设备使用时钟的方法。设备通过clock名称获取struct clk指针的过程，由clk_get、devm_clk_get、clk_get_sys、of_clk_get、of_clk_get_by_name、of_clk_get_from_provider等接口负责实现。这里以clk_get为例，分析其实现过程：

```
struct clk *clk_get(struct device *dev, const char *con_id)
{
 const char *dev_id = dev ? dev_name(dev) : NULL;
 struct clk *clk;

 if (dev) {
  //通过扫描所有clock-names中的值，和传入的name比较，如果相同，获得它的index（即
clock-names中的第几个），调用of_clk_get，取得clock指针
  clk = __of_clk_get_by_name(dev->of_node, dev_id, con_id);
  if (!IS_ERR(clk) || PTR_ERR(clk) == -EPROBE_DEFER)
   return clk;
 }

 return clk_get_sys(dev_id, con_id);
}

struct clk *of_clk_get(struct device_node *np, int index)
{
        struct of_phandle_args clkspec;
        struct clk *clk;
        int rc;

        if (index < 0)
                return ERR_PTR(-EINVAL);

        rc = of_parse_phandle_with_args(np, "clocks", "#clock-cells", index,
                                        &clkspec);
        if (rc)
                return ERR_PTR(rc);
       //获取clock指针
        clk = of_clk_get_from_provider(&clkspec);
        of_node_put(clkspec.np);
        return clk;
}
```

of_clk_get_from_provider通过遍历of_clk_providers链表，并调用每一个provider的get回调函数，获取clock指针，代码如下：

```
struct clk *of_clk_get_from_provider(struct of_phandle_args *clkspec)
{
        struct of_clk_provider *provider;
        struct clk *clk = ERR_PTR(-ENOENT);

        /* Check if we have such a provider in our array */
        mutex_lock(&of_clk_lock);
        list_for_each_entry(provider, &of_clk_providers, link) {
                if (provider->node == clkspec->np)
                        clk = provider->get(clkspec, provider->data);
                if (!IS_ERR(clk))
                        break;
        }
        mutex_unlock(&of_clk_lock);

        return clk;
}
```

至此，Consumer与Provider里的of_clk_add_provider对应起来了。

获取时钟后，可以通过如下函数进行操作：

```
//启动clock前的准备工作/停止clock后的善后工作。可能会睡眠
int clk_prepare(struct clk *clk)
void clk_unprepare(struct clk *clk)

//启动/停止clock。不会睡眠
static inline int clk_enable(struct clk *clk)
static inline void clk_disable(struct clk *clk)

//clock频率的获取和设置
static inline unsigned long clk_get_rate(struct clk *clk)
static inline int clk_set_rate(struct clk *clk, unsigned long rate)
static inline long clk_round_rate(struct clk *clk, unsigned long rate)

//获取/选择clock的parent clock
static inline int clk_set_parent(struct clk *clk, struct clk *parent)
static inline struct clk *clk_get_parent(struct clk *clk)

//将clk_prepare和clk_enable组合起来，一起调用。将clk_disable和clk_unprepare组合
起来，一起调用
static inline int clk_prepare_enable(struct clk *clk)
static inline void clk_disable_unprepare(struct clk *clk)
```

现在我们知道，Provider负责从设备树里获取时钟相关的信息，Consumer负责把时钟信息给到各个设备。最后，用图10-6来总结时钟子系统中Provider和Consumer之间的关系。

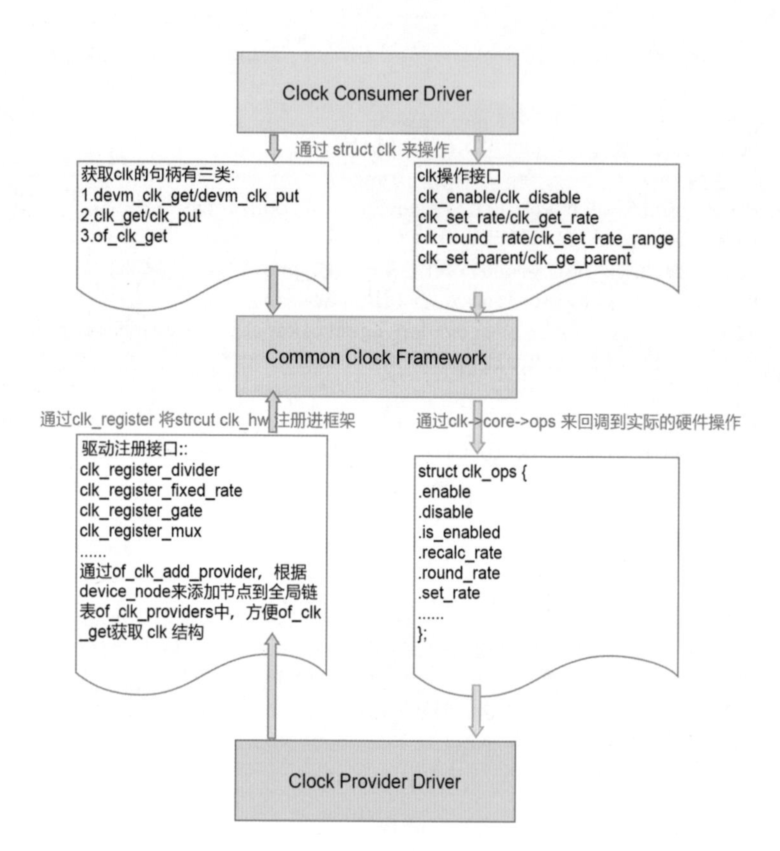

图10-6　时钟子系统中Provider和Consumer之间的关系

第11章

引脚模块

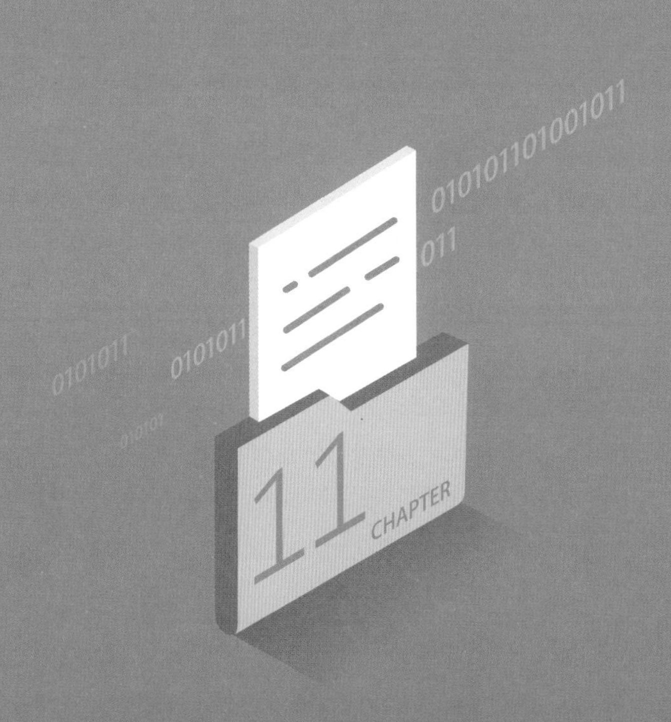

Linux内核中的引脚模块（通常指的是GPIO，即通用输入输出接口模块）是系统硬件控制的重要桥梁。这个模块允许操作系统与物理硬件进行交互，就像是电脑连接外部世界的“翻译官”，将操作系统的指令转换成硬件能理解的电平信号，从而控制各种外设。

在Linux驱动中，引脚（pin）的作用主要体现在对硬件引脚的控制和管理上。这些引脚可以用于各种目的，包括数据传输、信号控制、电源管理等。在Linux内核中，引脚的管理和控制通常通过pinctrl（Pin Control）子系统来实现，它提供了统一的接口来配置和管理系统中的引脚。具体来说，引脚在Linux驱动中的作用包括：

- **引脚复用（Multiplexing）**：
  许多硬件平台上的引脚都支持复用功能，即同一个物理引脚可以被配置为执行不同的功能（如GPIO、UART、SPI、I2C等）。Linux的pinctrl子系统允许驱动程序根据需求动态地配置引脚的功能复用。
- **引脚配置（Configuration）**：
  引脚可以具有各种配置选项，如输入/输出模式、上拉/下拉电阻、驱动强度、开漏/推挽模式等。Linux驱动通过pinctrl子系统可以设置这些配置选项，以确保引脚按预期工作。
- **GPIO控制**：
  当引脚被配置为GPIO（通用输入输出）模式时，Linux驱动可以使用GPIO子系统来读取或写入引脚的状态。这样驱动程序可以通过软件控制硬件的某些行为，如读取开关状态、控制LED等。
- **中断处理**：
  如果引脚被配置为中断源，Linux驱动可以注册一个中断处理程序来响应引脚状态的变化。这样驱动程序可以在硬件事件发生时执行特定的操作，如读取传感器数据、处理用户输入等。
- **电源管理**：
  在某些情况下，引脚的状态可能与系统的电源管理策略相关。例如，某些引脚可能被配置为控制硬件模块的电源状态。Linux驱动可以使用pinctrl子系统来管理这些引脚的状态，以实现更有效的电源管理。

总之，引脚在Linux驱动中扮演着重要的角色，它们允许驱动程序通过软件控制硬件的行为和状态。通过pinctrl子系统和其他相关机制，Linux驱动可以方便地管理和配置系统中的引脚，以实现各种复杂的功能和特性。

11.1 IOMUX控制器的工作原理

我们知道，芯片包含数量有限的引脚，其中大部分有多种信号选择。这些信号到引脚和引脚到信号的选择是由输入输出多路复用器（称为IOMUX）决定的。IOMUX也被用来配置其他引脚的特性，比如电压水平和驱动强度等。这里以i.MX93芯片为例，它的IOMUX引脚定义如图11-1所示。

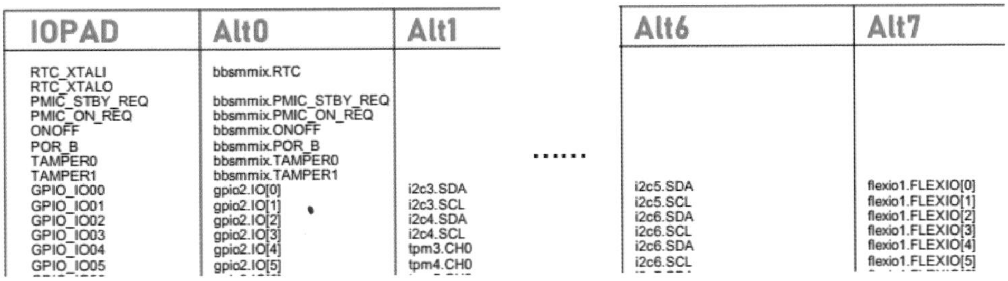

IOPAD	Alt0	Alt1	......	Alt6	Alt7
RTC_XTALI	bbsmmix.RTC				
RTC_XTALO					
PMIC_STBY_REQ	bbsmmix.PMIC_STBY_REQ				
PMIC_ON_REQ	bbsmmix.PMIC_ON_REQ				
ONOFF	bbsmmix.ONOFF				
POR_B	bbsmmix.POR_B				
TAMPER0	bbsmmix.TAMPER0				
TAMPER1	bbsmmix.TAMPER1				
GPIO_IO00	gpio2.IO[0]	i2c3.SDA		i2c5.SDA	flexio1.FLEXIO[0]
GPIO_IO01	gpio2.IO[1]	i2c3.SCL		i2c5.SCL	flexio1.FLEXIO[1]
GPIO_IO02	gpio2.IO[2]	i2c4.SDA		i2c6.SDA	flexio1.FLEXIO[2]
GPIO_IO03	gpio2.IO[3]	i2c4.SCL		i2c6.SCL	flexio1.FLEXIO[3]
GPIO_IO04	gpio2.IO[4]	tpm3.CH0		i2c6.SDA	flexio1.FLEXIO[4]
GPIO_IO05	gpio2.IO[5]	tpm4.CH0		i2c6.SCL	flexio1.FLEXIO[5]

图11-1　IOMUX引脚定义（局部）

IOMUX控制器有以下3种功能：

1. SW_MUX_CTL_PAD_<PAD_NAME> 用于配置每个PAD（图11-1中的IOPAD，可以理解为最终的引脚）的8个替代（图11-1中的Alt0到Alt7）多路复用器模式字段中的1个，并启用焊盘输入路径的强制（SION位）。以SW_MUX_CTL_PAD_GPIO_IO00寄存器为例，它的寄存器描述如表11-1所示。

表11-1　SW_MUX_CTL_PAD_GPIO_IO00寄存器

字段	说明
31~5 —	保留
4 SION	现场软件输入。无论mux_mode功能如何，强制选择多路复用模式输入路径。 0：输入路径由功能决定。 1：焊盘DAP_TDI的输入路径
3 —	保留
2~0 MUX_MODE	MUX模式选择字段。从6种iomux模式中选择1种用于焊盘：DAP_TDI。 000：选择复用模式ALT0，复用端口GPI02_1000，实例gpio2。 001：选择多路复用模式ALT1，多路复用端口LPI2C3_SDA，实例lpi2c3。 010：选择多路复用模式ALT2，多路复用端口MEDIAMIX_CAM_CLK，实例mediamix。 011：选择多路复用模式ALT3，多路复用端口MEDIAMIX_DISP_CLK，实例mediamix。 100：选择多路复用模式ALT4，多路复用端口LPSPI6_PCS0，实例lpspi6。 101：选择多路复用模式ALT5，复用端口LPUART5_TX，实例lpuart5。 110：选择多路复用模式ALT6，多路复用端口LPI2C5_SDA，实例lpi2c5。 111：选择多路复用模式ALT7，多路复用端口FLEXI01 FLEXI000，实例flexio1

2. SW_PAD_CTL_PAD_<PAD_NAME> 用来配置每个引脚PAD的设置，比如上拉、下拉等。以SW_PAD_CTL_PAD_GPIO_IO00寄存器为例，它的寄存器描述如表11-2所示。

表11-2 SW_PAD_CTL_PAD_GPIO_IO00寄存器

字段	说明
31~24 APC	域访问字段。 对于APC，高4位是锁定位，低4位是域控制位
23~13 —	保留
12 HYS	施密特触发器字段。 从以下焊盘值中选择一个：GPIO_IO00 0：无施密特输入。 1：施密特输入
11 OD	漏极开路字段。 从以下焊盘值中选择一个：GPIO_IO00 0：漏极开路禁用。 1：开启漏极开路
10 PD	下拉字段。 从以下焊盘值中选择一个：GPIO_IO00 0：不下拉。 1：下拉
9 PU	上拉字段。 从以下焊盘值中选择一个：GPIO_IO00 0：禁止上拉。 1：上拉
8~7 FLSE1	回转率字段。 从以下焊盘值中选择一个：GPIO_IO00 00：慢速滑行。 01：慢速滑行。 10：稍快的回转速度。 11：快速回转率
6~1 DSE	驱动强度字段。 从以下焊盘值中选择一个：GPIO_IO00 00_0000：无驱动器。 00_0001：X1 00_0011：X2 00_0111：X3 00_1111：X4 01_1111：X5 11_1111：X6
0 —	保留

除了我们常见的方向控制、输出控制等，引脚属性具体还包括其他的各种电气属性配置。

a. DSE驱动能力

DSE可以调整芯片内部与引脚串联电阻R0的大小，从而改变引脚的驱动能力。例如，R0的初始值为260Ω，在3.3V电压下其电流驱动能力为12.69mA，通过DSE可以把R0的值配置为原值的1/2、1/3……1/7等。

b. FSEL1压摆率配置

压摆率是指电压转换速率，可理解为电压由波谷升到波峰的时间。增大压摆率可减少输出电压的上升时间。引脚通过FSEL1支持低速和高速压摆率这两种配置。

c. OD开漏输出配置

通过ODE可以设置引脚是否工作在开漏输出模式。在该模式时引脚可以输出高阻态和低电平，输出高阻态时可由外部上拉电阻拉至高电平。开漏输出模式常用在一些通信总线中，如I2C。

3. 当有多个PAD驱动模块输入时，可以控制模块的输入路径。以SAI1_IPP_IND_SAI_MCLK_SELECT_INPUT寄存器为例，它的寄存器描述如表11-3所示。

表11-3 SAI1_IPP_IND_SAI_MCLK_SELECT_INPUT寄存器

字段	说明
31~1 —	保留
0 DAISY	选择Daisy Chain中涉及的垫子。实例：sai1，位于引脚ipp_ind_sai_mclk中 0：选择焊盘UART2-RXD，用于模式ALT4 1：选择焊盘SAI1_RXD0，用于模式ALT1

11.1.1 IOMUX控制器的硬件实现

以i.MX93芯片为例，IOMUX控制器如图11-2所示。

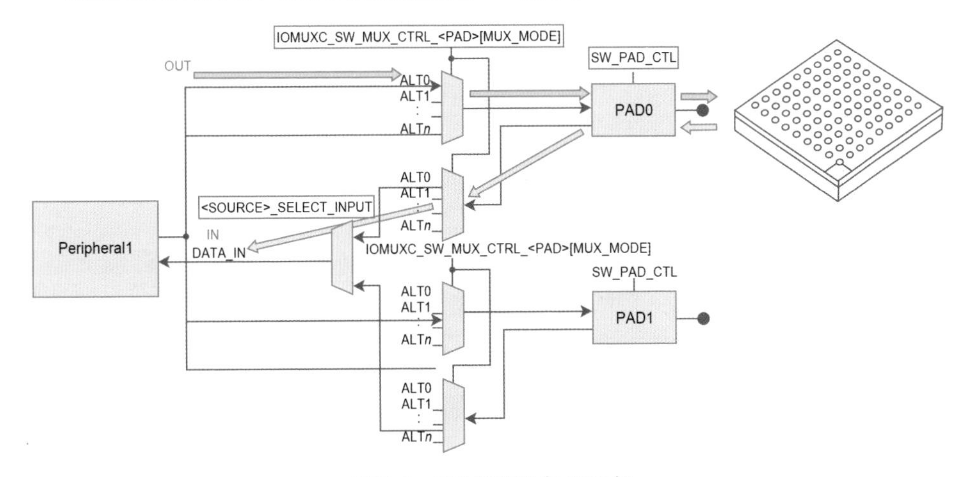

图11-2 IOMUX控制器逻辑

引脚输出

对于模块的引脚输出功能，参考红色的路径。对于一个MUX单元来说，有8个ALT模块的引脚连接到这个MUX单元，它们可能是模块1、2……8这8个模块中的某一根引脚。这个MUX单元连接到唯一的PAD，这个PAD就是我们在芯片外部能看到的引脚。

下面按照信号流动方向往前推，从红色路径可以看到，首先会遇到MUX单元，这里有8个信号混合，需要设置这个MUX寄存器让其选中输出我们想要的信号。现在这个PAD已经链接到了模块1的引脚，然后也许还需要配置这个输出引脚的上下拉和电压值，这个时候就需要配置PAD控制寄存器。最后我们想要的信号就从芯片内部走出来了。

引脚输入

对于模块的引脚输入功能，参考图11-2蓝色的路径。首先会经过PAD，然后又会经过MUX单元（这里的MUX单元和上面是反向的），这里还需要设置MUX寄存器，经过MUX单元后，会来到INPUT SELECT输入选择单元。对于这个输入选择单元来说，链接有多个模块引脚。我们则需要配置这个输入选择寄存器，选择数据输入的MUX单元。

图11-3所示的引脚输入功能称为菊花链。对于模块X的引脚输入，由INPUT SELECT输入选择寄存器控制输入源，这个输入源来自多个IOMUX单元，比如cell1、cell2和cell3都能将外部信号输入到模块X的输入引脚。

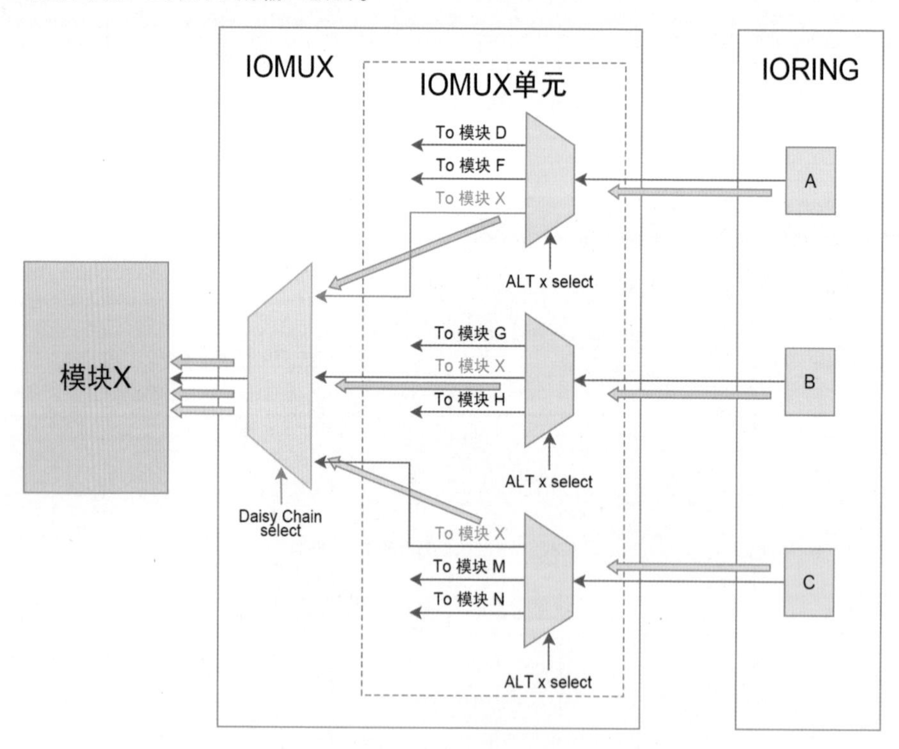

图11-3 引脚输入功能

11.1.2　引脚的使用

前面介绍了IOMUX控制器如何控制引脚，这也是引脚工作的本质，有了这个理解我们再来看引脚在驱动中是如何被使用的。

arch/arm64/boot/dts/freescale/imx93-pinfunc.h中定义了所有引脚，命名方式是MX93_PAD_，例如GPIO_IO00__GPIO2_IO00定义了MUX寄存器偏移、PAD配置寄存器偏移、输入选择寄存器偏移、MUX模式、输入寄存器的值。如果是输出引脚，那么输入选择寄存器偏移就为0。引脚的定义格式如下：

```
<mux_reg conf_reg input_reg mux_mode input_val>
#define MX93_PAD_GPIO_IO00__GPIO2_IO00 0x0010 0x01C0 0x0000 0x0 0x0
```

PAD的电气属性在设备树里设置为0x31e，如下所示：

```
&iomuxc {
    pinctrl_swpdm_mute_irq: swpdm_mute_grp {
        fsl,pins = <
            MX93_PAD_GPIO_IO00__GPIO2_IO00      0x31e
        >;
    };
    ……
}
```

所以最终寄存器和值的对应关系是：

```
mux_reg: 0x0010
conf_reg: 0x01C0
input_reg: 0x0000
mux_mode: 0x0
input_val: 0x0
pad_conf_val: 0x31e
```

IOMUX控制器的设备树如下所示：

```
    iomuxc: pinctrl@443c0000 {
    compatible = "fsl,imx93-iomuxc";
    reg = <0x443c0000 0x10000>;
    status = "okay";
};
```

其驱动路径是drivers/pinctrl/freescale/pinctrl-imx93.c，主要代码如下所示：

```
static const struct imx_pinctrl_soc_info imx93_pinctrl_info = {
.pins = imx93_pinctrl_pads,
.npins = ARRAY_SIZE(imx93_pinctrl_pads),
.flags = ZERO_OFFSET_VALID,
.gpr_compatible = "fsl,imx93-iomuxc-gpr",
```

```
};

static int imx93_pinctrl_probe(struct platform_device *pdev)
{
    return imx_pinctrl_probe(pdev, &imx93_pinctrl_info);
}
```

可见这个驱动用imx_pinctrl_probe注册了i.MX93平台的物理PAD信息，这些PAD定义在imx93_pinctrl_pads中，如下所示：

```
    enum imx93_pads {
    ......
    IMX93_IOMUXC_GPIO_IO00 = 4,
    IMX93_IOMUXC_GPIO_IO01 = 5,
    ......
    IMX93_IOMUXC_SAI1_TXC = 104,
    IMX93_IOMUXC_SAI1_TXD0 = 105,
    IMX93_IOMUXC_SAI1_RXD0 = 106,
    IMX93_IOMUXC_WDOG_ANY  = 107,
};

static const struct pinctrl_pin_desc imx93_pinctrl_pads[] = {
    ......
    IMX_PINCTRL_PIN(IMX93_IOMUXC_GPIO_IO00),
    IMX_PINCTRL_PIN(IMX93_IOMUXC_GPIO_IO01),
    ......
    IMX_PINCTRL_PIN(IMX93_IOMUXC_SAI1_TXC),
    IMX_PINCTRL_PIN(IMX93_IOMUXC_SAI1_TXD0),
    IMX_PINCTRL_PIN(IMX93_IOMUXC_SAI1_RXD0),
    IMX_PINCTRL_PIN(IMX93_IOMUXC_WDOG_ANY),
};
```

芯片的物理PAD通过IMX_PINCTRL_PIN宏来注册到框架，将这个宏扩展开其实就是填充pinctrl_pin_desc中的number和name。

```
    struct pinctrl_pin_desc {
    unsigned number;
    const char *name;
    void *drv_data;
};

#define PINCTRL_PIN(a, b) { .number = a, .name = b }

#define IMX_PINCTRL_PIN(pin) PINCTRL_PIN(pin, #pin)
```

11.2 pinctrl驱动和client device使用过程

通过前面硬件原理的介绍我们知道，配置一个引脚需要经过mux控制寄存器和pad控制寄存器，对于输入引脚，还需要另外配置输入选择寄存器。那么把这些概念用软件来实现就是pin驱动控制器的本质。在了解驱动前先来看几个关键结构体。

11.2.1 pinctrl_desc结构体

使用struct pinctrl_desc抽象一个pin驱动控制器，包含控制器的名字、引脚的数量、pinmux功能、pinconf功能和pinctl功能。其中结构体**pinmux_ops**和**pinconf_ops**分别用于配置mux模式和pad电气属性，而**pinctrl_ops**则是控制一组pin，如uart、i2c、spi等外设的pin组。该结构的定义如下：

```
struct pinctrl_desc {
const char *name;//pin驱动控制器名字
const struct pinctrl_pin_desc *pins;//描述芯片的物理引脚pad资源
unsigned int npins;
const struct pinctrl_ops *pctlops;//全局pin配置
const struct pinmux_ops *pmxops; //mux配置
const struct pinconf_ops *confops;//电气属性配置
struct module *owner;
bool link_consumers;
};
```

其中：

- pins

变量pins和npins把系统中所有的pin描述出来，并建立索引。驱动为了和具体的pin对应上，再将描述的这些pin组织成一个struct pinctrl_pin_desc类型的数组，该类型的定义为：

```
struct pinctrl_pin_desc {
unsigned number;
const char *name;
void *drv_data;
};
```

SoC中，有时需要将很多pin组合在一起，以实现特定的功能，例如eqos接口、i2c接口等。因此pin驱动控制器需要以组（group）为单位，访问、控制多个pin，这就是pin groups。

```
struct group_desc {
const char *name;
int *pins;
int num_pins;
```

```
    void *data;
};
```

pin groups在设备树里表示为：

```
    pinctrl_eqos: eqosgrp {
    fsl,pins = <
        MX93_PAD_ENET1_MDC__ENET_QOS_MDC              0x57e
        MX93_PAD_ENET1_MDIO__ENET_QOS_MDIO            0x57e
        MX93_PAD_ENET1_RD0__ENET_QOS_RGMII_RD0            0x57e
        MX93_PAD_ENET1_RD1__ENET_QOS_RGMII_RD1            0x57e
        MX93_PAD_ENET1_RD2__ENET_QOS_RGMII_RD2            0x57e
        MX93_PAD_ENET1_RD3__ENET_QOS_RGMII_RD3            0x57e
        MX93_PAD_ENET1_RXC__CCM_ENET_QOS_CLOCK_GENERATE_RX_CLK  0x5fe
        MX93_PAD_ENET1_RX_CTL__ENET_QOS_RGMII_RX_CTL          0x57e
        MX93_PAD_ENET1_TD0__ENET_QOS_RGMII_TD0            0x57e
        MX93_PAD_ENET1_TD1__ENET_QOS_RGMII_TD1            0x57e
        MX93_PAD_ENET1_TD2__ENET_QOS_RGMII_TD2            0x57e
        MX93_PAD_ENET1_TD3__ENET_QOS_RGMII_TD3            0x57e
        MX93_PAD_ENET1_TXC__CCM_ENET_QOS_CLOCK_GENERATE_TX_CLK  0x5fe
        MX93_PAD_ENET1_TX_CTL__ENET_QOS_RGMII_TX_CTL          0x57e
    >;
};
```

pinctrl core会在struct pinctrl_ops中抽象出三种回调函数，用来获取pin groups相关信息。

1. pinctrl_ops

pinctrl_ops结构体主要用于提供与引脚组（pin groups）相关的信息和操作。它定义了一组回调函数，这些函数允许内核查询和操作引脚组。

```
struct pinctrl_ops {
  //获取系统中pin groups的个数，后续的操作将以相应的索引为单位（类似数组的下标，个数为数组的大小）
    int (*get_groups_count) (struct pinctrl_dev *pctldev);
  //获取指定group（由索引selector指定）的名称
    const char *(*get_group_name) (struct pinctrl_dev *pctldev, unsigned
selector);
  //获取指定group的所有pins（由索引selector指定），结果保存在pins（指针数组）和num_pins（指针）中
    int (*get_group_pins) (struct pinctrl_dev *pctldev, unsigned selector,
const unsigned **pins, unsigned *num_pins);
    void (*pin_dbg_show) (struct pinctrl_dev *pctldev, struct seq_file *s,
unsigned offset);
  //用于将device tree中的pin state信息转换为pin map
    int (*dt_node_to_map) (struct pinctrl_dev *pctldev, struct device_node
*np_config, struct pinctrl_map **map, unsigned *num_maps);
    void (*dt_free_map) (struct pinctrl_dev *pctldev, struct pinctrl_map
```

```
*map, unsigned num_maps);
};
```

2. pinmux_ops

pinmux_ops结构体用于引脚的复用功能。在嵌入式系统中，一个引脚往往可以配置为多种功能，如GPIO、I2C、UART等。pinmux_ops通过定义一组回调函数，允许内核查询和设置引脚的功能。

```
struct pinmux_ops {
//检查某个pin是否已作它用，用于管脚复用时的互斥
  int (*request) (struct pinctrl_dev *pctldev, unsigned offset);
//request的反操作
  int (*free) (struct pinctrl_dev *pctldev, unsigned offset);
//获取系统中function的个数
  int (*get_functions_count) (struct pinctrl_dev *pctldev);
//获取指定function的名称
  const char *(*get_function_name) (struct pinctrl_dev *pctldev, unsigned
selector);
//获取指定function所占用的pin group
  int (*get_function_groups) (struct pinctrl_dev *pctldev, unsigned
selector, const char * const **groups, unsigned *num_groups);
//将指定的pin group（group_selector）设置为指定的function（func_selector）
  int (*set_mux) (struct pinctrl_dev *pctldev, unsigned func_selector,
unsigned group_selector);
//以下是gpio相关的操作
  int (*gpio_request_enable) (struct pinctrl_dev *pctldev, struct pinctrl_
gpio_range *range, unsigned offset);
  void (*gpio_disable_free) (struct pinctrl_dev *pctldev, struct pinctrl_
gpio_range *range, unsigned offset);
  int (*gpio_set_direction) (struct pinctrl_dev *pctldev, struct pinctrl_
gpio_range *range, unsigned offset, bool input);
//为true时，说明该pin控制器不允许某个pin作为gpio和其他功能同时使用
  bool strict;
};
```

3. pinconf_ops

pinconf_ops结构体则负责引脚的配置功能。它定义了一组回调函数，用于设置引脚的电气属性，如上拉、下拉、开漏、强度等。这些属性对于引脚的稳定性和可靠性至关重要。

```
  struct pinconf_ops {
#ifdef CONFIG_GENERIC_PINCONF
  bool is_generic;
#endif
```

```
  //获取指定pin的当前配置，保存在config指针中
    int (*pin_config_get) (struct pinctrl_dev *pctldev, unsigned pin, unsigned
long *config);
  //设置指定pin的配置
    int (*pin_config_set) (struct pinctrl_dev *pctldev, unsigned pin, unsigned
long *configs, unsigned num_configs);
  //获取指定pin group的配置项
    int (*pin_config_group_get) (struct pinctrl_dev *pctldev, unsigned
selector, unsigned long *config);
  //设置指定pin group的配置项
    int (*pin_config_group_set) (struct pinctrl_dev *pctldev, unsigned
selector, unsigned long *configs, unsigned num_configs);
  ……
```

- pin state

根据前面的描述，pinctrl driver抽象出来了一些离散的对象，并实现了这些对象的控制和配置方式。然后我们回到某一个具体的设备上（如lpuart，usdhc）。一个设备在某一状态下（如工作状态、休眠状态等），所使用的pin（pin group）、pin（pin group）的function和configuration，是唯一确定的。所以固定的组合可以确定固定的状态，在设备树里用pinctrl-names指明状态名字，pinctrl-x指明状态引脚。

- pin map

pin state有关的信息是通过pin map收集的，相关的数据结构如下：

```
    struct pinctrl_map {
  //device的名称
    const char *dev_name;
  //pin state的名称
    const char *name;
  //该map的类型
    enum pinctrl_map_type type;
  //pin controller device的名称
    const char *ctrl_dev_name;
    union {
        struct pinctrl_map_mux mux;
        struct pinctrl_map_configs configs;
    } data;
};

enum pinctrl_map_type {
    PIN_MAP_TYPE_INVALID,
    //不需要任何配置，仅仅为了表示state的存在
    PIN_MAP_TYPE_DUMMY_STATE,
    //配置管脚复用
    PIN_MAP_TYPE_MUX_GROUP,
    //配置pin
    PIN_MAP_TYPE_CONFIGS_PIN,
    //配置pin group
```

```
    PIN_MAP_TYPE_CONFIGS_GROUP,
};

struct pinctrl_map_mux {
    //group的名字
    const char *group;
    //function的名字
    const char *function;
};

struct pinctrl_map_configs {
    //该pin或者pin group的名字
    const char *group_or_pin;
    //configuration数组
    unsigned long *configs;
    //配置项的个数
    unsigned num_configs;
};
```

pinctrl driver确定了pin map各个字段的格式之后，就可以在dts文件中维护pinstate以及相应的mapping table。pinctrl core在初始化的时候，会读取并解析dts，并生成pin map。

而各个client device可以在自己的dts节点，直接引用pinctrl driver定义的pin state，并在设备驱动的相应位置，调用pinctrl subsystem提供的API（pinctrl_lookup_state，pinctrl_select_state），激活或者不激活这些state。

11.2.2　IOMUX控制器驱动初始化

IOMUX控制器的设备树如下所示：

```
    iomuxc: pinctrl@443c0000 {
    compatible = "fsl,imx93-iomuxc";
    reg = <0x443c0000 0x10000>;
    status = "okay";
};

&iomuxc {
    pinctrl_eqos: eqosgrp {
        fsl,pins = <
            ……
        >;
    };

    pinctrl_eqos_sleep: eqosgrpsleep {
        fsl,pins = <
            ……
```

```
            >;
        };

        pinctrl_fec: fecgrp {
            fsl,pins = <
                ......
            >;
        };

        pinctrl_fec_sleep: fecsleepgrp {
            fsl,pins = <
                ......
            >;
        };
        ......
        pinctrl_sai1: sai1grp {
            fsl,pins = <
                ......
            >;
        };

        pinctrl_sai1_sleep: sai1grpsleep {
            fsl,pins = <
                ......
            >;
        };
        ......
    };
```

IOMUX控制器驱动的初始化流程如图11-4所示。

为了更简单地理解图11-4中的初始化流程，下面总结初始化流程主要做了哪些工作：

1. 设置pin的数量。
2. 设置pinmux功能，设置mux模式（pinctrl_desc）。
3. 设置pinconf功能，配置pad的电气属性（pinconf_ops）。
4. devm_pinctrl_register_and_init初始化一个pinctl设备（ipctl），本质上是将前三步的信息设置进struct pinctrl_dev中的成员，初始化&pctldev->node链表等。
5. imx_pinctrl_probe_dt解析设备树中的所有iomux定义，这是重点。
6. pinctrl_enable将这个pinctl设备（ipctl）&pctldev->node添加进pinctrldev_list链表。

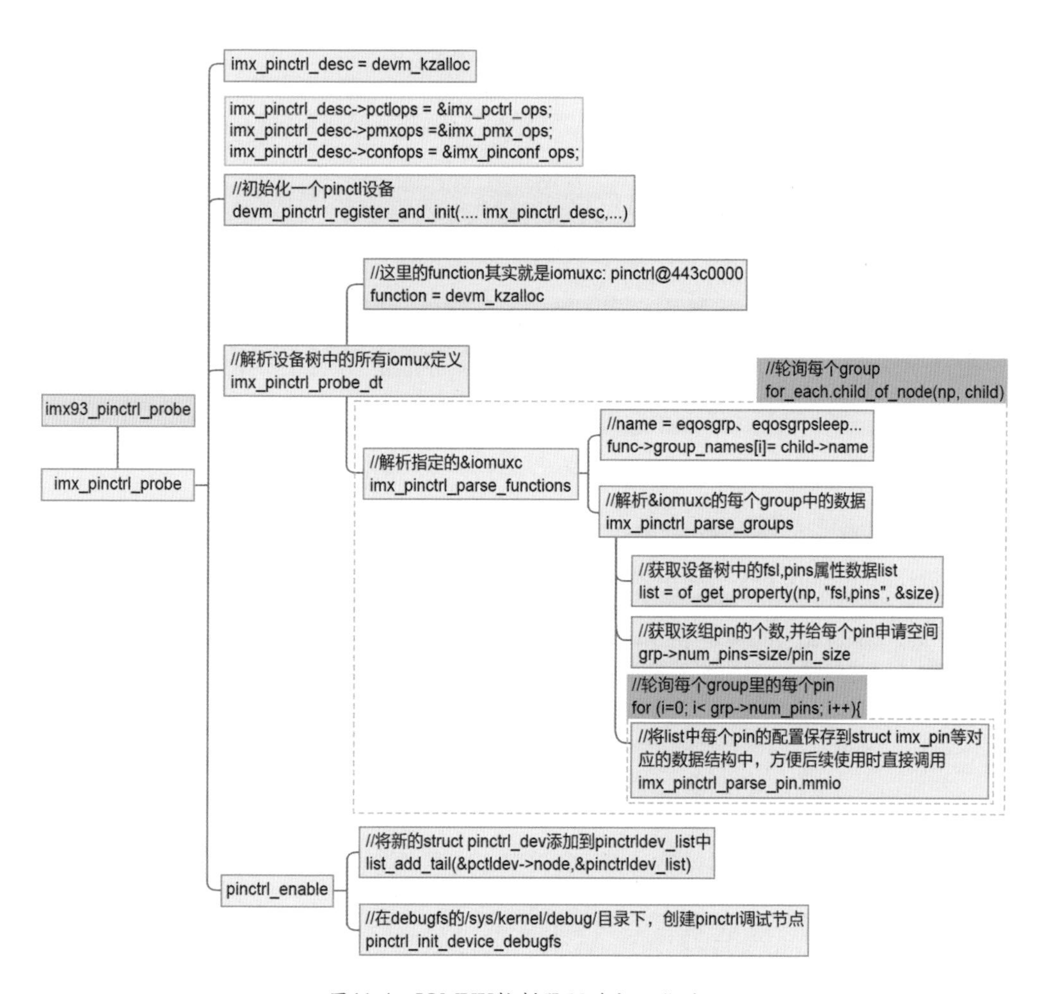

图11-4　IOMUX控制器驱动初始化流程

pinctrl_ops:

pinctrl_ops的作用已在上面做出解释，这里来看它的定义，如下所示：

```
 static const struct pinctrl_ops imx_pctrl_ops = {
 .get_groups_count = pinctrl_generic_get_group_count,
 .get_group_name = pinctrl_generic_get_group_name,
 .get_group_pins = pinctrl_generic_get_group_pins,
 .pin_dbg_show = imx_pin_dbg_show,
 .dt_node_to_map = imx_dt_node_to_map,
 .dt_free_map = imx_dt_free_map,
};
```

每个回调函数的作用如表11-4所示。

表11-4 pinctrl_ops的回调函数的作用

回调函数	描述
get_groups_count	该pin controller支持多少个pin group
get_group_name	给定一个selector（index），获取指定pin group的名称
get_group_pins	给定一个selector（index），获取该pin group中pin的信息（该pin group包含多少个pin，每个pin的ID是什么）
pin_dbg_show	debug fs的回调接口
dt_node_to_map	分析一个pin configuration节点并把分析的结果保存成mapping table entry，每一个entry表示一个setting（一个功能复用设定，或者电气特性设定）
dt_free_map	上一个函数的逆函数

pinmux_ops:

pinmux_ops的作用已在上面做出解释，这里来看它的定义，如下所示：

```
 struct pinmux_ops imx_pmx_ops = {
 .get_functions_count = pinmux_generic_get_function_count,
 .get_function_name = pinmux_generic_get_function_name,
 .get_function_groups = pinmux_generic_get_function_groups,
 .set_mux = imx_pmx_set,
};
```

每个回调函数的作用如表11-5所示。

表11-5 pinmux_ops的回调函数的作用

回调函数	描述
get_functions_count	返回pin controller支持的function的数目
get_function_name	给定一个selector（index），获取指定function的名称
get_function_groups	给定一个selector（index），获取指定function的pin groups信息
set_mux	将指定的pin group（group_selector）设置为指定的function（func_selector）

pinconf_ops:

pinconf_ops的作用已在上面做出解释，这里来看它的定义，如下所示：

```
 static const struct pinconf_ops imx_pinconf_ops = {
 .pin_config_get = imx_pinconf_get,
 .pin_config_set = imx_pinconf_set,
 .pin_config_dbg_show = imx_pinconf_dbg_show,
 .pin_config_group_dbg_show = imx_pinconf_group_dbg_show,
};
```

每个回调函数的作用如表11-6所示。

表11-6　pinconf_ops的回调函数的作用

回调函数	描述
pin_config_get	给定一个pin ID及config type ID，获取该引脚上指定type的配置
pin_config_set	设定一个指定pin的配置
pin_config_dbg_show	debug接口
pin_config_group_dbg_show	debug接口

11.2.3　client device使用过程

下面主要介绍client device（客户端设备）如何设置pin的状态。在设备树中，pinctrl主要分为两部分：pin controller（IOMUX部分）和client device（客户端部分），如图11-5所示。device可能会有多个状态，不同状态下，pin的状态的作用可能不同。比如eqos设备有两个状态，一个是default状态，一个是sleep状态。default状态对应配置pinctrl-0。它的配置pinctrl-0指向了pin controller的pinctrl_eqos（在设备树中的引脚名字），通过这些配置为pin设置eqos功能。

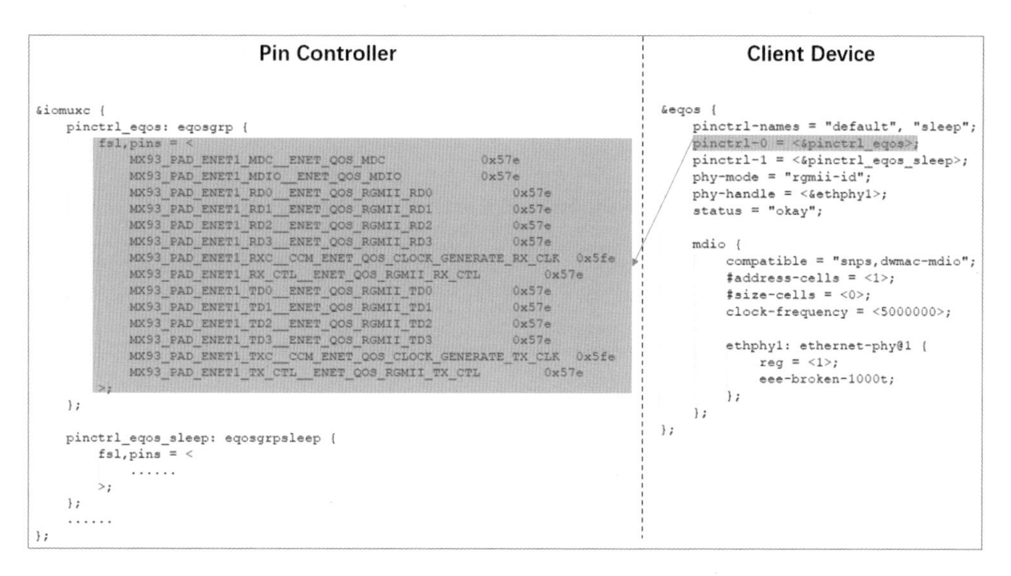

图11-5　client device使用过程

client device配置pin的整个软件过程如图11-6所示，可以看出，首先会通过pinctrl_bind_pins函数将eqos的pin设置为默认的eqos功能，然后调用eqos驱动的probe函数dev->bus->probe。

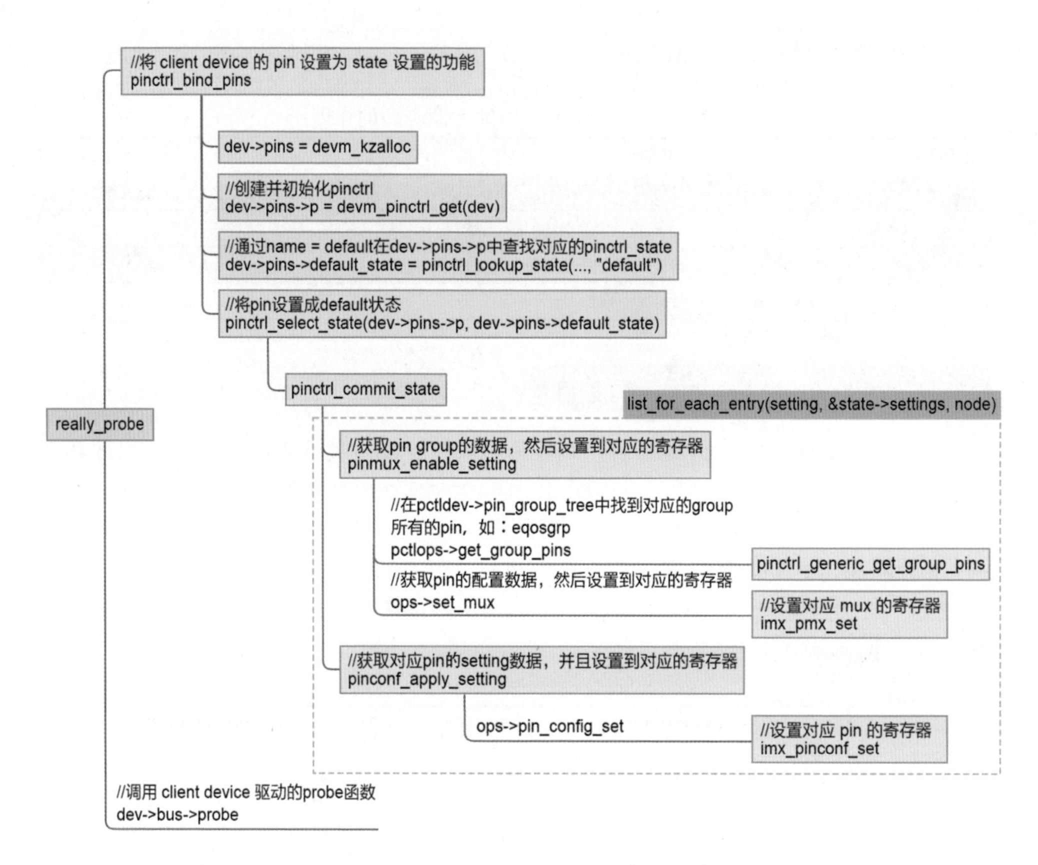

图11-6　client device配置pin的整个软件过程

第12章

时间模块

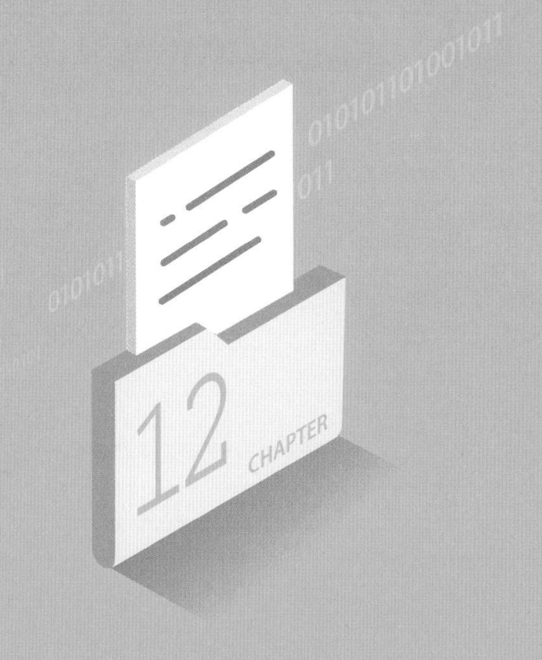

如果将Linux内核比喻为一个复杂的生命体，那么时间机制无疑是内核的“心脏”，它调控着内核的“脉搏”，即系统运行的节奏和时序。然而，这个“心脏”的跳动方式并非固定不变，而是会依据底层硬件配置的不同展现出多样化的模式。

在Linux内核中，时间扮演着至关重要的角色，因为它支持着众多核心功能的需求。这些需求包括但不限于高分辨率定时器、进程调度策略、时间戳获取等。为了满足这些需求，Linux内核提供了完善的时间子系统，它负责维护系统时间的准确性，并提供了各种时间相关的服务和接口。

时间子系统不仅确保了系统时间的准确性，还提供了用于定时器管理、进程调度等功能的时间服务。通过精确的时间控制和同步机制，时间子系统为内核的稳定运行提供了强有力的保障。因此，从专业的角度来看，时间子系统是Linux内核中不可或缺的一部分，它的重要性不亚于“心脏”在生命体中的地位。

Linux时间子系统把上面的需求从功能上分为**定时**和**计时**，定时用于定时触发中断事件，计时则用于记录现实世界的时间线。其软件架构示意如图12-1所示。

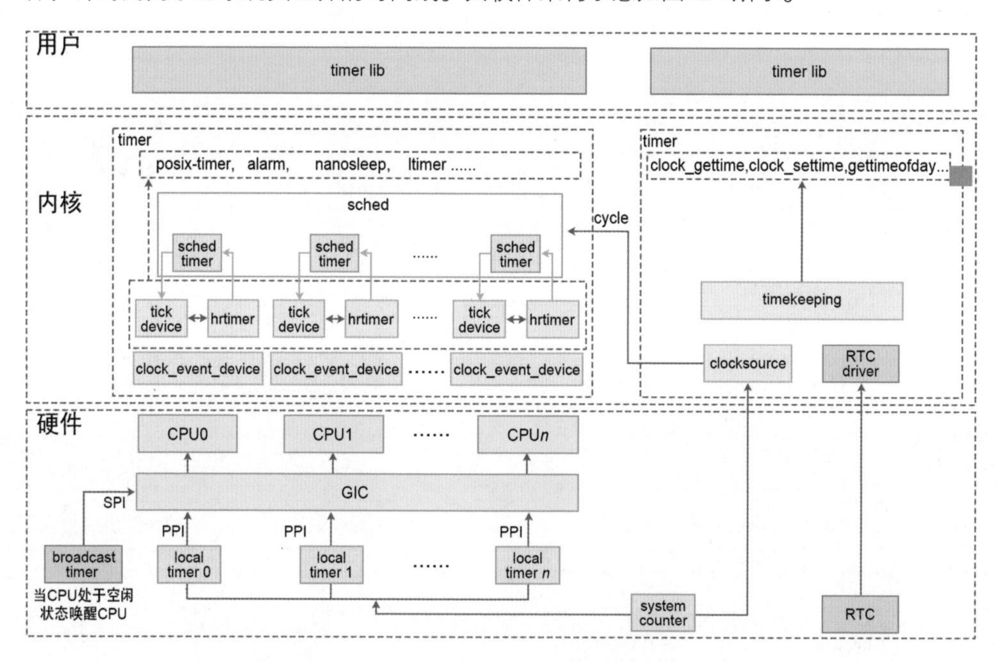

图12-1 Linux子系统架构图

左边实现**定时功能**，有一个硬件全局计数器system counter，每个CPU有一个硬件定时器local timer。local timer内部有比较器，当设定值达到system counter值时就触发中断。每个local timer在软件上被抽象成时钟事件设备clock_event_device。tick_device是基于clock_event_device的进一步封装，用于代替原有的时钟滴答中断，给内核提供tick事件，以完成任务调度、负载计算等操作。hrtimer也是基于clock_event_device的进一步封装，

hrtimer基于事件触发，通过红黑树来管理该CPU上的各种类型软件定时任务，每次执行完超期任务，都会选取超期时间最近的定时任务来设定下次超期值。除了硬件定时器，基于hrtimer还封装了各种类型和精度的软件定时器，比如内核空间使用的节拍定时器sched_timer，系统用它来驱动任务调度、负载计算等，sched_timer就是要用于模拟 tick事件的hrtimer；比如为方便用户空间使用的posix-timer、alarm、timer_fd、nanosleep、itimer等定时器接口。

右边实现**计时功能**，system counter在软件上被抽象成时钟源设备clocksource，其特点是计数频率高、精度高，而且不休眠，通过寄存器可以高效地读出其计数值。提供持续不断的高分辨率计时的system counter和提供真实世界时间基准的RTC，保证了timekeeping可以精确地维护Linux的系统时间。同样timekeeping除了给内核模块提供丰富的获取时间接口，也封装了很多系统调用给用户空间使用。

12.1 定时器和计时器的初始化

在ARMv8的官方文档中描述了定时器和时钟源的示例结构，如图12-2所示，其中**system counter**是全局计数器，位于Always-powered域，保证系统休眠期也能正确计数。Timer_0和Timer_1是CPU **local timer**，每个执行单元（PE）至少有一个专属定时器。所有local timer都以system counter作为时钟源，共享全局计数器的计数值，以保证时间同步。local timer通过中断控制器，向CPU发起PPI私有中断。

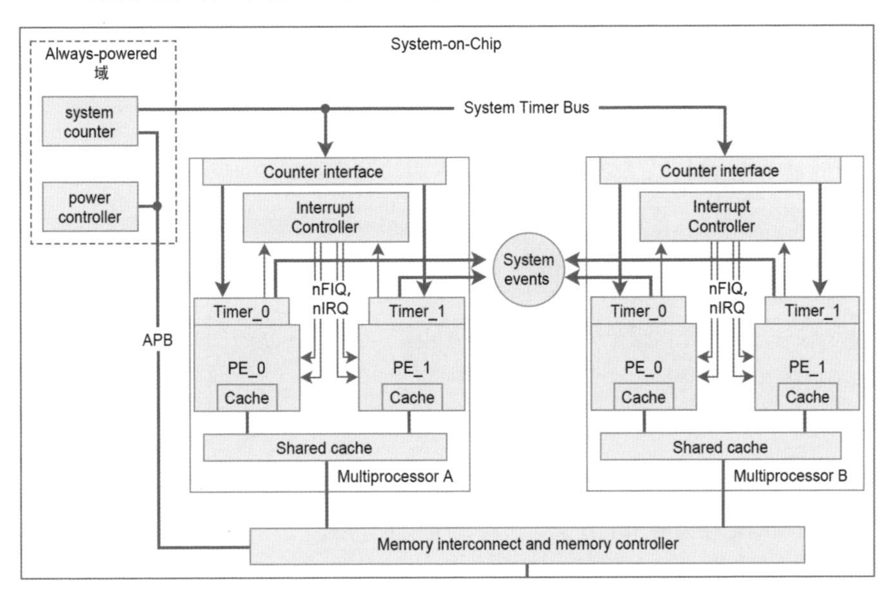

图12-2 定时器硬件框图

以恩智浦半导体的i.MX93处理器为例，local timer的设备树配置如下（因为system

counter在Always-powered域，没有软件控制，不需要专门的设备节点）：

```
timer {
    compatible = "arm,armv8-timer";
    interrupts = <GIC_PPI 13 (GIC_CPU_MASK_SIMPLE(6) | IRQ_TYPE_LEVEL_LOW)>,
             <GIC_PPI 14 (GIC_CPU_MASK_SIMPLE(6) | IRQ_TYPE_LEVEL_LOW)>,
             <GIC_PPI 11 (GIC_CPU_MASK_SIMPLE(6) | IRQ_TYPE_LEVEL_LOW)>,
             <GIC_PPI 10 (GIC_CPU_MASK_SIMPLE(6) | IRQ_TYPE_LEVEL_LOW)>;
    clock-frequency = <24000000>;
    arm,no-tick-in-suspend;
    interrupt-parent = <&gic>;
};
```

这段代码的含义如下：

1. 匹配字符串："arm,armv8-timer"。
2. interrupts：4组PPI私有外设中断，对应4个软件中断号，实际只会选择其一。8个CPU共用同一个中断号，但会各自产生中断。

   软件中断号13：ARCH_TIMER_PHYS_SECURE_PPI，安全世界物理定时器私有中断。
   软件中断号14：ARCH_TIMER_PHYS_NONSECURE_PPI，非安全世界物理定时器私有中断。
   软件中断号11：ARCH_TIMER_VIRT_PPI，虚拟定时器私有中断。
   软件中断号12：ARCH_TIMER_HYP_PPI，hypervisor定时器私有中断。

3. clock-frequency：时钟源计数频率24000000Hz = 24MHz。
4. arm,no-tick-in-suspend：当CPU进入 suspend （睡眠）状态时，当前 timer（定时器）也会停止，该特性通常服务于内核调度策略中NO_HZ的配置（用于减少或消除系统定时器的周期性中断），空闲时停掉timer将节省功耗。

12.1.1 local timer的初始化

以ARMv8为例，其初始化代码在drivers/clocksource/arm_arch_timer.c中，初始化代码中添加下面的声明，通过一个简洁的TIMER_OF_DECLARE()宏，将dts匹配字符串和初始化函数静态绑定到一个表中：

```
TIMER_OF_DECLARE(armv8_arch_timer, "arm,armv8-timer", arch_timer_of_init);
```

local timer驱动在内核中的初始化流程如图12-3所示。

初始化过程主要根据设备树的配置Linux运行模式，来选择中断和初始化arch_timer的一些功能函数指针，并最终向系统注册clock_event_device。

```
[    0.000000] arch_timer: cp15 timer(s) running at 24.00MHz (phys).
```

图12-3　local timer驱动初始化

通过cpuhp_setup_state()设置了热插拔CPU时的注册和注销定时器函数（启动早期只初始化CPU0的arch_timer），随着后续多核的启动及下线，其他CPU的arch_timer也会陆续初始化注册或注销。最终arch_timer在系统中的注册情况如下：

```
# cat /sys/devices/system/clockevents/clockevent0/current_device
arch_sys_timer
# cat /sys/devices/system/clockevents/clockevent1/current_device
arch_sys_timer
```

该定时器对应的中断情况如下：

```
# cat /proc/interrupts
           CPU0       CPU1
 13:       9308       7582      GICv3  26 Level     arch_timer
……
IPI0:       187        279        Rescheduling interrupts
IPI1:      1750       3184        Function call interrupts
IPI2:         0          0        CPU stop interrupts
```

```
IPI3:        0        0       CPU stop (for crash dump) interrupts
IPI4:      179      110       Timer broadcast interrupts
IPI5:        0        0       IRQ work interrupts
IPI6:        0        0       CPU wake-up interrupts
```

12.1.2 system counter的初始化

初始化完定时器arch_timer，接下来就会初始化计时器。system counter是ARM架构提供的一个系统级计数器，它用于提供一个全局统一的系统时间，使得软件可以基于这个统一的时间基准来执行各种定时任务。它通过clocksource结构体描述，成员初值如下：

```
static struct clocksource clocksource_counter = {
    .name   = "arch_sys_counter",
    .id = CSID_ARM_ARCH_COUNTER,
    .rating = 400,
    .read   = arch_counter_read,
    .flags  = CLOCK_SOURCE_IS_CONTINUOUS,
};
```

为了更好理解，我们来看它在初始化时候的日志：

```
[    0.000000] clocksource: arch_sys_counter: mask: 0xffffffffffffff max_
cycles: 0x588fe9dc0, max_idle_ns: 440795202592 ns
[    0.000000] sched_clock: 56 bits at 24MHz, resolution 41ns, wraps every
4398046511097ns
[    0.012400] clocksource: jiffies: mask: 0xffffffff max_cycles: 0xffffffff,
max_idle_ns: 7645041785100000 ns
[    0.057979] clocksource: Switched to clocksource arch_sys_counter
```

对这段日志进行翻译：首先创建了一个clocksource，名为arch_sys_counter，mask: 0xffffffffffffff表示56位有效位数。然后注册了sched_clock，56位有效位，24MHz频率，分辨率为41ns。虽然系统还有一个jiffies时钟源，但是精度太低了，所以最后系统选择arch_sys_counter作为clocksource设备。其初始化流程如图12-4所示。

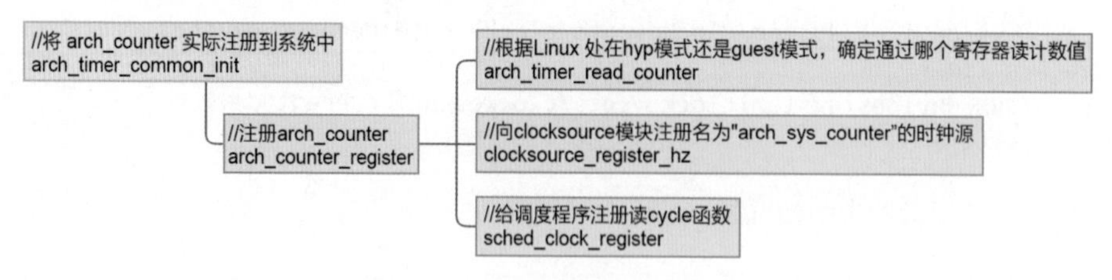

图12-4 arch_counter初始化流程

初始化后，最终arch_counter在系统中的注册情况如下：

```
# cat /sys/devices/system/clocksource/clocksource0/current_clocksource
arch_sys_counter
```

12.2 定时器的应用

Linux中有很多定时器，不同的定时器有不同的使用场景，比如hrtimer主要用于需要高分辨率定时功能的场景，如多媒体应用、音频设备驱动程序等。它可以提供纳秒级的定时精度。低分辨率定时器适用于对时间精度要求不高的场景，如网络通信、设备IO等，其计时单位基于jiffies值的计数，精度相对较低。sched_timer作为系统心跳来驱动任务调度、负载计算等，适用于操作系统的内核调度模块，确保系统的稳定性和效率。

12.2.1 高分辨率定时器

在SMP架构中，每个CPU都有一个local timer，软件上也会创建对应的clock event设备，hrtimer也会对应绑定一个hrtimer_cpu_base结构，利用对应clock event模块来操控定时器硬件，实现定时功能。

出于性能考虑，每个CPU上都会创建一些自己专属的软件定时任务，最典型的是schedule tick timer，但是每个CPU 定时器硬件只有一个，无法同时设置多个定时值。为了解决这个问题，hrtimer通过红黑树来管理该CPU上所有的定时任务，对任务的超期的时间进行排名，每次选择最左边（最早超期）的任务去设置定时器值，定时器触发后，再选择最左边的任务继续设定下次超时值。也就是说hrtimer是一次（ONESHOT）触发的，对于一些周期性（PERIODIC）的任务，在触发一次后更新超时值，以改变在红黑树中的位置重新去竞争。

hrtimer的初始化

```
void __init hrtimers_init(void)
{
    hrtimers_prepare_cpu(smp_processor_id());
    open_softirq(HRTIMER_SOFTIRQ, hrtimer_run_softirq);
}

enum  hrtimer_base_type {
    HRTIMER_BASE_MONOTONIC,
    HRTIMER_BASE_REALTIME,
    HRTIMER_BASE_BOOTTIME,
    HRTIMER_BASE_TAI,
    HRTIMER_BASE_MONOTONIC_SOFT,
    HRTIMER_BASE_REALTIME_SOFT,
    HRTIMER_BASE_BOOTTIME_SOFT,
    HRTIMER_BASE_TAI_SOFT,
    HRTIMER_MAX_CLOCK_BASES,
};

int hrtimers_prepare_cpu(unsigned int cpu)
{
    struct hrtimer_cpu_base *cpu_base = &per_cpu(hrtimer_bases, cpu);
    int i;

    for (i = 0; i < HRTIMER_MAX_CLOCK_BASES; i++) {
```

```
        struct hrtimer_clock_base *clock_b = &cpu_base->clock_base[i];

        clock_b->cpu_base = cpu_base;
        seqcount_raw_spinlock_init(&clock_b->seq, &cpu_base->lock);
        timerqueue_init_head(&clock_b->active);
    }

    cpu_base->cpu = cpu;
    cpu_base->active_bases = 0;
    cpu_base->hres_active = 0;
    cpu_base->hang_detected = 0;
    cpu_base->next_timer = NULL;
    cpu_base->softirq_next_timer = NULL;
    cpu_base->expires_next = KTIME_MAX;
    cpu_base->softirq_expires_next = KTIME_MAX;
    hrtimer_cpu_base_init_expiry_lock(cpu_base);
    return 0;
}
```

从上述代码可以看出，它首先在函数hrtimers_prepare_cpu()里初始化了CPU0的每CPU结构体hrtimer_cpu_base，用来管理CPU0上所有的软件定时器。每个CPU对应一个hrtimer_cpu_base，每个hrtimer_cpu_base中有8类clock_base，分别代表8种时间类型的hrtimer，每个clock_base是以红黑树来组织同一类型的hrtimer的，如图12-5所示。

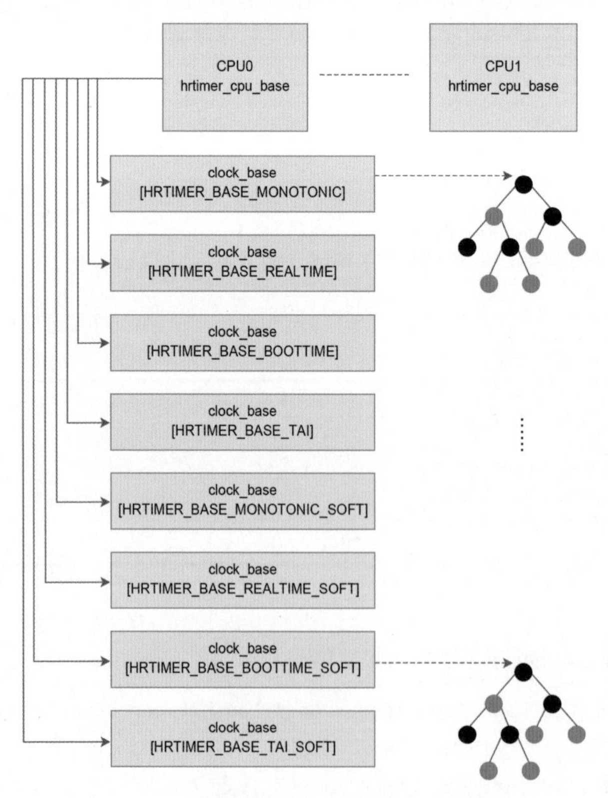

图12-5 hrtimer结构体关系图

图12-5可以用下面的代码描述：

```
DEFINE_PER_CPU(struct hrtimer_cpu_base, hrtimer_bases) =
{
    .lock = __RAW_SPIN_LOCK_UNLOCKED(hrtimer_bases.lock),
    .clock_base =
    {
        {
            .index = HRTIMER_BASE_MONOTONIC,
            .clockid = CLOCK_MONOTONIC,
            .get_time = &ktime_get,
        },
        {
            .index = HRTIMER_BASE_REALTIME,
            .clockid = CLOCK_REALTIME,
            .get_time = &ktime_get_real,
        },
        {
            .index = HRTIMER_BASE_BOOTTIME,
            .clockid = CLOCK_BOOTTIME,
            .get_time = &ktime_get_boottime,
        },
        {
            .index = HRTIMER_BASE_TAI,
            .clockid = CLOCK_TAI,
            .get_time = &ktime_get_clocktai,
        },
        {
            .index = HRTIMER_BASE_MONOTONIC_SOFT,
            .clockid = CLOCK_MONOTONIC,
            .get_time = &ktime_get,
        },
        {
            .index = HRTIMER_BASE_REALTIME_SOFT,
            .clockid = CLOCK_REALTIME,
            .get_time = &ktime_get_real,
        },
        {
            .index = HRTIMER_BASE_BOOTTIME_SOFT,
            .clockid = CLOCK_BOOTTIME,
            .get_time = &ktime_get_boottime,
        },
        {
            .index = HRTIMER_BASE_TAI_SOFT,
            .clockid = CLOCK_TAI,
            .get_time = &ktime_get_clocktai,
        },
    }
};
```

在定时器中断到来时进入硬中断处理函数**hrtimer_interrupt**，如果最近到期的任务是硬件timer，则继续在当前中断环境下处理。如果是软件timer，则挂起软中断HRTIMER_SOFTIRQ，软中断在**hrtimer_run_softirq**中处理软timer任务。

```
static struct cpuhp_step cpuhp_hp_states[] = {
    [CPUHP_HRTIMERS_PREPARE] = {
        .name               = "hrtimers:prepare",
        .startup.single     = hrtimers_prepare_cpu,
        .teardown.single    = hrtimers_dead_cpu,
    },
}
```

关于hrtimer的运行，让我们来看它的流程是什么样的，如图12-6所示。

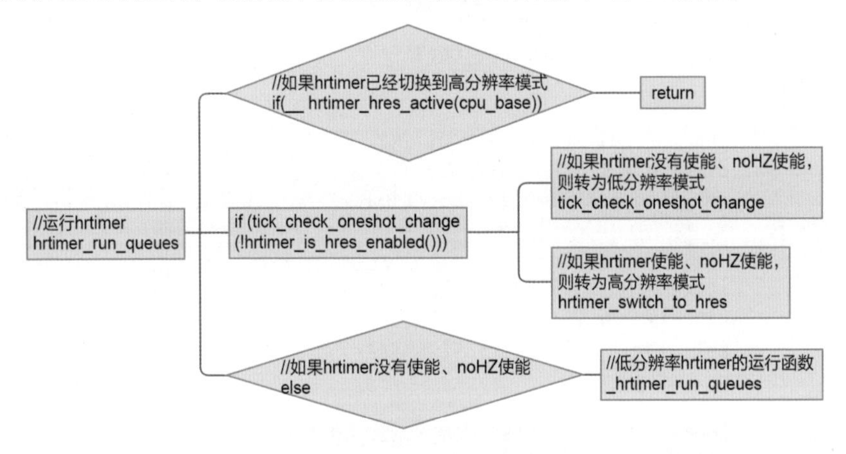

图12-6　hrtimer运行

hrtimer有低分辨率模式和高分辨率模式：

- 低分辨率模式：NOHZ_MODE_INACTIVE，NOHZ_MODE_LOWRES
  低分辨率模式时，local timer工作在PERIODIC模式，即timer以tick时间(1/Hz)周期性地产生中断。在tick timer中处理任务调度tick、低分辨率timer、其他时间更新和统计profile。在这种模式下，所有利用时间进行的运算，精度都是以tick(1/Hz)为单位的，精度较低。比如Hz=1000，那么tick=1ms。
- 高分辨率模式：NOHZ_MODE_HIGHRES
  高分辨率模式时local timer工作在ONESHOT模式，即系统可以支持hrtimer（high resolution，高分辨率），精度为local timer的计数clk达到ns级别。这种情况下把tick timer也转换成一种hrtimer。

hrtimer的使用

现在我们理解了hrtimer，但如何使用呢？

这里举一个在内核中使用hrtimer的例子，每5ms周期性触发并打印log。

```
static struct hrtimer timer; //创建hrtimer定时器

//定时器到期处理函数
static enum hrtimer_restart hrtimer_handler(struct hrtimer *hrt)
{
        printk("hrtimer_handler");
        hrtimer_forward_now(hrt, 5000000);//将超时时间向后移5000000ns=5ms
        return HRTIMER_RESTART; //返回重新启动标志，无须再次调用hrtimer_start
}

static int __init hrtimer_test_init(void)
{
        //初始化hrtimer，使用CLOCK_MONOTONIC时间，HRTIMER_MODE_REL_HARD表示在硬
中断环境下处理
        hrtimer_init(&timer, CLOCK_MONOTONIC, HRTIMER_MODE_REL_HARD);
        timer.function = hrtimer_handler; //设置超时处理函数
        //启动定时器
        hrtimer_start(&timer, 5000000, HRTIMER_MODE_REL_HARD);
}

static void __exit hrtimer_test_exit(void)
{
        hrtimer_cancel(&timer);  //取消定时器
}
```

12.2.2 低分辨率定时器

系统初始化时，函数start_kernel会调用定时器系统的初始化函数init_timers：

```
void __init init_timers(void)
{
    init_timer_cpus();
    posix_cputimers_init_work();
    open_softirq(TIMER_SOFTIRQ, run_timer_softirq);
}
```

由代码可见open_softirq把run_timer_softirq注册为TIMER_SOFTIRQ的处理函数。

我们看看当中断来临时，对应的定时器是如何响应的，如图12-7所示。

从图12-7的流程图中可以看出，当CPU的每个tick事件到来时，在事件处理中断中，update_process_times会被调用，该函数会进一步调用run_local_timers，run_local_timers会触发TIMER_SOFTIRQ软中断，处理函数如图12-8所示。

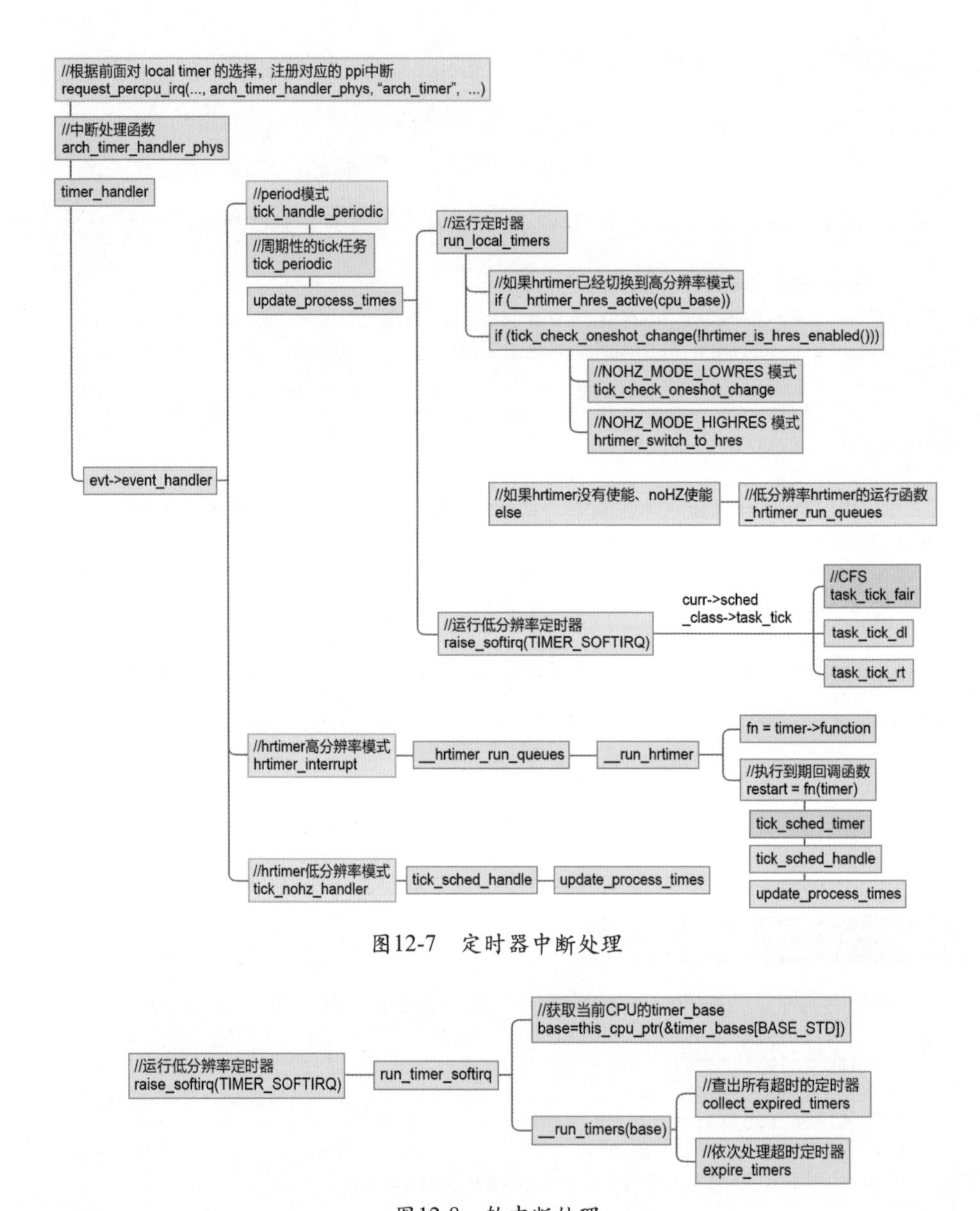

图12-7 定时器中断处理

图12-8 软中断处理

最终通过__run_timers 这个函数完成了对到期定时器的处理工作，也完成了时间轮的不停转动。

12.2.3 sched_timer

通过hrtimer模拟出的tick timer，称之为 sched_timer，将其超时时间设置为一个tick时长，在超时结束后，完成对应的工作，然后再次设置下一个tick的超时时间，以此达到周期性tick中断的需求。sched_timer的注册如图12-9所示。

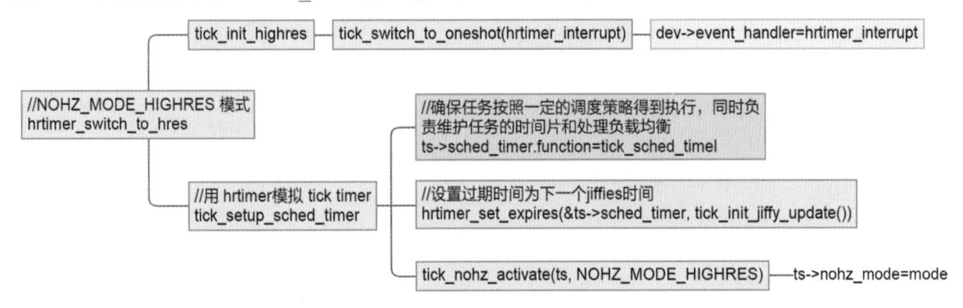

图12-9 sched_timer的注册

sched_timer定时器中断处理程序的内容如图12-10所示。

tick_sched_timer —— tick_sched_handle —— update_process_times

图12-10 sched_timer中断处理程序

update_process_times的代码流程如图12-11所示。

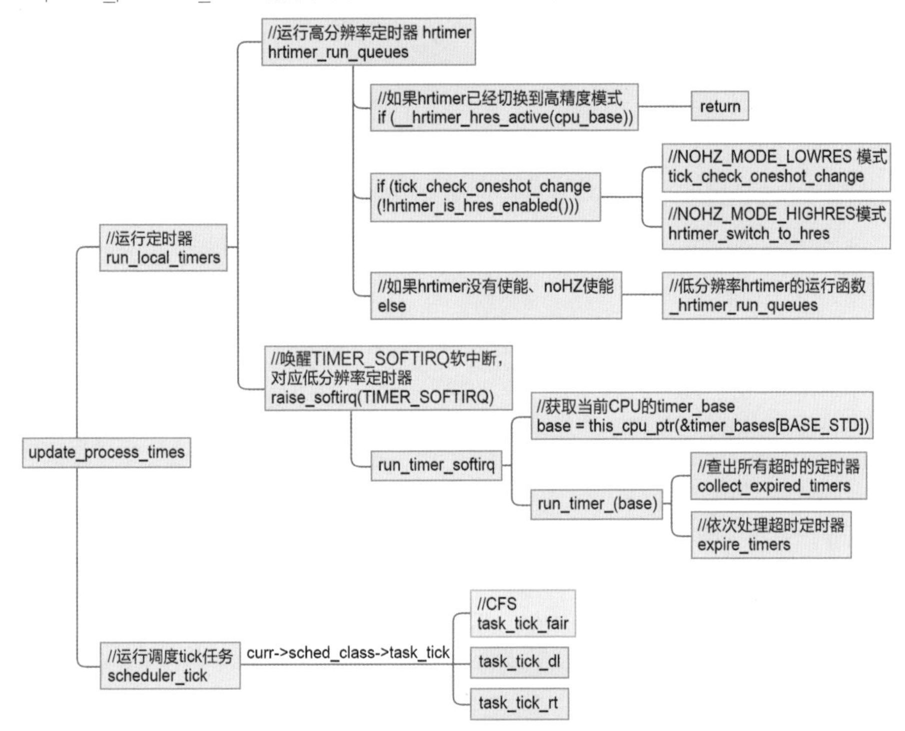

图12-11 update_process_times的代码流程

通过图12-11可以看出，sched_timer的中断处理会调用对应的调度器函数，比如CFS调度器就会调用函数task_tick_fair。

第13章

中断模块

中断机制在处理器中扮演着一个至关重要的角色，它是处理器异步响应外围设备请求的核心方式。从技术的深层次来看，中断是处理器在正常运行过程中，因外部或内部事件（如外围设备的输入/输出请求、异常错误等）而暂时中断当前执行的程序，转而执行特定的中断服务程序（Interrupt Service Routine，ISR）的过程。

在操作系统的上下文中，中断处理是外围设备管理的基石。外围设备如硬盘、键盘、鼠标等，它们的工作通常是异步的，即它们不会按照处理器执行指令的线性顺序来请求服务。中断机制允许处理器在这些设备需要服务时，能够立即响应，而不必等待处理器完成当前任务。这种异步处理的能力极大地提高了系统的响应性和效率。

此外，中断机制还在系统调度和核间交互中发挥着不可或缺的作用。系统调度是操作系统根据一定的策略选择下一个要执行的进程或线程的过程。当中断发生时，处理器可能会根据中断的类型和优先级来决定是否切换当前执行的上下文，从而实现任务的快速切换和调度。而在多核或多处理器的系统中，中断也是核间通信和同步的重要手段，它可以帮助不同的处理器核心之间传递信息、协调工作。

本章对系统中的中断的介绍包括硬件原理、中断驱动解析、上半部分与下半部分，以及softirq、tasklet、workqueue中断等机制。

13.1 中断控制器（GIC）硬件原理

GIC（Generic Interrupt Controller）是ARM公司提供的一个通用的中断控制器。主要作用是接收硬件中断信号，并经过一定处理后，分发给对应的CPU处理。

当前GIC有四个版本，GIC v1～v4，本章主要介绍GIC v3控制器。

13.1.1 GIC v3中断类别

GIC v3定义的中断类型如表13-1所示。

表13-1 GIC v3中断类型

中断类型	硬件中断号
SGI	0～15
PPI	16～31
SPI	32～1019
保留	……
LPI	8192～MAX

- **SGI**（Software Generated Interrupt）：软件触发的中断。软件可以通过写GICD_SGIR寄存器来触发一个中断事件，一般用于核间通信，内核中的IPI（inter-processor interrupts）就是基于SGI的。
- **PPI**（Private Peripheral Interrupt）：私有外设中断。这是每个核心私有的中断。PPI

会送达到指定的CPU上，应用场景有CPU本地时钟。

- **SPI**（Shared Peripheral Interrupt）：公用的外部设备中断，也定义为共享中断。中断产生后，可以分发到某一个CPU上。比如按键触发的中断、手机触摸屏触发的中断。
- **LPI**（Locality-specific Peripheral Interrupt）：LPI是GIC v3中的新特性，它们在很多方面与其他类型的中断不同。LPI始终是基于消息的中断，它们的配置保存在表中而不是寄存器中。比如PCIe的MSI/MSI-x中断。

13.1.2 GIC v3组成

GIC v3控制器由Distributor、Redistributor、CPU interface三部分组成，如图13-1所示。

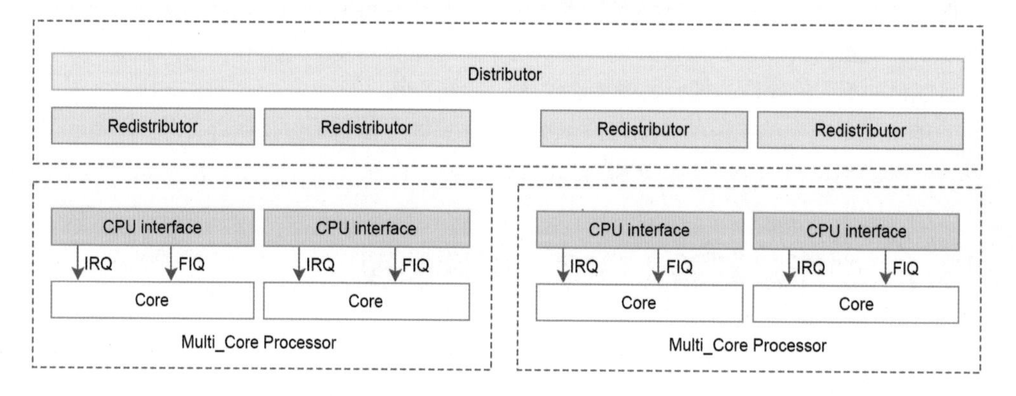

图13-1 GIC v3控制器

- **Distributor**：进行SPI中断的管理，Distributor将中断请求发送给Redistributor，其有如下功能：

  1. 打开或关闭每个中断。Distributor对中断的控制分成两个级别。一个级别是全局中断的控制（GIC_DIST_CTRL）。一旦关闭了全局中断，那么任何中断源产生的中断事件都不会被传递到CPU interface。另外一个级别是针对各个中断源进行控制（GIC_DIST_ENABLE_CLEAR），关闭某一个中断源会导致该中断事件不会分发到CPU interface，但不影响其他中断源产生中断事件的分发。
  2. 控制器将当前优先级最高的中断事件分发到一个或者一组CPU interface。当一个中断事件分发到多个CPU interface的时候，GIC的内部逻辑应该保证只有assert 一个CPU。
  3. 优先级控制。
  4. interrupt属性设定。设置每个外设中断的触发方式：电平触发、边缘触发。
  5. interrupt group的设定。设置每个中断的Group，其中Group0用于安全中断，支持FIQ和IRQ，Group1用于非安全中断，只支持IRQ。

- **Redistributor**：进行SGI、PPI、LPI中断的管理，Redistributor将中断发送给CPU interface，其有如下功能：

  1. 启用和禁用SGI和PPI。
  2. 设置SGI和PPI的优先级。
  3. 将每个PPI设置为电平触发或边缘触发。
  4. 将每个SGI和PPI分配给中断组。
  5. 控制SGI和PPI的状态。
  6. 内存中数据结构的基址控制，支持 LPI的相关中断属性和挂起状态。
  7. 电源管理支持。

- **CPU interface**：用来把中断传输给CPU，其有如下功能：

  1. 打开或关闭CPU interface，向连接的CPU触发中断事件。对于ARM，CPU interface和CPU之间的中断信号线是nIRQCPU和nFIQCPU。如果关闭了中断，即便是Distributor分发了一个中断事件到CPU interface，也不会触发指定的nIRQ或者nFIQ通知Core。
  2. 中断的确认。Core会向CPU interface应答中断（应答当前优先级最高的那个中断），中断一旦被应答，Distributor就会把该中断的状态从pending修改成active或者pending and active（这和该中断源的信号有关，例如是电平中断并且保持了该asserted电平，那么就是pending and active）。应答中断之后，CPU interface就会将nIRQCPU和nFIQCPU信号线deassert。
  3. 中断处理完毕的通知。当interrupt handler处理完一个中断，会向写CPU interface的寄存器通知GIC CPU已经处理完该中断。做这个动作一方面是通知Distributor将中断状态修改为deactive，另一方面，CPU interface会将优先级降级，从而允许其他pending状态的中断向CPU提交。
  4. 为CPU设置中断优先级掩码。利用priority mask（优先级掩码），可以屏蔽（mask）掉一些优先级比较低的中断，这些中断不会通知到CPU。
  5. 设置CPU的中断抢占（preemption）策略。
  6. 在多个中断事件同时到来的时候，选择一个优先级最高的通知CPU。

13.1.3 中断路由

GIC v3使用层次结构来标识一个具体的CPU，图13-2所示的是一个四层的结构(aarch64)：

用<affinity level 3>.<affinity level 2>.<affinity level 1>.<affinity level 0>的形式组成一个PE的路由。每一个CPU的affinity值可以通过MPDIR_EL1寄存器获取，每一个affinity占用8位。配置对应CPU的MPIDR值，可以将中断路由到该CPU上。

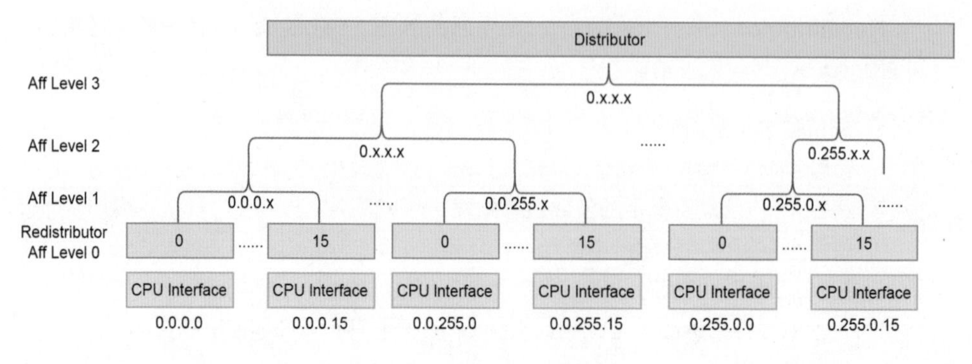

图13-2 GIC v3中断路由

各个affinity是根据自己的SoC来定义的，比如：

```
<group of groups>. <group of processors>.<processor>.<core>
<group of processors>.<processor>.<core>.<thread>
```

中断亲和性设置的通用函数为irq_set_affinity，后面会做详细介绍。

13.1.4 中断处理状态机

中断处理状态机是指描述中断从产生到被CPU处理完毕的整个过程中，中断状态转换和处理的机制。中断处理状态机如图13-3所示。

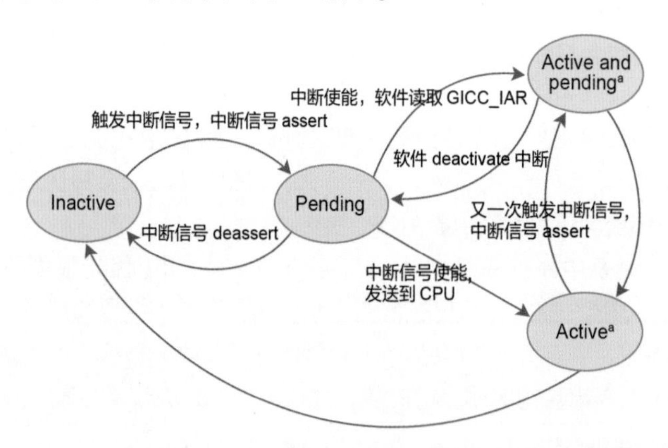

图13-3 中断处理状态机

- Inactive：无中断状态，即没有Pending也没有Active。
- Pending：硬件或软件触发了中断，该中断事件已经通过硬件信号通知到GIC，等待GIC分配的那个CPU进行处理。在电平触发模式下，产生中断的同时保持Pending状态。
- Active：CPU已经应答（acknowledge）了该中断请求，并且正在处理中。

- Active and pending：当一个中断源处于Active状态的时候，同一中断源又触发了中断，进入pending状态。

13.1.5 中断处理流程

中断处理流程如下：

1. 外设发起中断，发送给Distributor。
2. Distributor将该中断分发给合适的Redistributor。
3. Redistributor将中断信息发送给CPU interface。
4. CPU interface产生合适的中断异常给处理器。
5. 处理器接收该异常，并且软件处理该中断。

13.2 中断控制器的驱动实现

这里主要分析Linux内核中GIC v3中断控制器的代码（drivers/irqchip/irq-gic-v3.c）。

先来看一个中断控制器的设备树信息：

```
gic: interrupt-controller@48000000 {
    compatible = "arm,gic-v3";
    reg = <0 0x48000000 0 0x10000>,
          <0 0x48040000 0 0xc0000>;
    #interrupt-cells = <3>;
    interrupt-controller;
    interrupts = <GIC_PPI 9 IRQ_TYPE_LEVEL_HIGH>;
    interrupt-parent = <&gic>;
};
```

- **compatible**：用于匹配GIC v3驱动。
- **reg**：GIC的物理基地址，分别对应GICD、GICR、GICC。
- **#interrupt-cells**：这是一个中断控制器节点的属性。它声明了该中断控制器的中断指示符（interrupts）中cell的个数。
- **interrupt-controller**：表示该节点是一个中断控制器。
- **interrupts**：其中的内容分别代表GIC类型、中断号、中断类型。

接下来看看中断控制器的初始化过程。

1. irq chip driver的声明

```
IRQCHIP_DECLARE(gic_v3, "arm,gic-v3", gic_of_init);
```

定义IRQCHIP_DECLARE之后，相应的内容会保存到__irqchip_of_table：

```
#define IRQCHIP_DECLARE(name, compat, fn) OF_DECLARE_2(irqchip, name, compat, fn)

#define OF_DECLARE_2(table, name, compat, fn) \
        _OF_DECLARE(table, name, compat, fn, of_init_fn_2)

#define _OF_DECLARE(table, name, compat, fn, fn_type)             \
    static const struct of_device_id __of_table_##name          \
        __used __section(__##table##_of_table)              \
         = { .compatible = compat,                  \
             .data = (fn == (fn_type)NULL) ? fn : fn  }
```

irqchip_of_table在链接脚本vmlinux.lds里，被放到了irqchip_begin和__irqchip_of_end之间，该段用于存放中断控制器信息：

```
#ifdef CONFIG_IRQCHIP
    #define IRQCHIP_OF_MATCH_TABLE()                      \
        . = ALIGN(8);                         \
        VMLINUX_SYMBOL(__irqchip_begin) = .;                  \
        *(__irqchip_of_table)                     \
        *(__irqchip_of_end)
#endif
```

在内核启动初始化中断的函数中，of_irq_init函数会去查找设备节点信息，该函数的传入参数就是__irqchip_of_table段，由于IRQCHIP_DECLARE已经将信息填好了，of_irq_init函数会根据“arm,gic-v3”去查找对应的设备节点，并获取设备的信息。or_irq_init函数中，最终会回调IRQCHIP_DECLARE声明的回调函数，也就是gic_of_init，而这个函数就是GIC驱动的初始化入口。下面来看gic_of_init函数的实现流程。

2. gic_of_init函数的实现流程：

gic_of_init函数的实现流程如下所示：

```
static int __init gic_of_init(struct device_node *node, struct device_node *parent)
{
  ......
    dist_base = of_iomap(node, 0);                               ------(1)
      ......
    err = gic_validate_dist_version(dist_base);                  ------(2)
    if (err) {
        pr_err("%pOF: no distributor detected, giving up\n", node);
```

```
        goto out_unmap_dist;
    }

    if (of_property_read_u32(node, "#redistributor-regions", &nr_redist_regio
ns))                                                                 ------(3)
        nr_redist_regions = 1;
    ......
    for (i = 0; i < nr_redist_regions; i++) {                         ------(4)
    ......
    }

    if (of_property_read_u64(node, "redistributor-stride", &redist_stride))
                                                            ------(5)
        redist_stride = 0;

    err = gic_init_bases(dist_base, rdist_regs, nr_redist_regions,
        redist_stride, &node->fwnode);                                ------(6)
    if (err)
        goto out_unmap_rdist;

    gic_populate_ppi_partitions(node);                                ------(7)
    ......
    return err;
}
```

为了更好地理解上面的代码，这里按照代码里标注的序号进行解释：

（1）映射GICD的寄存器地址空间。

（2）验证GICD的版本是GIC v3还是GIC v4（主要通过读GICD_PIDR2寄存器bit[7:4]。0x1代表GICv1，0x2代表GICv2……以此类推）。

（3）通过DTS读取redistributor-regions的值。

（4）为一个GICR域分配基地址。

（5）通过DTS读取redistributor-stride的值。

（6）后面详细介绍。

（7）设置一组PPI的亲和性。

下面看看序号（6），函数gic_init_bases的实现如下：

```
static int __init gic_init_bases(void __iomem *dist_base,
                 struct redist_region *rdist_regs,
                 u32 nr_redist_regions,
                 u64 redist_stride,
                 struct fwnode_handle *handle)
{   ......
    typer = readl_relaxed(gic_data.dist_base + GICD_TYPER);           ------(1)
```

```
    gic_data.rdists.id_bits = GICD_TYPER_ID_BITS(typer);
    gic_irqs = GICD_TYPER_IRQS(typer);
    if (gic_irqs > 1020)
        gic_irqs = 1020;
    gic_data.irq_nr = gic_irqs;

    gic_data.domain = irq_domain_create_tree(handle, &gic_irq_domain_ops,
                                                                        ------(2)
                     &gic_data);
    gic_data.rdists.rdist = alloc_percpu(typeof(*gic_data.rdists.rdist));
    gic_data.rdists.has_vlpis = true;
    gic_data.rdists.has_direct_lpi = true;
  ......
    set_handle_irq(gic_handle_irq);                                     ------(3)

    gic_update_vlpi_properties();                                       ------(4)

    if (IS_ENABLED(CONFIG_ARM_GIC_V3_ITS) && gic_dist_supports_lpis())
        its_init(handle, &gic_data.rdists, gic_data.domain);            ------(5)

    gic_smp_init();                                                     ------(6)
    gic_dist_init();                                                    ------(7)
    gic_cpu_init();                                                     ------(8)
    gic_cpu_pm_init();                                                  ------(9)

    return 0;
  ......
}
```

按照代码里标注的序号依次进行解释：

（1）确认支持SPI中断号最大的值为多少。

（2）向系统中注册一个irq domain的数据结构，irq_domain的主要作用是将硬件中断号映射到irq number，后面会做详细介绍。

（3）设定arch相关的irq handler。gic_irq_handle是内核gic中断处理的入口函数，后面会做详细介绍。

（4）gic虚拟化相关的内容。

（5）初始化ITS。

（6）设置SMP核间交互的回调函数，用于IPI，回调函数为gic_raise_softirq。

（7）初始化Distributor。

（8）初始化CPU interface。

（9）初始化GIC电源管理。

为了便于理解中断控制器的驱动实现，这里用图13-4所示的流程图来总结。

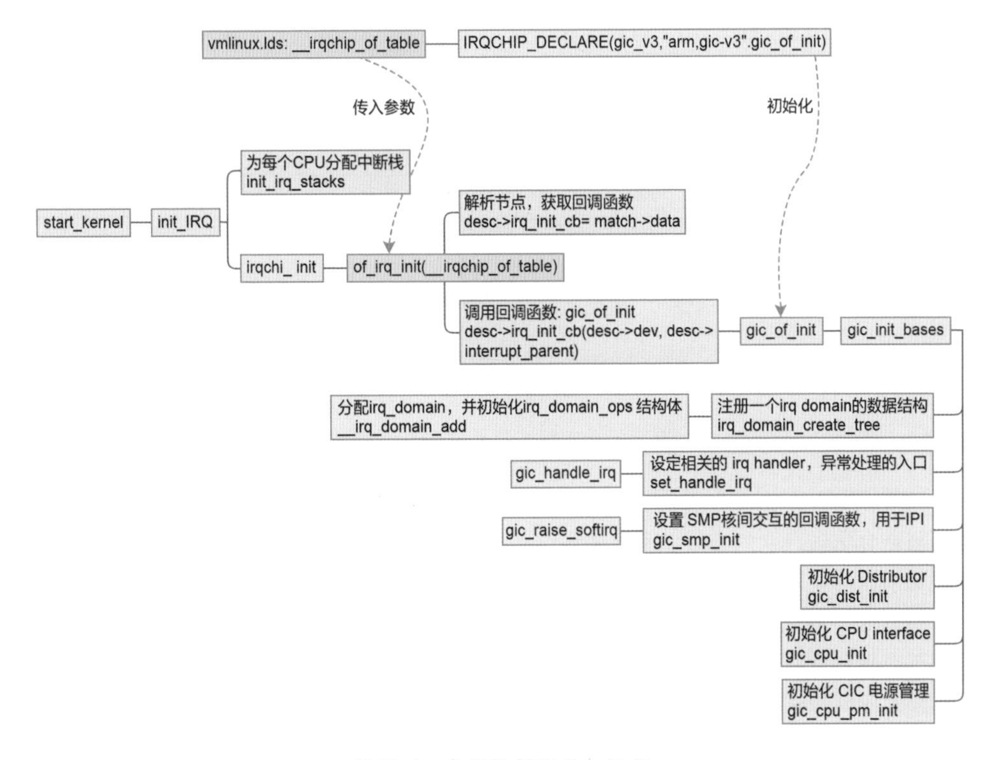

图13-4　中断控制器的初始化

13.3　中断的映射

早期的系统只存在一个中断控制器，而且中断数目也不多的时候，一个很简单的做法就是：一个中断号对应中断控制器的一个号，这属于一种简单的线性映射，如图13-5所示。

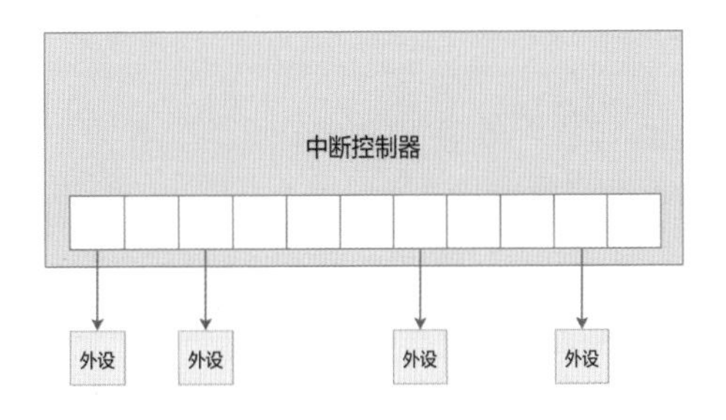

图13-5　中断的映射

但当一个系统中有多个中断控制器，而且中断号也逐渐增加的时候，Linux内核为了应对此问题，引入了domain（对应数据结构irq_domain）的概念，如图13-6所示。

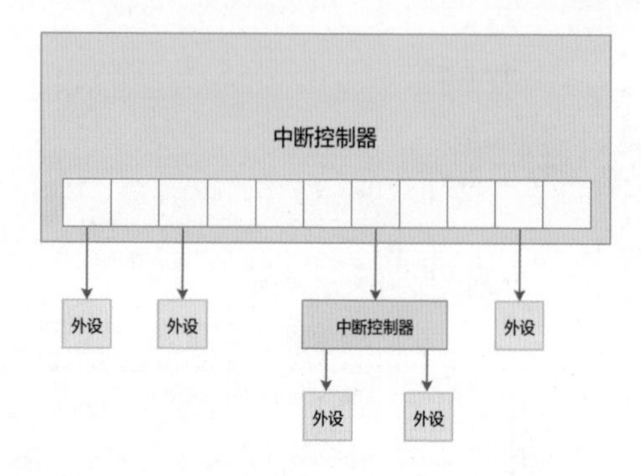

图13-6 中断控制器的domain概念

irq_domain的引入相当于一个中断控制器就是一个irq_domain。这样一来所有的中断控制器就会出现级联的布局。利用树状结构可以充分利用irq数目，而且每一个irq_domain区域可以自己去管理自己的中断特性。

每一个中断控制器对应多个中断号，而硬件中断号在不同的中断控制器上是会重复编码的，这时仅仅用硬中断号已经不能唯一标识一个外设中断了，因此Linux内核提供了一个虚拟中断号的概念。

接下来我们看看硬件中断号是如何映射到虚拟中断号的。

13.3.1 数据结构

在看硬件中断号映射到虚拟中断号之前，先来看几个重要的数据结构。

struct irq_desc描述一个外设的中断，称之为中断描述符。

```
struct irq_desc {
    struct irq_common_data  irq_common_data;
    struct irq_data       irq_data;
    unsigned int __percpu    *kstat_irqs;
    irq_flow_handler_t  handle_irq;
    ……
    struct irqaction      *action;
    ……
} ____cacheline_internodealigned_in_smp;
```

- irq_data：中断控制器的硬件数据。
- handle_irq：中断控制器驱动的处理函数，指向一个struct irqaction的链表，一个中断源可以由多个设备共享，所以一个irq_desc可以挂载多个action，由链表结构组织起来。
- action：设备驱动的处理函数。

这些变量和中断控制器的关系可以用图13-7来表示。

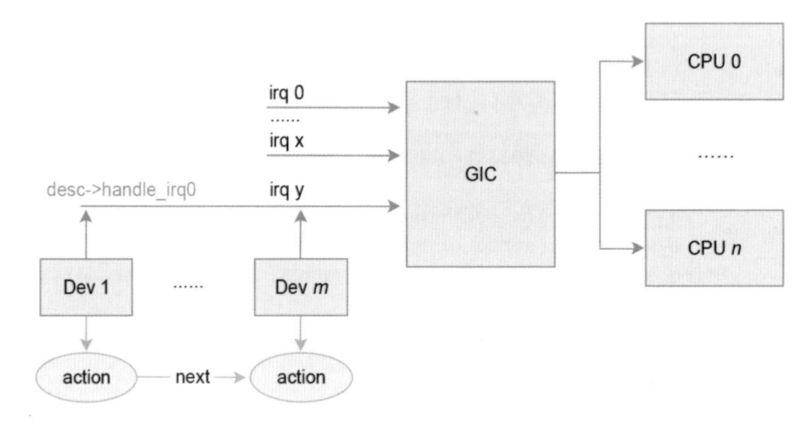

图13-7　中断控制器的简单示意图

struct irq_data包含中断控制器的硬件数据：

```
struct irq_data {
    u32           mask;
    unsigned int          irq;
    unsigned long         hwirq;
    struct irq_common_data  *common;
    struct irq_chip       *chip;
    struct irq_domain     *domain;
#ifdef  CONFIG_IRQ_DOMAIN_HIERARCHY
    struct irq_data       *parent_data;
#endif
    void                  *chip_data;
};
```

- irq：虚拟中断号。
- hwirq：硬件中断号。
- chip：对应的irq_chip数据结构。
- domain：对应的irq_domain数据结构。

struct irq_chip用于操作中断控制器的硬件：

```
struct irq_chip {
    struct device    *parent_device;
    const char   *name;
    unsigned int     (*irq_startup)(struct irq_data *data);
    void         (*irq_shutdown)(struct irq_data *data);
    void         (*irq_enable)(struct irq_data *data);
    void         (*irq_disable)(struct irq_data *data);
```

```
    void        (*irq_ack)(struct irq_data *data);
    void        (*irq_mask)(struct irq_data *data);
    void        (*irq_mask_ack)(struct irq_data *data);
    void        (*irq_unmask)(struct irq_data *data);
    void        (*irq_eoi)(struct irq_data *data);

    int     (*irq_set_affinity)(struct irq_data *data, const struct cpumask
*dest, bool force);
    int     (*irq_retrigger)(struct irq_data *data);
    int     (*irq_set_type)(struct irq_data *data, unsigned int flow_type);
    int     (*irq_set_wake)(struct irq_data *data, unsigned int on);

    void        (*irq_bus_lock)(struct irq_data *data);
    void        (*irq_bus_sync_unlock)(struct irq_data *data);
    ……
};
```

- parent_device：指向父设备。
- name：/proc/interrupts中显示的名字。
- irq_startup：启动中断，如果设置为NULL，中断默认开启。
- irq_shutdown：关闭中断，如果设置为NULL，中断默认禁止。
- irq_enable：中断使能，如果设置为NULL，中断默认为chip->unmask。
- irq_disable：中断禁止。
- irq_ack：开始新的中断。
- irq_mask：中断源屏蔽。
- irq_mask_ack：应答并屏蔽中断。
- irq_unmask：解除中断屏蔽。
- irq_eoi：中断处理结束后调用。
- irq_set_affinity：在SMP中设置CPU亲和力。
- irq_retrigger：重新发送中断到CPU。
- irq_set_type：设置中断触发类型。
- irq_set_wake：使能/禁止电源管理中的唤醒功能。
- irq_bus_lock：慢速芯片总线上锁。
- irq_bus_sync_unlock：同步释放慢速总线芯片的锁。

struct irq_domain与中断控制器对应，完成硬件中断号hwirq到virq的映射：

```
struct irq_domain {
    struct list_head link;
    const char *name;
    const struct irq_domain_ops *ops;
    void *host_data;
    unsigned int flags;
```

```
    unsigned int mapcount;

    struct fwnode_handle *fwnode;
    enum irq_domain_bus_token bus_token;
    struct irq_domain_chip_generic *gc;
#ifdef  CONFIG_IRQ_DOMAIN_HIERARCHY
    struct irq_domain *parent;
#endif
#ifdef CONFIG_GENERIC_IRQ_DEBUGFS
    struct dentry       *debugfs_file;
#endif

    irq_hw_number_t hwirq_max;
    unsigned int revmap_direct_max_irq;
    unsigned int revmap_size;
    struct radix_tree_root revmap_tree;
    unsigned int linear_revmap[];
};
```

- link：用于将irq_domain连接到全局链表irq_domain_list中。
- name：irq_domain的名称。
- ops：irq_domain映射操作函数集。
- mapcount：映射好的中断的数量。
- fwnode：对应中断控制器的device node。
- parent：指向父级irq_domain的指针，用于支持级联irq_domain。
- hwirq_max：该irq_domain支持的中断最大数量。
- linear_revmap[]：hwirq->virq反向映射的线性表。

struct irq_domain_ops是irq_domain映射操作函数集：

```
struct irq_domain_ops {
    int (*match)(struct irq_domain *d, struct device_node *node,
             enum irq_domain_bus_token bus_token);
    int (*select)(struct irq_domain *d, struct irq_fwspec *fwspec,
              enum irq_domain_bus_token bus_token);
    int (*map)(struct irq_domain *d, unsigned int virq, irq_hw_number_t hw);
    void (*unmap)(struct irq_domain *d, unsigned int virq);
    int (*xlate)(struct irq_domain *d, struct device_node *node,
             const u32 *intspec, unsigned int intsize,
             unsigned long *out_hwirq, unsigned int *out_type);
    ......
};
```

- match：用于中断控制器设备与irq_domain的匹配。
- map：用于硬件中断号与Linux中断号的映射。
- xlate：通过device_node，解析硬件中断号和触发方式。

struct irqaction 主要用来保存设备驱动注册的中断处理函数。

```
struct irqaction {
    irq_handler_t        handler;
    void              *dev_id;
  ……
    unsigned int        irq;
    unsigned int        flags;
  ……
    const char      *name;
    struct proc_dir_entry   *dir;
} ____cacheline_internodealigned_in_smp;
```

- handler：设备驱动里的中断处理函数。
- dev_id：设备id。
- irq：中断号。
- flags：中断标志，在注册时设置，比如上升沿中断、下降沿中断等。
- name：中断名称，产生中断的硬件的名称。
- dir：指向/proc/irq/相关的信息。

下面用图13-8来汇总以上数据结构。

图13-8所示的结构体struct irq_desc是在设备驱动加载的过程中完成的，让设备树中的中断能与具体的中断描述符irq_desc匹配，其中struct irqaction保存着设备的中断处理函数。右边框内的结构体主要是在中断控制器驱动加载的过程中完成的，其中struct irq_chip用于对中断控制器的硬件操作，struct irq_domain用于硬件中断号到Linux irq的映射。

下面结合代码看看中断控制器驱动和设备驱动是如何创建这些结构体的，以及硬中断和虚拟中断号是如何完成映射的。

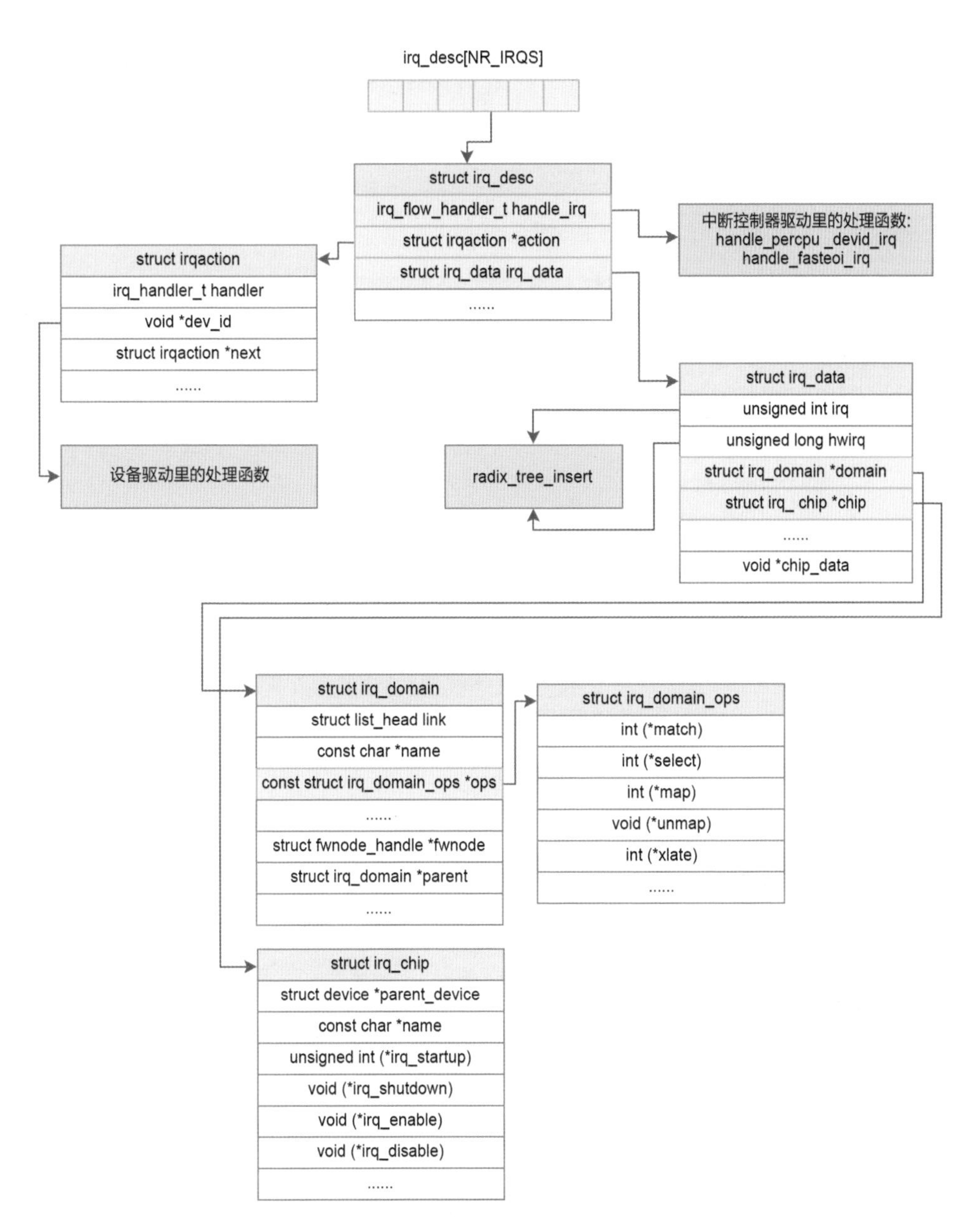

图13-8　数据结构之间的关系

13.3.2　中断控制器注册irq_domain

我们现在已经知道irq_domain的作用，下面看看它是怎样在中断控制器里注册的，如图13-9所示。

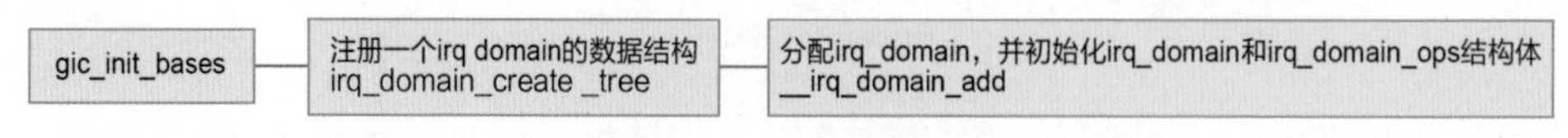

图13-9 irq_domain的注册

可以看到，注册时通过__irq_domain_add初始化**irq_domain**数据结构，然后把irq_domain添加到全局链表irq_domain_list中。

13.3.3 外设硬中断和虚拟中断号的映射关系

设备的驱动在初始化的时候可以调用irq_of_parse_and_map这个接口函数进行该device node中和中断相关的内容的解析，并建立映射关系，如图13-10所示。我们通过下面的代码来详细解析，设备树里的中断信息是如何和中断控制器关联的。

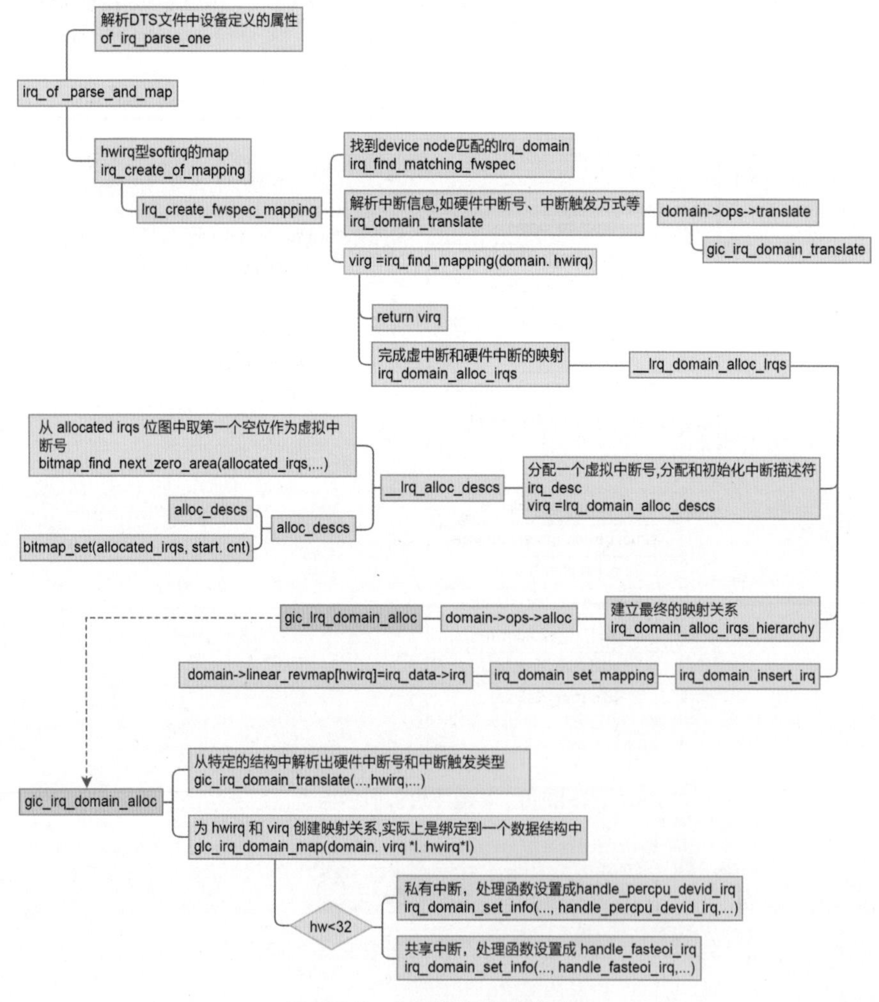

图13-10 中断信息的映射过程

- of_irq_parse_one函数用于解析DTS文件中设备定义的属性，如“reg”，“interrupt”。
- irq_find_matching_fwspec遍历irq_domain_list链表，找到device node 匹配的**irq_domain**。
- gic_irq_domain_translate 解析出中断信息，比如硬件中断号hwirq、中断触发方式。
- irq_domain_alloc_descs分配一个虚拟的中断号virq，分配和初始化中断描述符 **irq_desc**。
- gic_irq_domain_alloc为hwirq和virq创建映射关系。内部会通过irq_domain_set_info调用irq_domain_set_hwirq_and_chip，然后通过virq获取**irq_data**结构体，并将hwirq设置到irq_data->hwirq中，最终完成hwirq到virq的映射。
- irq_domain_set_info根据硬件中断号的范围设置irq_desc->handle_irq的指针，共享中断入口为handle_fasteoi_irq，私有中断入口为handle_percpu_devid_irq。

最后，可以通过/proc/interrupts下的值来看看它们的关系，如图13-11所示。

cat /proc/interrupts

linux终端号	CPU0	CPU1	CPU2	CPU3	CPU4	CPU5	中断控制器的名字	硬件中断号	中断触发方式	中断名字
9:	0	0	0	0	0	0	GICv3	25	Level	vgic
11:	0	0	0	0	0	0	GICv3	30	Level	kvm guest ptimer
12:	0	0	0	0	0	0	GICv3	27	Level	kvm guest vtimer
13:	1149443	944871	946025	933825	967989	906568	GICv3	26	Level	arch_timer
14:	53581	87488	74525	87211	84689	78662	GICv3	104	Level	timer@44290000
15:	259052	0	0	0	0	0	GICv3	258	Level	445b0000.mailbox[3-0], 445b0000.mailbox[3-1]
16:	184	0	0	0	0	0	GICv3	56	Level	47550000.mailbox[0-0], 47550000.mailbox[1-0]
17:	2	0	0	0	0	0	GICv3	287	Level	47350000.v2x-mu[0-0], 47350000.v2x-mu[1-0]
18:	0	0	0	0	0	0	GICv3	59	Level	47300000.mailbox[0-0], 47300000.mailbox[1-0]
19:	0	0	0	0	0	0	GICv3	286	Level	47320000.mailbox[0-0], 47320000.mailbox[1-0]
20:	0	0	0	0	0	0	GICv3	357	Edge	arm-smmu-v3-evtq
22:	0	0	0	0	0	0	GICv3	360	Edge	arm-smmu-v3-gerror
23:	0	0	0	0	0	0	GICv3	350	Level	imx-neutron-mailbox
24:	0	0	0	0	0	0	GICv3	233	Level	imx93-adc
25:	0	0	0	0	0	0	GICv3	23	Level	arm-pmu
26:	0	0	0	0	0	0	GICv3	123	Level	imx9_ddr_perf_pmu
27:	4	0	0	0	0	0	GICv3	266	Level	42430000.mailbox[0-1], 42430000.mailbox[1-1]

图13-11　中断信息

现在，我们已经知道内核为硬件中断号与Linux中断号做了映射、相关数据结构的绑定及初始化，并且设置了中断处理函数执行的入口。接下来再看看设备的中断是怎样注册的。

13.4 中断的注册

设备驱动中，获取到irq中断号后，通常就会采用request_irq/request_threaded_irq来注册中断，其中request_irq用于注册普通处理的中断。request_threaded_irq用于注册线程化处理的中断，线程化处理的中断的主要目的是把中断上下文的任务迁移到线程中，减少系统关中断的时间，增强系统的实时性。中断注册的代码如下所示：

```
static inline int __must_check
```

```
request_irq(unsigned int irq, irq_handler_t handler, unsigned long flags,
        const char *name, void *dev)
{
    return request_threaded_irq(irq, handler, NULL, flags, name, dev);
}
```

在上述代码中irq是Linux中断号，handler是中断处理函数，flags是中断标志位，name是中断的名字。在讲具体的注册流程前，先来看主要的中断标志位：

```
#define IRQF_SHARED      0x00000080      //多个设备共享一个中断号，需要外设硬件支持
#define IRQF_PROBE_SHARED    0x00000100   //中断处理程序允许sharing mismatch发生
#define __IRQF_TIMER         0x00000200   //时钟中断
#define IRQF_PERCPU      0x00000400       //属于特定CPU的中断
#define IRQF_NOBALANCING     0x00000800   //禁止在CPU之间进行中断均衡处理
#define IRQF_IRQPOLL         0x00001000   //中断被用作轮询
#define IRQF_ONESHOT         0x00002000   /*一次性触发的中断，不能嵌套，1）在硬
件中断处理完成后才能打开中断；2）在中断线程化中保持关闭状态，直到该中断源上的所有
thread_fn函数都执行完*/
#define IRQF_NO_SUSPEND      0x00004000   //系统休眠唤醒操作中，不关闭该中断
#define IRQF_FORCE_RESUME    0x00008000   //系统唤醒过程中必须强制打开该中断
#define IRQF_NO_THREAD       0x00010000   //禁止中断线程化
#define IRQF_EARLY_RESUME    0x00020000   /*系统唤醒过程中在syscore阶段resume，
而不用等到设备resume阶段*/
#define IRQF_COND_SUSPEND    0x00040000   /*与NO_SUSPEND的用户共享中断时，执行本
设备的中断处理函数*/
```

中断创建完成后，通过ps命令可以查看系统中的中断线程，注意这些线程是实时线程SCHED_FIFO：

```
# ps -A | grep "irq/"
root   1749    2     0     0 irq_thread          0 S [irq/433-imx_drm]
root   1750    2     0     0 irq_thread          0 S [irq/439-imx_drm]
root   1751    2     0     0 irq_thread          0 S [irq/445-imx_drm]
root   1752    2     0     0 irq_thread          0 S [irq/451-imx_drm]
root   2044    2     0     0 irq_thread          0 S [irq/279-isl2902]
root   2192    2     0     0 irq_thread          0 S [irq/114-mmc0]
root   2199    2     0     0 irq_thread          0 S [irq/115-mmc1]
root   2203    2     0     0 irq_thread          0 S [irq/322-5b02000]
root   2361    2     0     0 irq_thread          0 S [irq/294-4-0051]
```

13.5 中断的处理

当完成中断的注册后，所有结构的组织关系都已经建立好，剩下的工作就是在信号来临时，进行中断的处理工作。这里我们在前面知识点的基础上，把中断触发、中断处理等整个流程走一遍。

假设当前在EL0运行一个应用程序，触发了一个EL0的irq中断，则处理器在做中断处理的时候，对应的寄存器操作如图13-12所示。

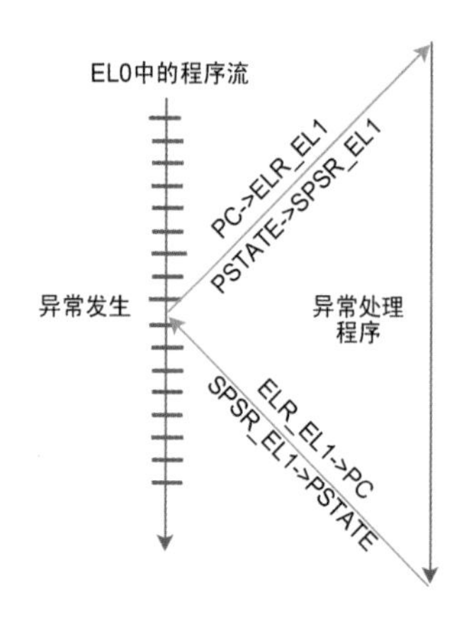

图13-12 中断处理时的寄存器行为

代码首先会跳到arm64对应的异常向量表：

```
/*
 * 异常向量
 */
	.pushsection ".entry.text", "ax"

	.align	11
SYM_CODE_START(vectors)
	......

	kernel_ventry	1, sync	// el1下的同步异常，例如指令执行异常、缺页中断等
	kernel_ventry	1, irq	// el1下的异步异常，硬件中断。 1代表异常等级
	kernel_ventry	1, fiq_invalid		// FIQ EL1h
	kernel_ventry	1, error			// Error EL1h

	kernel_ventry	0, sync	// el0下的同步异常，例如指令执行异常、缺页中断
						//（跳转地址或者取地址）、系统调用等
	kernel_ventry	0, irq	// el0下的异步异常，硬件中断。0代表异常等级
	kernel_ventry	0, fiq_invalid		// FIQ 64位 EL0
	kernel_ventry	0, error			// Error 64位 EL0


......
#endif
SYM_CODE_END(vectors)
```

ARM64的异常向量表vectors中设置了各种异常的入口。kernel_ventry展开后，可以看到有效的异常入口有两个同步异常el0_sync和el1_sync，和两个异步异常el0_irq和el1_ irq，其他异常入口暂时都为invalid。中断属于异步异常。

在进入主要内容前，先宏观看看中断处理的流程，如图13-13所示。

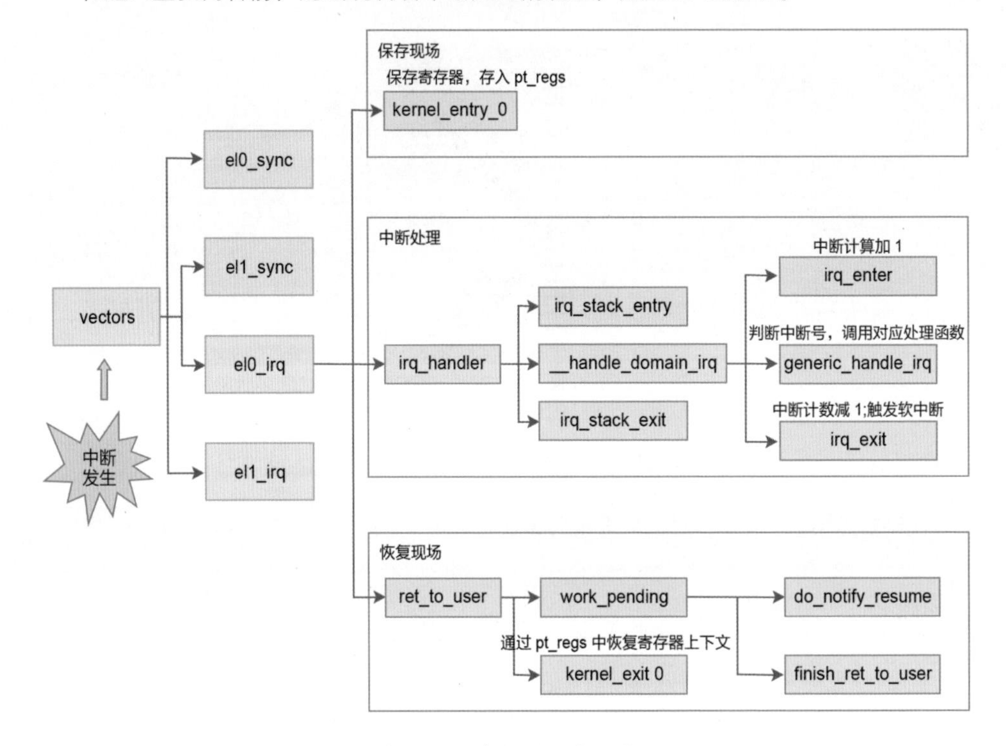

图13-13　中断处理流程图

通过图13-13可以看出中断的处理分为三部分：保护现场、中断处理和恢复现场。其中el0_irq和el1_irq的具体实现略有不同，但处理流程是大致相同的。接下来以el0_irq为例对上面三个步骤进行梳理。对应的汇编代码如下所示：

```
SYM_CODE_START_LOCAL(el\el\ht\()_\regsize\()_\label)
        kernel_entry \el, \regsize
        mov     x0, sp
        bl      el\el\ht\()_\regsize\()_\label\()_handler
        .if \el == 0
        b       ret_to_user
        .else
        b       ret_to_kernel
        .endif
SYM_CODE_END(el\el\ht\()_\regsize\()_\label)
```

13.5.1　保护现场

通过上面的代码我们知道，当中断发生时，先调用代码kernel_entry 0，其中kernel_

entry是一个宏，此宏会将CPU寄存器按照pt_regs结构体的定义将第一现场保存到栈上。宏的定义如下：

```
.macro  kernel_entry, el, regsize = 64
.if     \regsize == 32
mov     w0, w0
.endif
stp     x0, x1, [sp, #16 * 0]
stp     x2, x3, [sp, #16 * 1]
stp     x4, x5, [sp, #16 * 2]
stp     x6, x7, [sp, #16 * 3]
stp     x8, x9, [sp, #16 * 4]
stp     x10, x11, [sp, #16 * 5]
stp     x12, x13, [sp, #16 * 6]
stp     x14, x15, [sp, #16 * 7]
stp     x16, x17, [sp, #16 * 8]
stp     x18, x19, [sp, #16 * 9]
stp     x20, x21, [sp, #16 * 10]
stp     x22, x23, [sp, #16 * 11]
stp     x24, x25, [sp, #16 * 12]
stp     x26, x27, [sp, #16 * 13]
stp     x28, x29, [sp, #16 * 14]

.if     \el == 0
clear_gp_regs
mrs     x21, sp_el0
ldr_this_cpu    tsk, __entry_task, x20
msr     sp_el0, tsk
```

上述代码中的enable_da_f是关闭中断。

```
.macro enable_da_f
msr     daifclr, #(8 | 4 | 1)
.endm
```

总之，保护现场的处理主要包含下面3个操作：

1. 将PSTATE保存到SPSR_ELx寄存器。
2. 将PSTATE中的D A I F全部屏蔽。
3. 将PC寄存器的值保存到ELR_ELx寄存器。

13.5.2　中断处理

保护现场后，即将跳入中断处理irq_handler。

```
    .macro  irq_handler
     ldr_l   x1, handle_arch_irq
     mov     x0, sp
```

```
    irq_stack_entry      //进入中断栈
    blr     x1           //执行handle_arch_irq
    irq_stack_exit       //退出中断栈
    .endm
```

中断栈用来保存中断的上下文，中断发生和退出的时候调用irq_stack_entry和irq_stack_exit来进入和退出中断栈。中断栈是在内核启动时就创建好的，内核在启动过程中会去为每个CPU创建一个per cpu的中断栈（调用流程为start_kernel->init_IRQ->init_irq_stacks）。

那中断控制器的handle_arch_irq又指向哪里呢？其实前面讲过，在内核启动过程中初始化中断控制器时，设置了具体的handler，gic_init_bases->set_handle_irq将handle_arch_irq指针指向gic_handle_irq函数，代码如下：

```
void __init set_handle_irq(void (*handle_irq)(struct pt_regs *))
{
    if (handle_arch_irq)
        return;

    handle_arch_irq = handle_irq;
}

static int __init gic_init_bases(void __iomem *dist_base,
                 struct redist_region *rdist_regs,
                 u32 nr_redist_regions,
                 u64 redist_stride,
                 struct fwnode_handle *handle)
{
    set_handle_irq(gic_handle_irq);
}
```

所以，中断处理最终会进入gic_handle_irq：

```
static asmlinkage void __exception_irq_entry gic_handle_irq(struct pt_regs *regs)
{
    u32 irqnr;

    do {
        irqnr = gic_read_iar();                                     ------(1)

        if (likely(irqnr > 15 && irqnr < 1020) || irqnr >= 8192) {  ------(2)
            int err;

            if (static_key_true(&supports_deactivate))
                gic_write_eoir(irqnr);
            else
                isb();
```

```
            err = handle_domain_irq(gic_data.domain, irqnr, regs);  ------(3)
            if (err) {
                WARN_ONCE(true, "Unexpected interrupt received!\n");
                if (static_key_true(&supports_deactivate)) {
                    if (irqnr < 8192)
                        gic_write_dir(irqnr);
                } else {
                    gic_write_eoir(irqnr);
                }
            }
            continue;
        }
        if (irqnr < 16) {                                        ------(4)
            gic_write_eoir(irqnr);
            if (static_key_true(&supports_deactivate))
                gic_write_dir(irqnr);
#ifdef CONFIG_SMP
            handle_IPI(irqnr, regs);                             ------(5)
#else
            WARN_ONCE(true, "Unexpected SGI received!\n");
#endif
            continue;
        }
    } while (irqnr != ICC_IAR1_EL1_SPURIOUS);
}
```

为了更好地理解上面的代码，下面按照代码里标注的序号进行解释：

（1）读取中断控制器的寄存器GICC_IAR，并获取hwirq。

（2）外设触发的中断。硬件中断号0～15表示SGI类型的中断，15～1020表示外设中断（SPI或PPI类型），8192～MAX表示LPI类型的中断。

（3）中断控制器中断处理的主体。

（4）软件触发的中断。

（5）核间交互触发的中断。

序号（3）是中断控制器中断处理的主体，详细代码如下：

```
int __handle_domain_irq(struct irq_domain *domain, unsigned int hwirq,
            bool lookup, struct pt_regs *regs)
{
    struct pt_regs *old_regs = set_irq_regs(regs);
    unsigned int irq = hwirq;
    int ret = 0;

    irq_enter();                                    ------(1)
```

```
#ifdef CONFIG_IRQ_DOMAIN
    if (lookup)
        irq = irq_find_mapping(domain, hwirq);          ------(2)
#endif

    if (unlikely(!irq || irq >= nr_irqs)) {
        ack_bad_irq(irq);
        ret = -EINVAL;
    } else {
        generic_handle_irq(irq);                        ------(3)
    }

    irq_exit();                                         ------(4)
    set_irq_regs(old_regs);
    return ret;
}
```

其中标注序号的代码的功能如下：

（1）进入中断上下文。

（2）根据hwirq去查找Linux中断号。

（3）通过中断号找到全局中断描述符数组irq_desc[NR_IRQS]中的一项，然后调用generic_handle_irq_desc，执行该irq号注册的action。

（4）退出中断上下文。

上面序号（3）的详细代码如下：

```
static inline void generic_handle_irq_desc(struct irq_desc *desc)
{
    desc->handle_irq(desc);
}
```

调用desc->handle_irq指向的回调函数。

irq_domain_set_info根据硬件中断号的范围设置irq_desc->handle_irq的指针，共享中断入口为handle_fasteoi_irq，私有中断入口为handle_percpu_devid_irq，如图13-14所示。

- handle_percpu_devid_irq：处理私有中断，在这个过程中会分别调用中断控制器的处理函数进行硬件操作，该函数调用action->handler()来进行中断处理。
- handle_fasteoi_irq：处理共享中断，并且遍历irqaction链表，逐个调用action->handler()函数，这个函数正是设备驱动程序调用request_irq/request_threaded_irq接口注册的中断处理函数。此外，如果中断线程化处理，还会调用__irq_wake_thread唤醒内核线程。

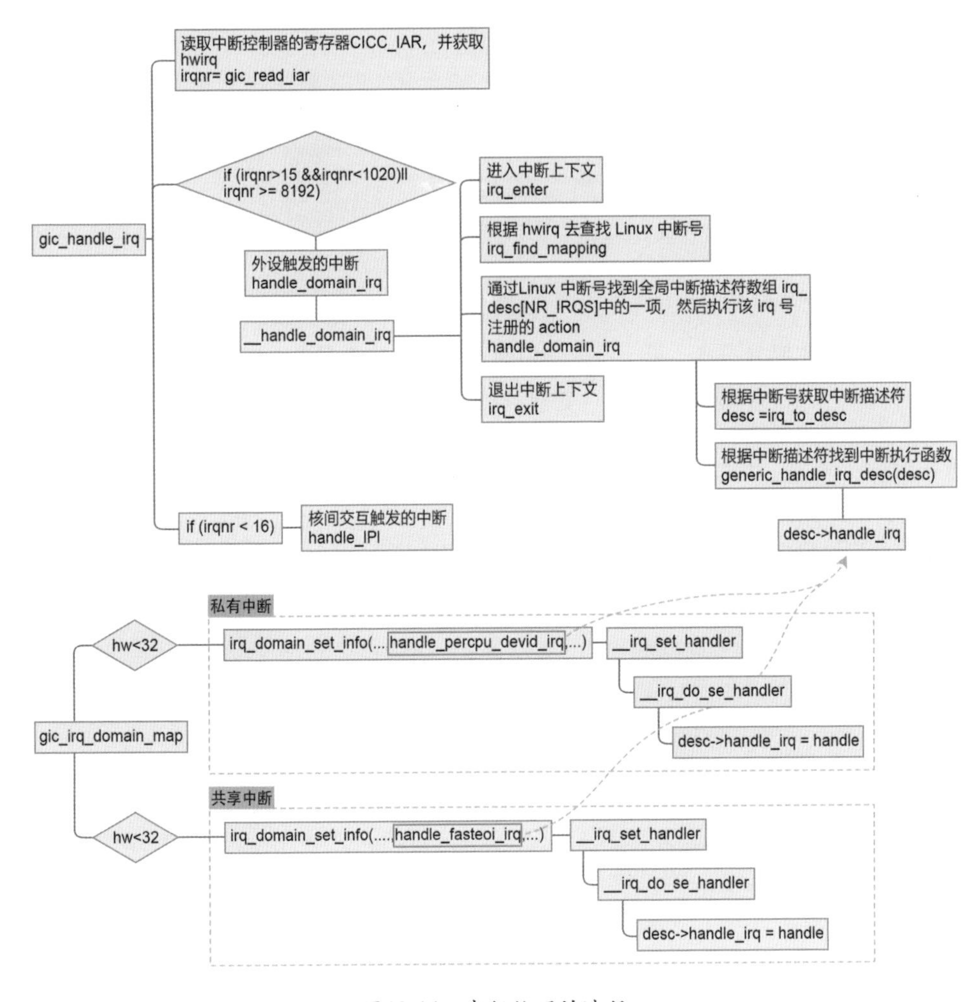

图13-14　中断处理的过程

13.5.3　恢复现场

讲完了保护现场、中断处理，下面就是中断的最后一个阶段：恢复现场。

```
SYM_CODE_START_LOCAL(ret_to_user)
        disable_daif                        //D A I F 分别为PSTAT中的四个异常
                                            //屏蔽标志位，此处屏蔽这4种异常

        gic_prio_kentry_setup tmp=x3
#ifdef CONFIG_TRACE_IRQFLAGS
        bl      trace_hardirqs_off
#endif
        ldr     x19, [tsk, #TSK_TI_FLAGS]   //获取thread_info中的flags变量的值
```

```
        and     x2, x19, #_TIF_WORK_MASK
        cbnz    x2, work_pending
finish_ret_to_user:
        user_enter_irqoff
        clear_mte_async_tcf
        enable_step_tsk x19, x2
#ifdef CONFIG_GCC_PLUGIN_STACKLEAK
        bl      stackleak_erase
#endif
        kernel_exit 0                                   //恢复pt_regs中的寄存器上下文
```

恢复现场主要分三步：第一步取消中断；第二步检查在退出中断前有没有需要处理的事情，如调度、信号处理等；第三步将之前压栈的pt_regs弹出，恢复现场。

上面讲了中断控制器和设备驱动的初始化。包括从设备树获取中断源信息的解析、硬件中断号到Linux中断号的映射关系、irq_desc等各个结构的分配及初始化、中断的注册，等等。总而言之，就是完成静态关系创建，为中断处理做好准备。

当外设触发中断信号时，中断控制器接收到信号并发送到处理器，此时处理器进行异常模式切换，如果涉及中断线程化，则还需要进行中断内核线程的唤醒操作，最终完成中断处理函数的执行。